×１

**口絵１　千葉・館山沖ノ島で拾ったタカラガイ**
①コモンダカラ ②ホシキヌタ ③ハツユキダカラ ④クチムラサキダカラ ⑤クチグロキヌタ ⑥ハナマルユキ ⑦オミナエシダカラ ⑧ハナビラダカラ ⑨キイロダカラ ⑩ナシジダカラ ⑪クロダカラ ⑫サメダカラ ⑬カモンダカラ ⑭メダカラ ⑮ウキダカラ ⑯チャイロキヌタ

×1

**口絵2**　千葉・館山北条海岸で拾った貝殻
①イシダタミ　②ヒメヤカタ　③〜⑤コモンダカラ　⑥キセワタガイ　⑦オオシイノミガイ　⑧サクラガイ　⑨カバザクラ　⑩サギガイ　⑪ハイガイ　⑫ホトトギスガイ　⑬イソシジミ　⑭クチベニガイ　⑮バカガイ　⑯オキナガイ　⑰タマエガイ　⑱マツヤマワスレ

×1

**口絵3　神奈川・片瀬江ノ島海岸で拾った貝殻**

①ツメタガイ ②バテイラ ③クマノコガイ ④テングニシ ⑤レイシガイ ⑥シマメノウフネガイ ⑦ヒラフネガイ ⑧エビスガイ ⑨ムラサキイガイ ⑩ミドリイガイ ⑪チリボタン ⑫オオモモノハナ ⑬トリガイ ⑭ミゾガイ

# 東京湾湾奥部（大森付近）の貝の変遷 口絵 4

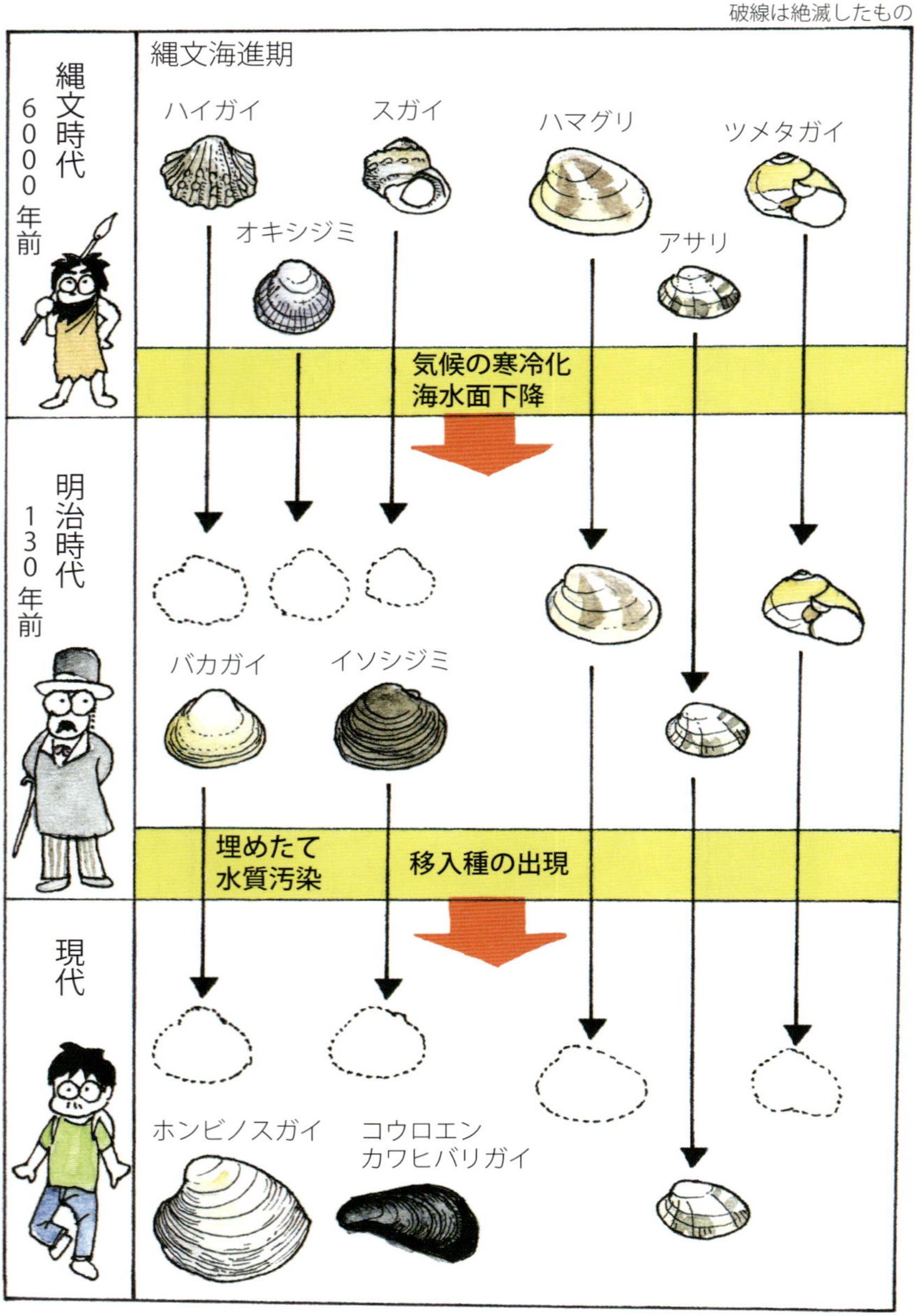

# ハマグリの識別 口絵5

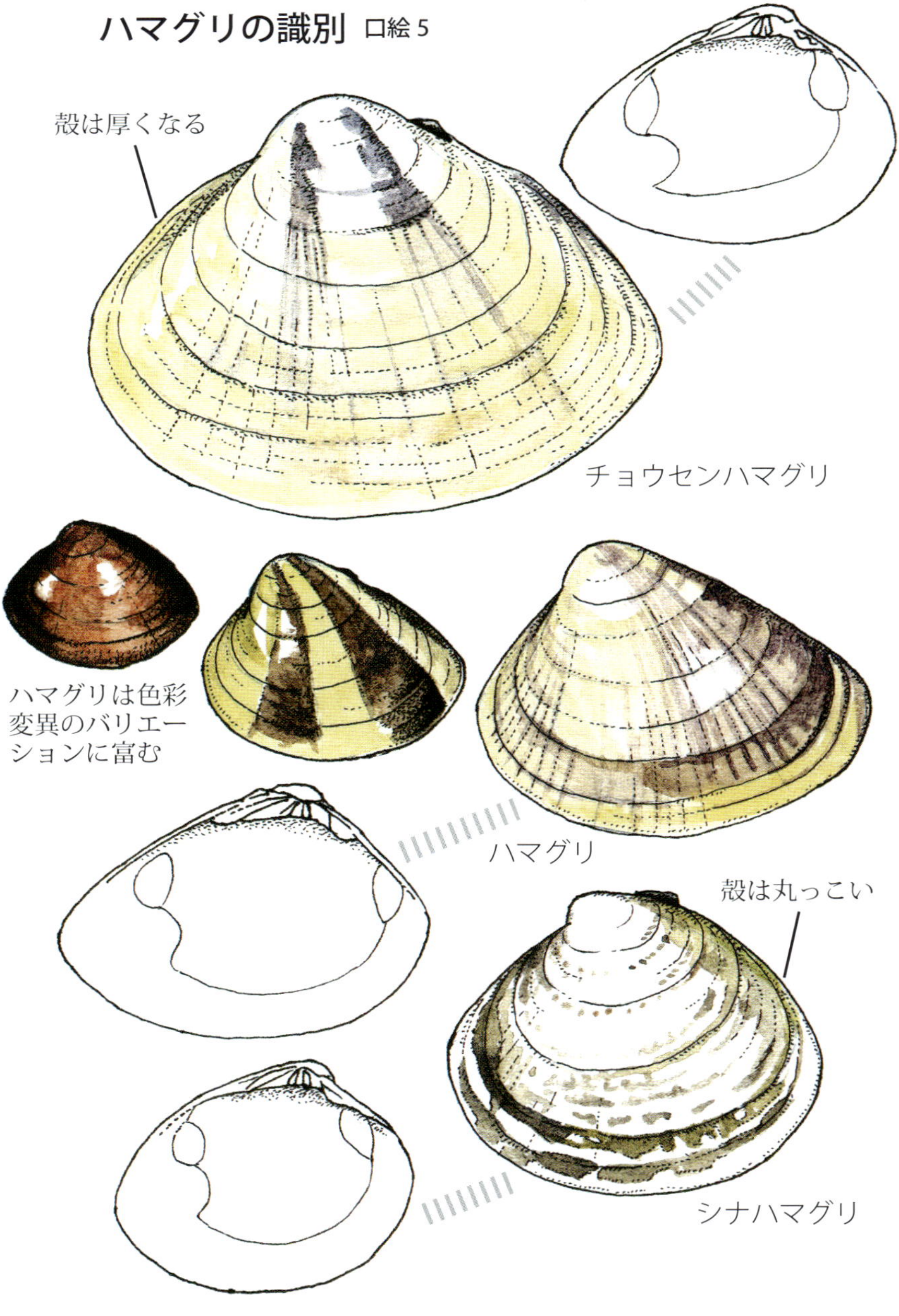
殻は厚くなる
チョウセンハマグリ
ハマグリは色彩
変異のバリエー
ションに富む
ハマグリ
殻は丸っこい
シナハマグリ

# 今に残る縄文の海
# 大分県・中津干潟

口絵６

オチバガイ

マルテンス
マツムシ

イボウミニナ

シオフキ

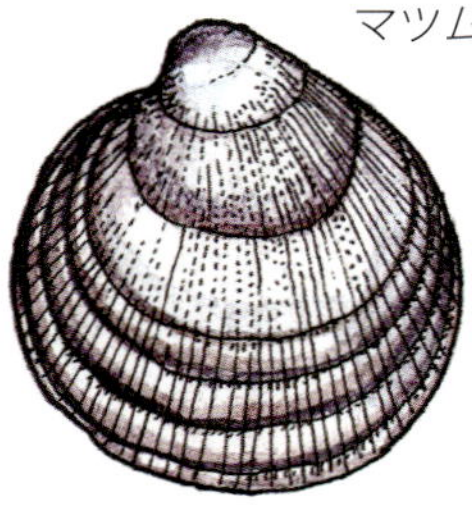
オキシジミ

ゴマフダマ

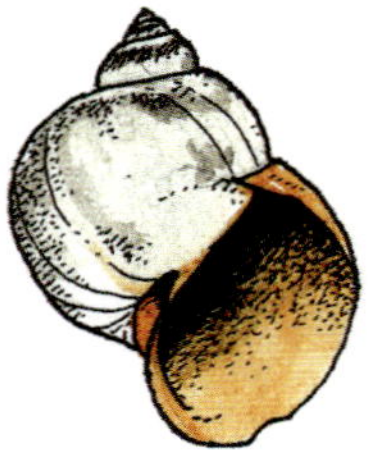
サキグロタマツメタ

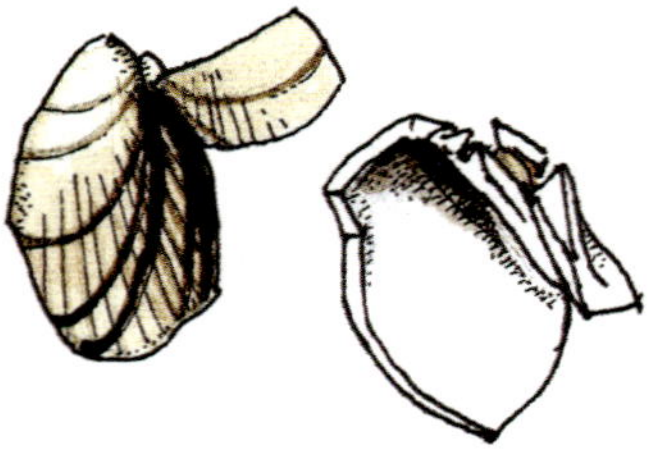
ナルトビエイに食べられた
オキシジミ

フトヘナタリ

オオノガイ

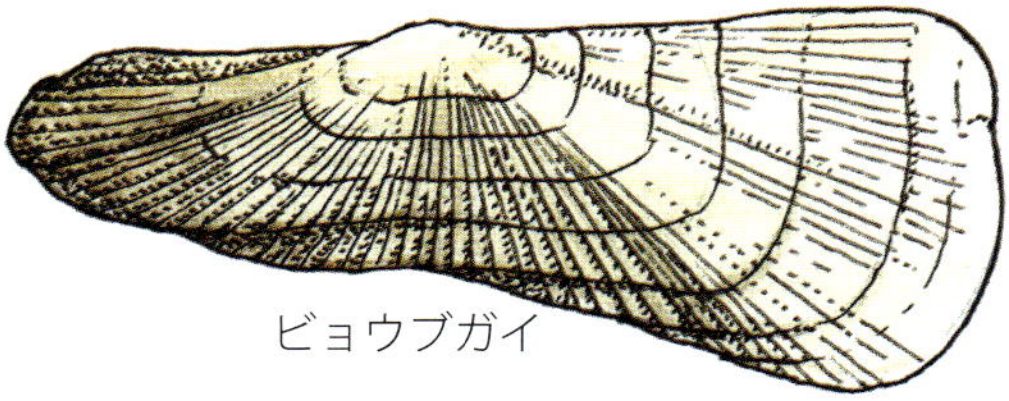
ビョウブガイ

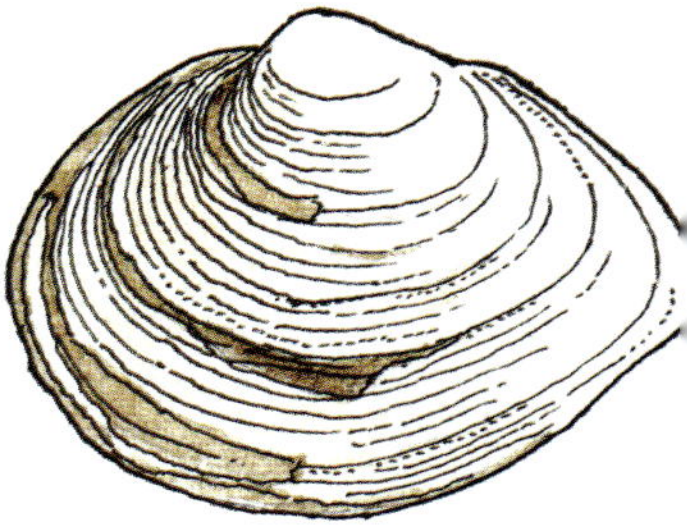
サビシラトリ

ユウシオガイ

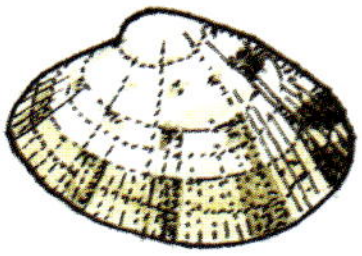
アサリ

イチョウシラトリ

**口絵７　時を越える貝殻**　　×１
①センニンガイ ②キバウミニナ ③キルン ④ハイガイ ⑤シオヤガイ
⑥シラオガイ ⑦イチョウシラトリ ⑧⑨ウチムラサキ（破片）

盛口 満

# おしゃべりな貝

## 拾って学ぶ海辺の環境史

【増補新装版】

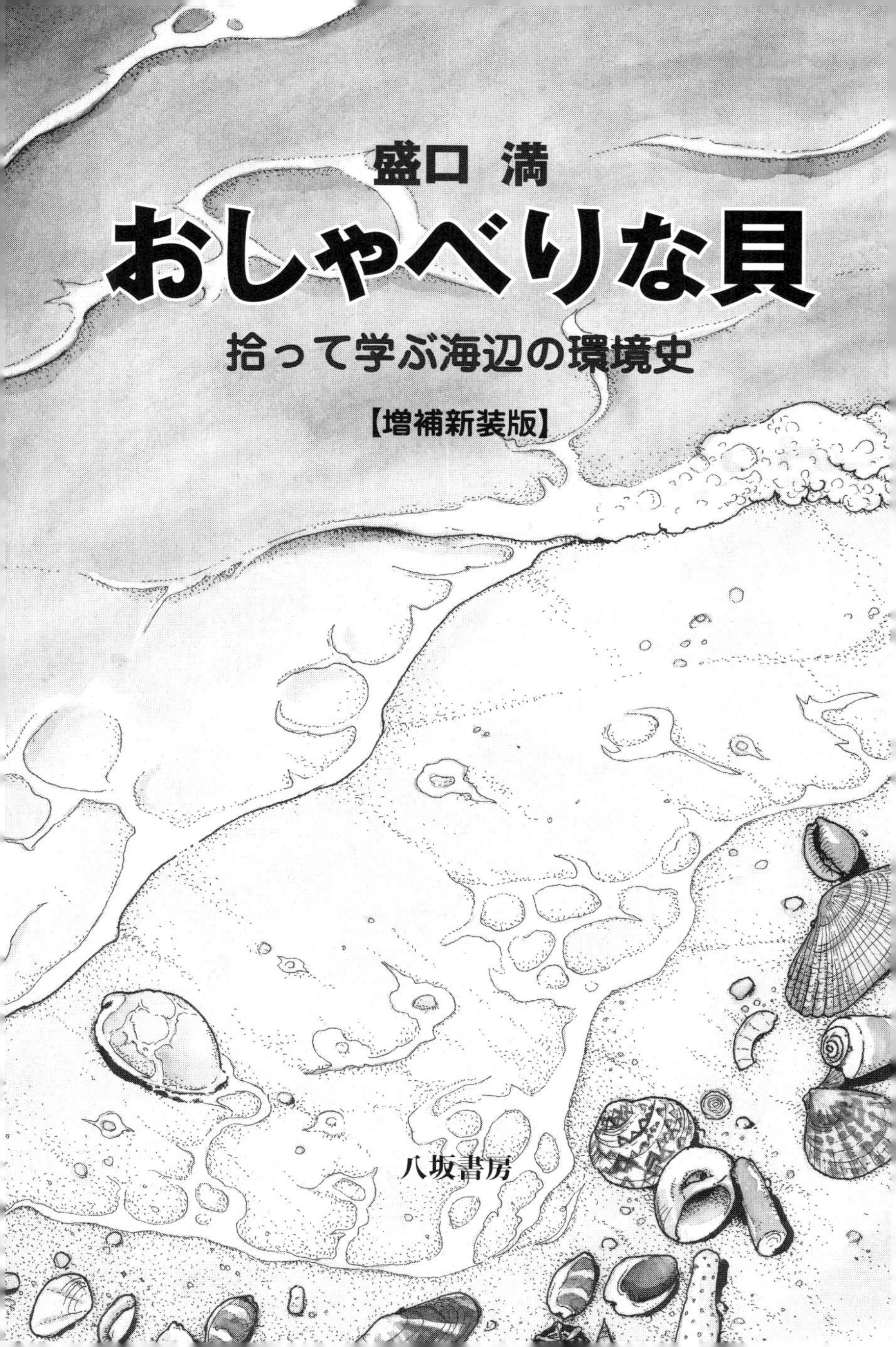

八坂書房

**おしゃべりな貝【増補新装版】**

# 目次

# 関連地図

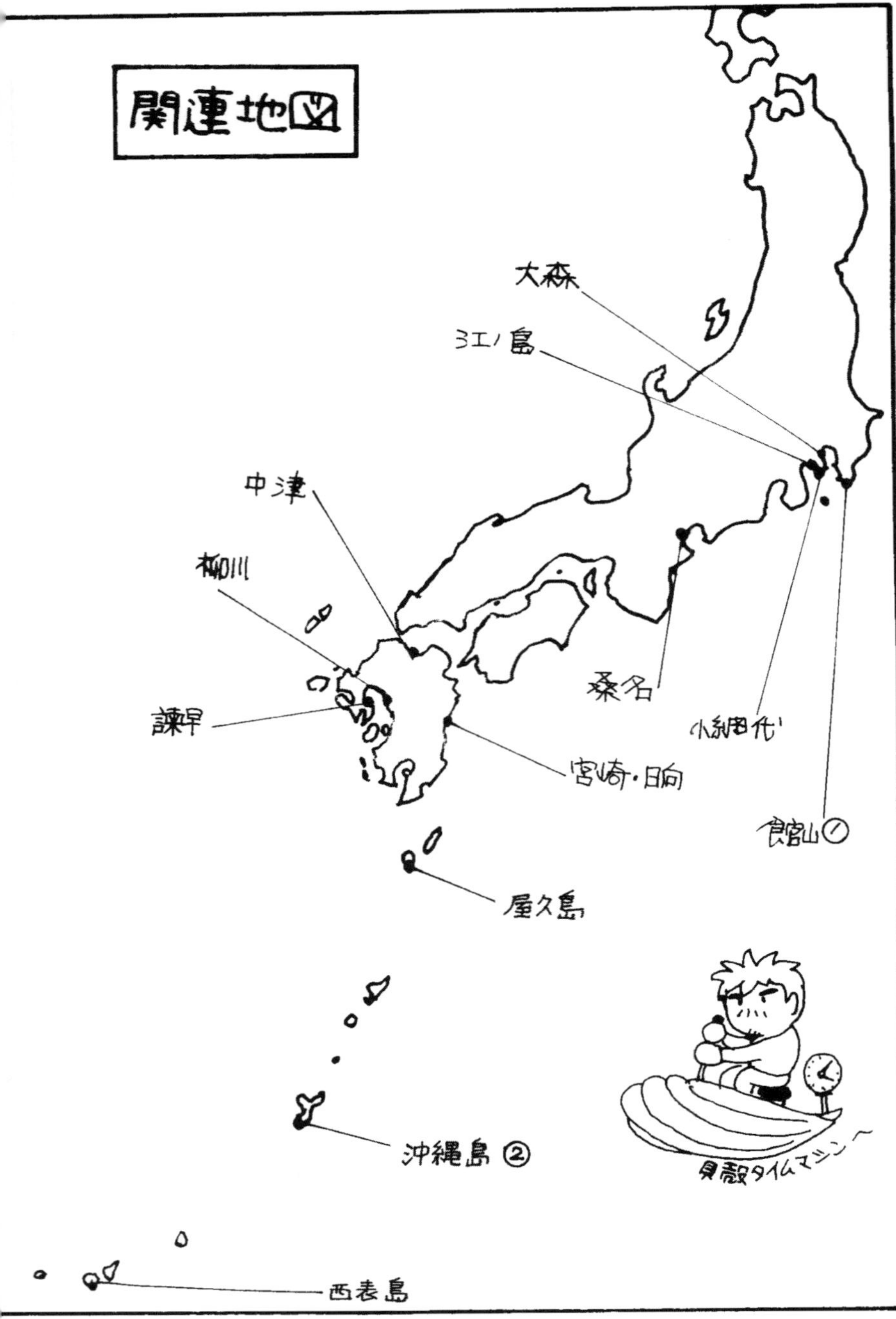
大森
江ノ島
中津
柳川
諫早
宮崎・日向
桑名
小網代
館山①
屋久島
沖縄島②
西表島
貝殻タイムマシン～

# 詳細図

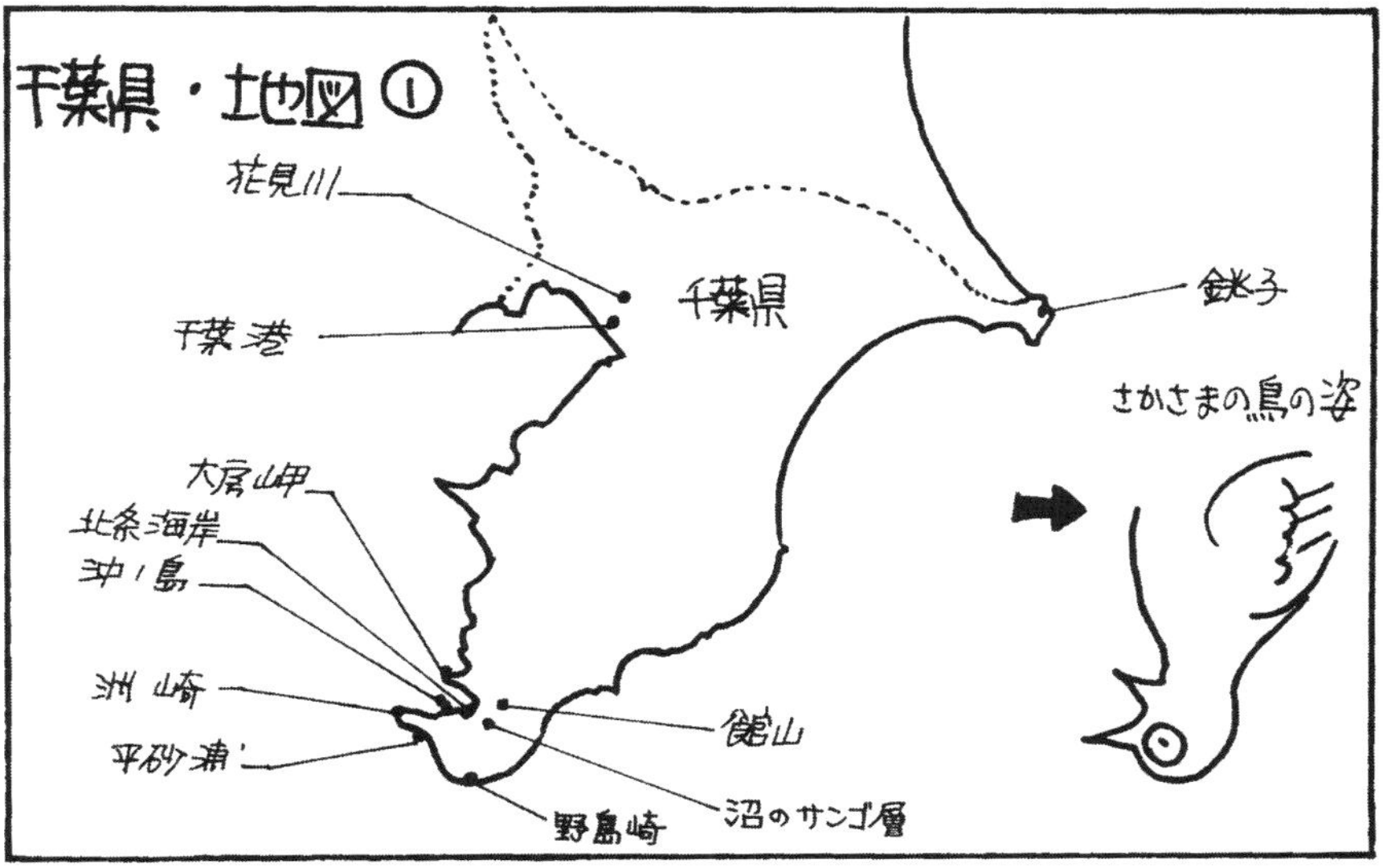
千葉県・地図 ①
花見川
千葉県
千葉港
銚子
さかさまの鳥の姿
大房岬
北条海岸
沖ノ島
洲崎
館山
平砂浦
沼のサンゴ層
野島崎

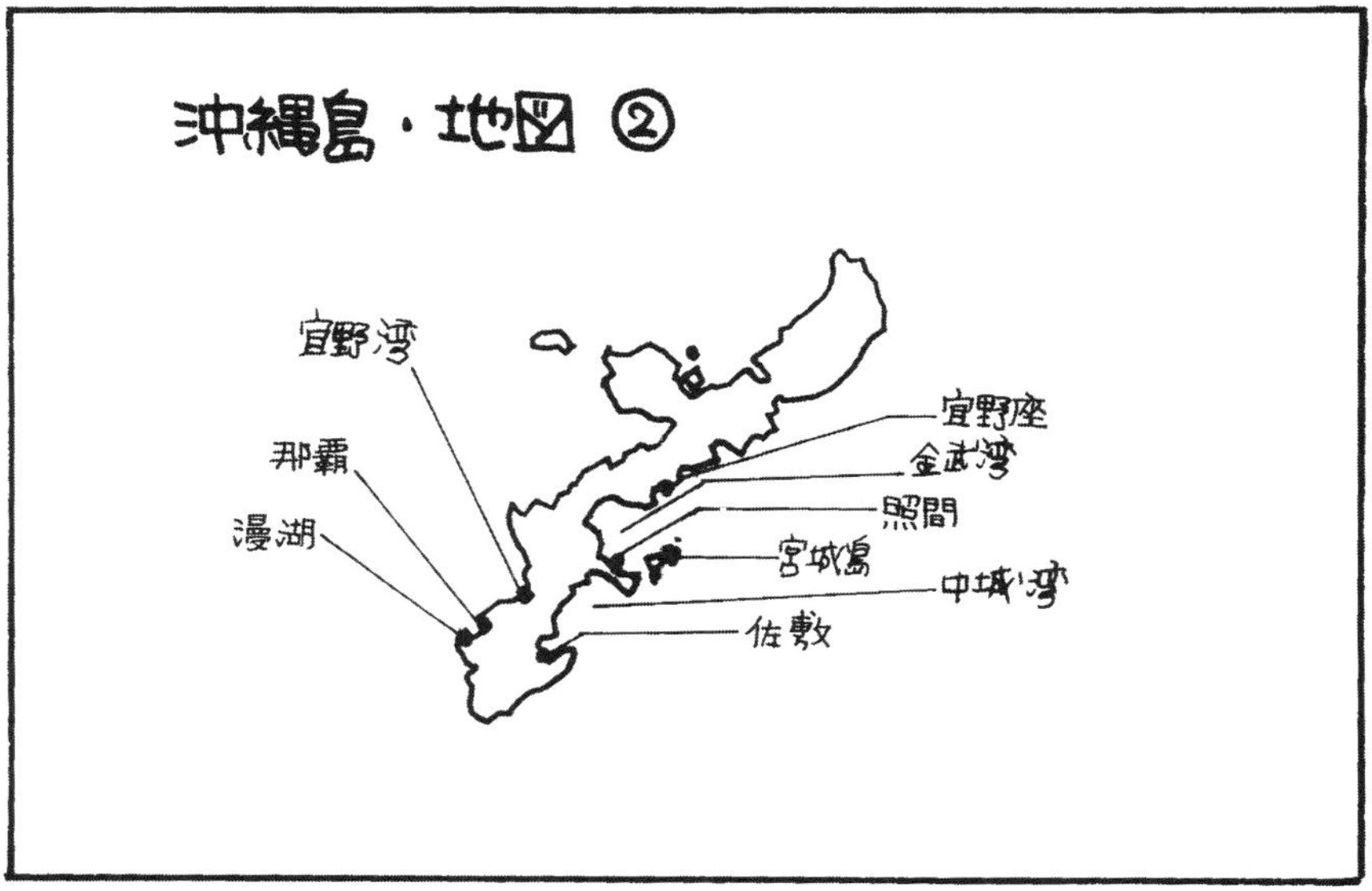
沖縄島・地図 ②
宜野湾
宜野座
那覇
金武湾
照間
漫湖
宮城島
中城湾
佐敷

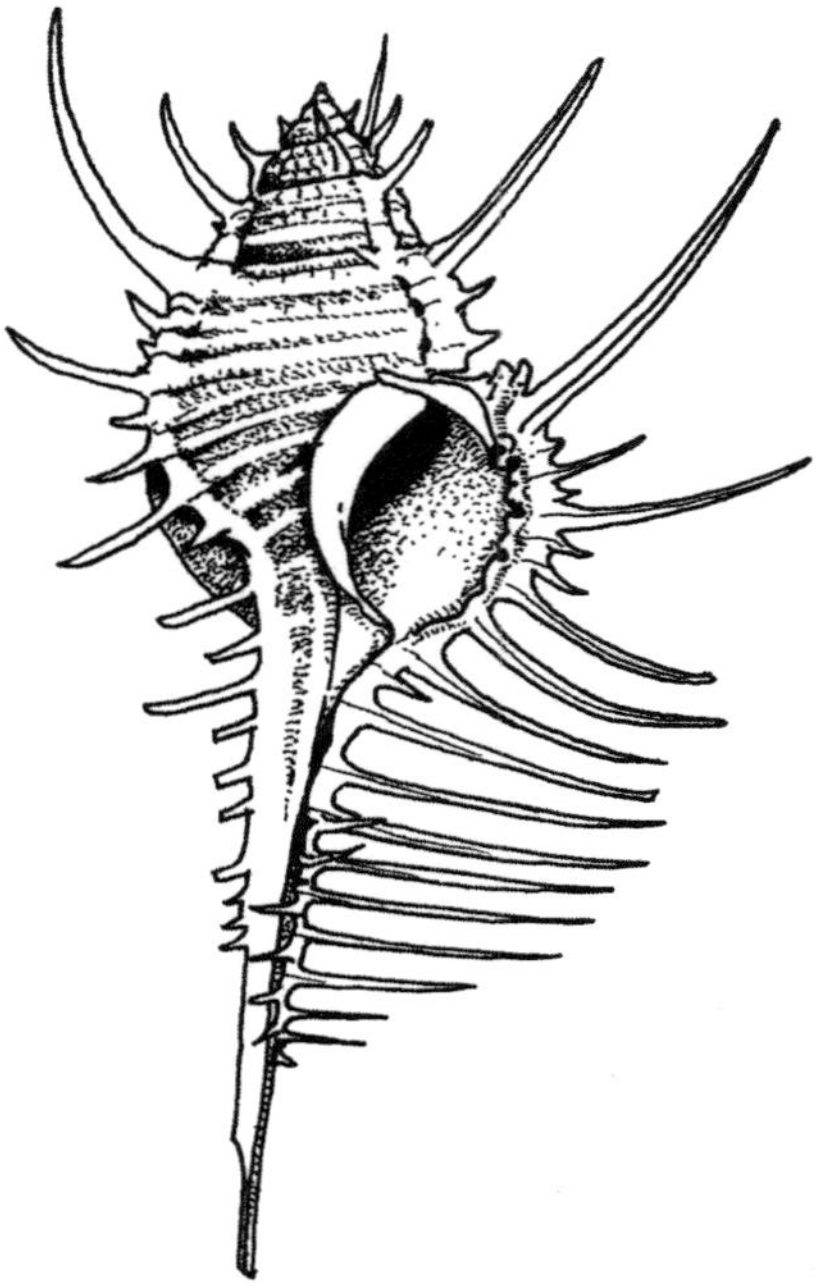

# 1章　貝の記憶

## 生き物屋の肩書き

「今でも、貝は好きですか？」

東京。とあるビルの一室。思いもかけなかった問いに、うろたえ、答えに詰まる。

なぜ人から「貝が好きですか？」などと問われてしまうのか。はたまた、その質問に対して、なぜうろたえてしまうのか。

それは、僕が「生き物屋」であるからだ。

人には肩書きなるものがある。僕の場合、「理科教師」というのがそれにあたる。勤め先で紹介される場合は、「フリースクールの講師」や「大学の教員」ということになる。さらに付け加えるなら、「物書き」や「イラストレーター」と呼ばれる場合もある。この日は、「物書き」としての僕が、仕事の打ち合わせをしていた。その、打ち合わせのために対面していた編集者が、やや唐突に発した問いが、「今でも、貝は好きですか？」というものだった。

肩書きには、職業以外のものもある。たとえば、「生き物屋」などというものもそうであろう。こどもは誰しも生き物が好きなものだけれど、大人になっても、「一線を越えて」生き物を追い求め続ける人々のことを「生き物屋」と呼ぶ。「一線を越えているかどうか」に、はっきりした定義があるわけではない。が「できうる限りの時間を、生き物を追うことに費やしたい」と思うかどうかが、一つの目安となっている。「生き物屋」といえども、すべての生き物を追跡対象にはできない。そのため、追いかけている生き物の種類によって、肩書きに呼び分けが生じる。「貝屋」もいれば「虫屋」もいるというわけだ。「貝屋」はそれこそ貝殻のコレクションに血道を上げたりする。「貝屋」に言わせると、「貝殻は同じ種類の貝でも、一つひとつ、みな違います。だから貝集めは究極のコレクションです」ということになる。逆に僕の友人である「虫屋」の場合、貝殻にはほとんど興味がない。いわく「貝殻は生き物本体じゃなくて生き物の作った殻ですよ。人間で言えば、服みたいなもんじゃないですか。僕は服よりも中身のほうが好きですね」とのこと。「生き物屋」といっても、それぞれであるわけだ。

「生き物屋」といってもそれぞれであるので、初対面の「生き物屋」同士の間では、「何屋ですか？」という、やり取りが交わされる。「何屋」であるかがわからないと、互いにコミュニケーションが取りづらいのだ。僕は、「生き物屋」として少し変わったところがある。なぜなら、僕の場合、「〝本当は〟何屋ですか？」と問われることが、しばしばあるからだ。先日は「シダ屋」とシダについて語りあっているときに、この質問をされた。

「大学時代の専攻ということでいうなら、植物生態学です。〝植物屋〟ですね。でも、職業が理科教師なので、教材開発の必要性から骨格標本作りにはまって、〝骨屋〟にもなりました。ただし、生き物とのつきあいは、こども時代の貝殻拾いが始まりです……」

このときの、僕の回答はこうだった。僕には、「生き物屋」としての肩書きが、いくつか並列してあるのだ。先の編集者は、こんな僕の「生き物屋」としての履歴を知っていて、「今でも、貝は好きですか?」と問うたのだ。確かに僕は、少年時代、貝殻拾いに熱中していた。それならなぜ、編集者の問いにうろたえたのか。それは、現在の僕が「貝屋」という肩書きを持っていないからだ。僕は青年時代をむかえたころから、貝殻拾いにそれほどの情熱を感じなくなってしまい、結局、「貝屋」になるにはいたらなかった。

「貝殻拾いをするうちに、なんだかコレクションすることに興味がなくなってしまったんです。友達から、〝貝殻なんてしょせん服みたいなもんじゃないか〟と言われたことがあって、そういうことだったのかなぁと思ったりしますが……」

「生き物屋」としてのスタートが貝殻拾いであったのに、「貝屋」と言えるほど貝と本格的に付き合うにいたらなかった自分に対し、「生き物屋」として、どこか後ろめたさのような思いがある。だから、「貝は好きですか」という質問に、うろたえてしまったのだ。そして、そんな問いに対する答えは、ついつい、しどろもどろのいいわけ風になってしまう。

そんな僕の心のうちを知ってか知らずか。

「でも、貝殻拾いって、海に行くと、誰もがついやっちゃいますよね」

編集者はそんなことを、続けて言った。

「ああ、そうか。そういえば、そうですね」

このとき、そう返事をしながら、目からポロリとうろこが落ちた思いがした。

自分が貝殻拾いに対して、ある固定概念のようなものに凝り固まっていたことに気がついたのだ。僕には貝殻拾いに対して、特別な思い入れがあった。じつは、特別な思い入れがあったから、かえって貝殻拾いに距離を置いていたぐらいだ。しかし、貝殻拾いなんて、「誰もが〝つい〟やってしまうこと」なのだ。

「自分の貝殻拾いとはなんだったのだろう」

僕の中で、そんな思いがわきあがった。それだけでなく、久しぶりに貝殻を拾ってみようかという思いさえ、むくむくとわきあがってくるのを感じた。

## 貝殻拾い

海は強い風に白波が立っている。見上げれば、澄んだ夕焼け空のはるか向こうに、富士山がそびえているのも望める。空は、藍色やら紫色やら残照の朱色やらが混じりあい、しかも刻一刻とその色を変えている。手のうちには、先ほどまで拾い集めた貝殻の入ったビニール袋がある。南房総とはいえ、夕暮れ時の冬の北風は頬に冷たい。それでも、至福を感じる……。

今も、ふと、このときの海と空を思い浮かべるときがある。

僕は千葉県の南端部にある、館山市に生まれた。東京から特急電車で2時間ほど、近年は東京湾横断道路・アクアラインの開通や高速道路の整備で車の便も格段によくなった、東京近郊の保養地である。僕の生家は、その館山というこじんまりした街のはずれにあった。家の背後には低い丘陵地が連なっていた。家が建っているのは海岸段丘上であり、２階の窓からは１キロほど離れた先にある海が見えた。

「生き物屋」というのは、病のようなものではないかと、常々思う。「生き物屋」の生き物に寄せる思いは、自分でコントロールできるものではないからだ。また、なぜそれほど生き物に特別な思いを寄せるようになったのかという理由もはっきりしないことが多い。後付でいろいろと理由は考えられるが、どちらかといえば、生き物好きという病が「発症したから」というほうが、感覚的にしっくりくる。むろん、ほかの「生き物屋」の影響を受けてという場合もあるのだけれど、この場合も「感染」という言葉が頭にうかぶ。なぜなら、近くに「生き物屋」がいたとしても「生き物屋」にならない人がいるからで、この場合は「生き物屋」という謎の病に生まれつき抵抗力があるためだろうと思う。

僕が発症したのは、小学校の２年か３年のころであった。

僕の父も、僕同様に理科教師という肩書きの持ち主だ。専門は化学であった。仕事熱心な父には、あまり遊んでもらった記憶がない。しかし、この日、父は僕を自転車の後ろに乗せ、近くの海に連れて行ってくれた。もはやおぼろげな記憶のカケラしか残っていないのだけれど、僕はその日、海岸にたくさんの貝殻が散らばっていることに気づき、その貝殻を夢中で拾い集めた。その日をきっかけに、僕は貝殻を拾い集めるようになった。

「誰もが〝つい〟やってしまうこと」が貝殻拾いである。

貝殻を拾うことには、特別な技術も道具も知識もいらない。これが昆虫採集だと捕虫網が必要だったり、標本を作るための虫ピンが必要になったりする。骨格標本づくりだったら、骨をとるために死体を煮る鍋が必要だ（それにもまして、周囲の理解が必要かもしれない）。しかし、貝殻拾いなら、小学校の低学年生だって、思い立ったときに、すぐに始められる。

それでも、「つい」から一歩、先に進もうとすると、貝殻を拾うにも、いろいろなコツのようなものがあることに気づきだす。たとえば、貝殻を拾うには「いつ」がよいか。これは断然、冬である。季節風の吹き荒れる冬は、水底に眠る貝殻たちが、海岸に吹き寄せられる季節だ。だから僕にとって、ふるさとの海の景色を思い浮かべると、どうしても冬景色になってしまう。

「海といったら冬」

そんなふうに思ってしまうのが、貝殻拾いにはまった「生き物屋」の症状のひとつなのだ。

## きれいな貝と特別な貝

館山は房総半島の突端近くに位置している。房総半島は、さかさまにした鳥の頭になぞらえられる。頭のてっぺんは、南房総市・白浜にある野島崎だ。この鳥は口を開けている。開けている口が館山湾だ。鳥の上クチバシの先端は館山市・洲崎、下クチバシの先端は大房岬である。のどから胸にかけては、東京湾に面している海岸線にあたる。館山はちょうど内湾である東京湾が、外海である太平洋に広がるあたりに位置しているわけである。

鳥の開いた口にあたる館山湾は、別名、鏡ヶ浦と言われるような波静かな内湾で、湾に沿って砂浜が連なっている。一方、鳥の上クチバシまで行けば、そこはすでに太平洋の荒波が洗う砂浜が広がることになる。そして、僕が貝殻拾いによくでかけた沖ノ島という陸続きの小島は、上クチバシから口の内側にぶら下がるようにあり、館山湾という内湾にありつつも、やや外洋の影響を受ける位置にあった。僕の実家は、この沖ノ島からさほど遠くないところにある。

こうした内湾に面しているか、外洋に面しているかという立地や、砂浜か磯混じりか（純粋な磯だと貝殻を拾う浜がない）ということが、拾える貝殻の種類に大きく影響することを、貝殻拾いを始めてしばらくして、僕は知ることになった。

サクラガイという二枚貝がある。名のとおり、桜色をしている、大きさも桜の花びらほどの貝だ。館山では、珍しい貝ではないので何度も拾ったことはあるけれど、今でも落ちていると、「つい」拾い上げたくなってしまう貝である。とりたてて貝殻に興味がなくても、サクラガイを拾い上げてしまう人は多いだろう。

「小さい頃、水族館とかでサクラガイが入った貝殻のセットを誰かに買ってもらって、持っていた記憶があります。サクラガイ、きれいって思ってましたよ」

「貝殻なんて服みたいなもん」と言った「虫屋」の友人でさえ、サクラガイについて、こんな思い出を持っているほどだ。

貝は種類によって、生息地が違う。言い方を換えれば、「貝殻は種類によって拾える場所が違う」ということになる。館山では、内湾に面した北条海岸と呼ばれる砂浜が、一番サクラガイが拾える海岸だった。一方、外洋に面した平砂浦《へいさうら》（先の比喩では鳥の上クチバシ部にあたる）と呼ばれる海岸ではサクラガイを拾った記憶がない。沖ノ島でもサクラガイは拾えるけれど、北条海岸ほどにはたくさん落ちていることはなかった。

逆に、北条海岸にはあまり落ちておらず、沖ノ島で多く見かける貝もあった。それがタカラガイだ。僕にとっては、タカラガイは特別な貝だった。家から近いということもあったけれど、少年時代の僕がもっぱら沖ノ島の海岸に貝殻拾いにでかけていたのは、その海岸にタカラガイがよく落ちていたということが理由であった。

タカラガイが特別な貝であった理由がいくつかある。

まず、形が丸っこく、思わず拾い上げたくなる形をしている。

また、タカラガイの生きているときの殻には、ピカピカのつやがある。死んで海の中を転がるうち、このつやは無くなってしまうが、海岸には、このつやが残っている状態のよいものから、もはやなんというタカラガイなのか判別に苦しむほど磨耗したものまで転がっている。だからこそ、状態のいいタカラガイを拾い上げたときの喜びは大きい。

さらに、タカラガイには種類が何種類もある。何種類もあるということは、すべてを集めてみたいという欲を生み、これがもっと貝殻を拾いに行きたいと思う原動力になるのだ。タカラガイの場合、種類によって、殻の色や模様がはっきり異なっているのもいい。これが解剖をしないと種類がわからないとか、ＤＮＡを調べないと種類がわからないということにでもなると、なかなか手がだせなくなってしまう。

海岸に転がる貝殻を「つい」拾い上げてしまう。そのうち、拾った貝の名前を知りたくなる。やがて、海岸に落ちている、さまざまな種類の貝殻をすべて拾い上げたいと思う。そのうち、まだ見ぬ貝殻に思いをはせるようになる……。

そんな一連の流れで、僕は貝殻拾いにはまっていった。

## タカラガイ拾いの難易度

寄せては引く波に海藻が揺れる。その海藻の中に、今しも打ち上げられたばかりの貝殻がある。大きさは4センチメートルほど、大きすぎず、小さすぎず。沖ノ島で拾えるタカラガイの中では中型と言えるサイズ。その腹面は白い。丸く膨らんだ背側はオリーブ色に黄土色を混ぜた地に、小さな白斑が雪のように散っている。全体的に上品な色合いをした、ハツユキダカラだ。「やったー」と思う。これだけでも、この日、家から30分かけて歩いてきたかいがあったというものだ。鼻水をすすりあげ、周囲を見渡す。まだ、ほかにも落ちていないだろうか。

少年時代に体験した、こんな光景は、まだしっかりとまぶたの裏に焼きついている。

沖ノ島に通ううちに、この島の海岸で拾えるタカラガイも種類によって、ごく普通に拾えるものと、なかなか拾う機会がないものがあることがわかってきた。ハツユキダカラなら、「嬉しい」。ホシキヌタやコモンダカラなら「普通」。チャイロキヌタやメダカラなら「気にもかけない」というぐあいだ。

僕の貝殻拾いは小学校の２、３年生のころから始まるが、いつどこで何を拾ったかという記録が残されているのは、１９７２年11月12日、僕が10歳（小学校４年）のとき、沖ノ島で拾った貝殻からだ。このとき、僕がチャイロキヌタ、ナシジダカラ、カモンダカラの３種類のタカラガイを拾ったことが、少年時代につけていた記録に残されている。この10歳のときから高校を卒業して館山を離れることになる９年間で、僕が沖ノ島で拾い集めたタカラガイは20種あった。リストアップしてみると、（表1）のようになる。

このうち、メダカラやチャイロキヌタは、状態さえ問わなければいつ行っても拾える種類だった。それに対してウキダカラやクチムラサキダカラは、そうそう拾える種類ではなかった。アジロダカラは、たった1回、拾い上げたのにとどまった種類だ。こんなふうにタカラガイ拾いは、種類によって難易度があったのだ。

「珍しい種類をまた拾いたい」

「ひょっとしたら、まだ拾ったことがない種類を拾うことができるかもしれない」

こんな思いが、常に僕の

表1　沖ノ島で拾い集めた20種のタカラガイ

| |
|---|
| メダカラ |
| チャイロキヌタ |
| ハナマルユキ |
| ハツユキダカラ |
| カモンダカラ |
| オミナエシダカラ |
| コモンダカラ |
| アヤメダカラ |
| シボリダカラ |
| クチグロキヌタ |
| ウキダカラ |
| ハナビラダカラ |
| キイロダカラ |
| ナシジダカラ |
| クロダカラ |
| サメダカラ |
| クチムラサキダカラ |
| アジロダカラ |
| カミスジダカラ |
| ホシキヌタ |

頭の中を占めていた。それこそ、海岸に見たことの無い貝殻が打ちあがっている夢をよく見たものだった。小学校高学年の頃は、冬休みともなると、それこそ沖ノ島に日参するほどの熱の入れようであった。

## いい貝と駄貝

タカラガイは一般的に、人気のある貝であるが、そのタカラガイの中にも、拾ったとき、「おっ」と思うものと、「なんだ」と思うものがある。

貝よりも、虫を例にして説明したほうが、わかりやすいかもしれない。

虫には大きく分けて、「珍虫」と「駄虫」がある。そして「虫屋」は、見つけた虫が「珍虫」か「駄虫」かを、たちどころに判定する能力を持っている。「珍虫」とは何か。「珍虫」というのはなかなか見つけがたい虫であるということが第一条件となっている。こどもたちに人気のカブトムシは「珍虫」ではない。カブトムシは、雑木林に行けば普通に見ることができるからだ。また、「珍虫」には、「普通の基準からずれているもの」というニュアンスも含まれている。成虫なのに翅が退化していたり、体のバランスが変だったり、不思議な生態をしていたりするといったことが、希少性に加味された結果、「珍虫」という呼称が与えられる。

一例を挙げると、ヒラズゲンセイという名の甲虫がいる。「虫屋」以外の人は、あまり耳にしたことがない名前の虫だろう。ヒラズゲンセイはツチハンミョウ科という、これまたあまり耳にしない虫の仲間の一員である。体は真っ赤で、オスには立派な大アゴがあるので、まるで「赤いクワガタ」のように見える。しかもクマバチの巣に寄生するという変わった生態の持ち主でもある。かっこがいいうえ、数も少なくて、変わっていると、「珍虫」の要素がそろった虫なのである。

さて、「貝屋」も見つけた貝を「珍貝」と「駄貝」に峻別する。「珍貝」よりも、やや広い意味で「いい貝」という呼称も使われる。そのため「貝屋」の中には「いい貝」とされるのだが、「いい」という言葉には主観的な要素が含まれる。タカラガイは一般的には「いい貝」ではないと主張する人もいる。タカラガイが「いい貝」の範疇に入らないという主張を持った「貝屋」に言わせれば、「バキバキした貝こそ、〝いい貝〟であるのだという。この「バキバキしている」というのは、貝殻にツノのような突起がついているということを意味している。

ただ、このように使用例には個人差はあるものの、「いい貝」という用語は、先の「珍虫」の使用法と共通点が多い。まず希少性はプラスに加味されるし、「普通の基準からはずれているもの」も、おおむね高評価の対象とされる。

少年時代の僕も、自分なりに「いい貝」という基準があった。まず、二枚貝より巻貝が「いい貝」だった。これは、ハマグリだのアサリだのといった二枚貝は、種類が違っても形のバリエーションが少なく、みんな似たものに思えてしまったからだった。繰り返しになるが、「生き物屋」の「いい」には「希少性」と「変わり者」という要素が強い。そのため、巻貝が好きだといっても、いかにも巻貝っぽい形をしている貝よりも、巻貝っぽくない形をした貝に、よりひかれるものを感じていた。

たとえばカメガイという小さな巻貝の仲間がある。この貝はめったに拾えなかったし（少年時代を通し、沖ノ島では一度しか拾えなかった）、一生を海の中を漂って暮らすという生態も変わっているし、何よりまったく普通の巻貝っぽくない貝殻の形をしていたため、あこがれの貝だった。同じように巻貝のくせに、その「巻き」がほぐれかけているサワラビという貝も好きだった（ただし、完全に「巻き」がほぐれている点ではものすごく変わり者であるものの、あまりに普通種だったオオヘビガイには、まったくひかれなかった）。

タカラガイもまた、一般的な巻貝とは異なった形をしている。タカラガイは「いい貝」ではあるが、タカラガイの中でも普通種のチャイロキヌタなどに対しては、「いい貝」というイメージはなく、たまにしか拾うことのできない、ウキダカラやクチムラサキダカラこそ、「いい貝」であった。

こうした「いい貝」をめざして海岸にでかけ、一喜一憂していたのが、少年時代の僕だった。

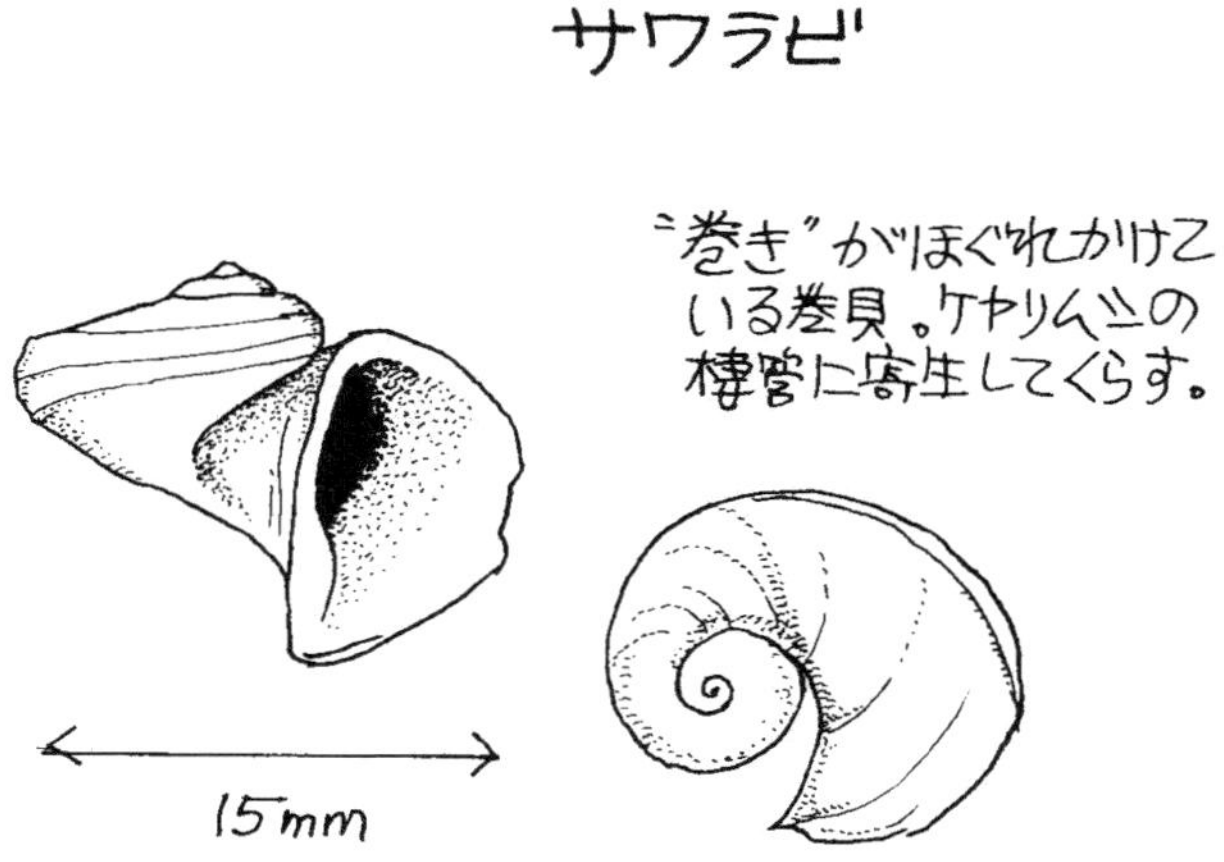
サワラビ
"巻き"がほぐれかけている巻貝。ケヤリムシの棲管に寄生してくらす。
15mm

# 巻貝らしくない貝・カメガイ

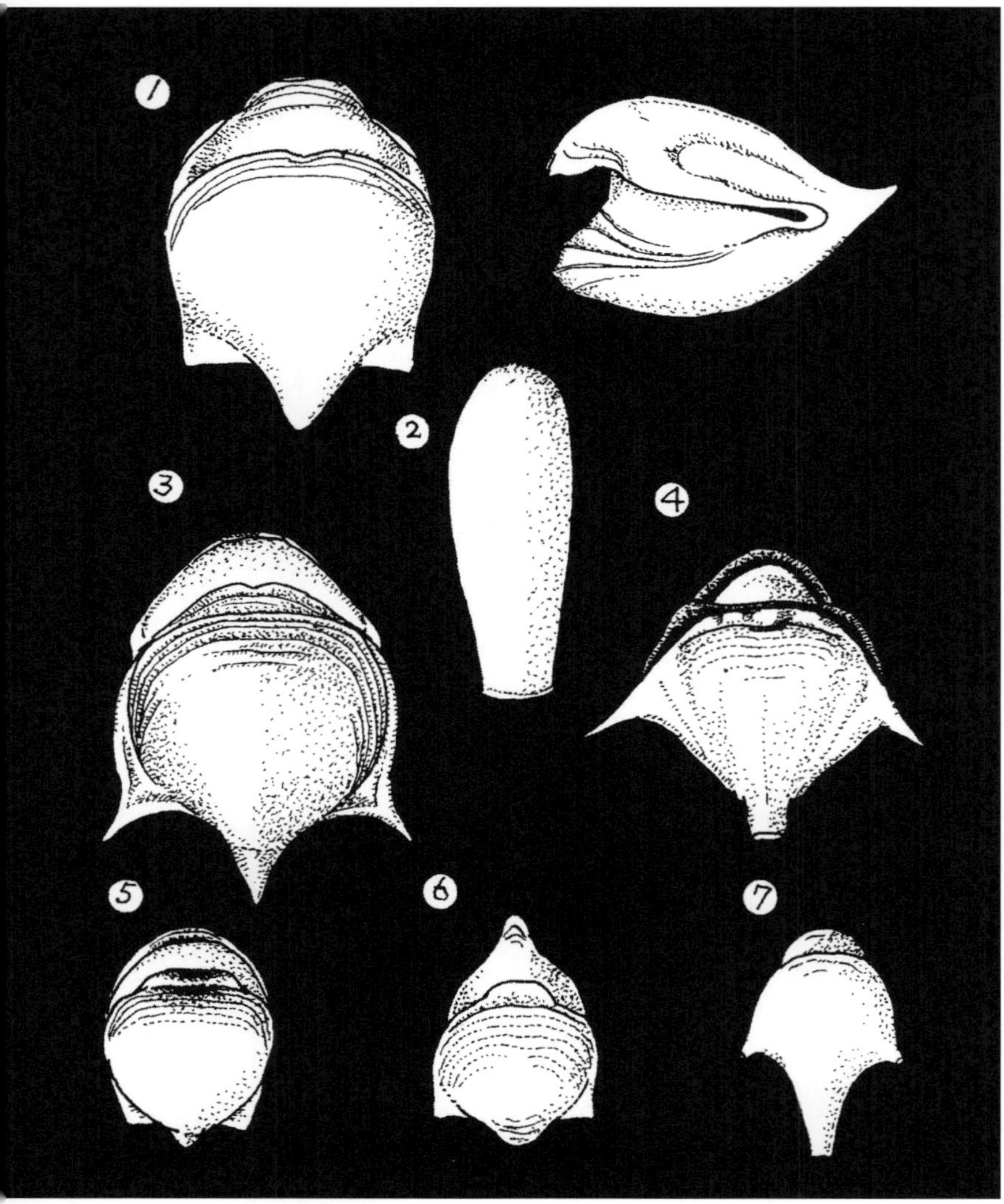


5mm

1. シロカメガイ　2. ウキヅツガイ
3. クリイロカメガイ　4. ヒラカメガイ
5. マルカメガイ　6. ササノツユ　7. マサコカメガイ

## 貝殻拾いの目的

少年時代の僕にとっては、「いい貝」を拾いたいということと、たとえ「いい貝」でなくとも、一種類でも多くの種類をコレクションに増やすことこそが、貝殻拾いの目的だった。

しかし、長らく貝殻拾いを続けるうち、貝殻拾いにかけた情熱にブレーキがかかりだす。まず、どうしてもマンネリがでてくる。同じ海岸に何度も通うと、なかなか新しい種類の貝殻を拾うことができなくなってくるのだ。加えて、「貝殻を拾って何になるの?」といった疑問が、頭をもたげだした。

「足元に散らばっている貝殻を拾って、持って帰りたい」

そんな単純な思いから、貝殻拾いは、はじまった。

貝殻を拾ううち、「もっと、いろいろと拾ってみたい」と思い出す。すると、「拾うこと」が「集めること」に結びつき始める。

しかし、貝殻を「集める」うちに、今度は「貝殻を拾う」と「貝を集める」という関係性がイコールではないことに気づいてしまう。

「貝殻を拾う」∧「貝を集める」という関係性なのだ。

最初のうちは、とにかく、むやみに貝殻を拾って持ち帰る。そのうち、拾った貝殻の名前を知りたくなってくる。名前を知るには、専門的な図鑑が必要だ。父にねだって、保育社から出ている『原色日本貝類図鑑』という大人向けの図鑑を買ってもらった。この図鑑の巻末には、貝を集めるためのさまざまな採集法も書かれている。

海岸に打ちあがった貝殻を拾い集めるのは、「打ち上げ採集」と呼ばれる方法であると書かれている。この方法は最も手軽な方法であるけれど、欠点もある。死んだばかりのきれいな貝殻を拾えることもあるものの、磨耗した貝殻や破損した貝殻を拾うことも、ままあるからだ。それに対して、エビ捕りの網にからまった貝を採集したり、自分で潜って採集したりする方法だと、より完璧な標本が採集できると書かれている。

それはそうだと思う。

ところが、素直にうなずけないところがある。

生きた貝を採集した場合、貝殻の標本を作るには、貝殻の中に入っている内臓や肉を取り除く必要がある。二枚貝は簡単だ。ゆでれば、殻が開くので、中身を取り除いて洗って乾かせばいい。アサリの味噌汁でおなじみの光景である。ところが巻貝の場合、ぐるぐると巻いた殻の中に入っている肉を取り除くのは、大変だ。うまく取らないと、途中で中身が切れ、放っておくとそれが腐ってしまう。特にタカラガイのように、殻の口が狭い上に、殻の中に大量の肉が入っている貝の場合、除肉は困難を極める。

少年時代、一度だけホシキヌタという種類の大型のタカラガイの生きた個体を、友達が海に潜って採ってくれた。生きたホシキヌタの殻は、海岸に打ちあがったものとは比較にならないくらい、ピカピカだった。そこで、ゆでて肉を取ることに挑戦してみる。ゆでてからつついても、狭い殻の口からは、ほんのちょっぴりしか肉は取り除けなかった。やむなく、水を入れた瓶に貝を入れて、腐らせることにする。結果、ピカピカの貝殻は手元に残った。しかし、どろどろに腐った肉を取り出す作業は、うんざりだった。僕は生きた貝を採集して、貝殻を取ることはあきらめることにした。

貝殻拾いに明け暮れていた頃、貝の図鑑はバイブルだった。その本に書かれている「生きた貝から肉を取る」という標本作りに足を踏み入れられなかったことは、バイブルにそむいているという後ろめたさを残すことになった。

「貝殻を拾うこと」と「貝を集めること」ということがイコールにはならないことは、どうやっても「拾えない貝」があることからも明らかだった。

図鑑を飽きず眺めているうち、あこがれの貝ができる。

しかし、あこがれの貝は容易には自分のものにはならなかった。なぜなら、沖縄などの南の島にいかなければ拾えない貝に、きれいだったり、かっこいい貝が多かったのだ。それでも南の島の貝なら、いつか拾いにいけるかもと、想像をめぐらすことがまだできた。しかし、貝の中には、深海に棲んでいる

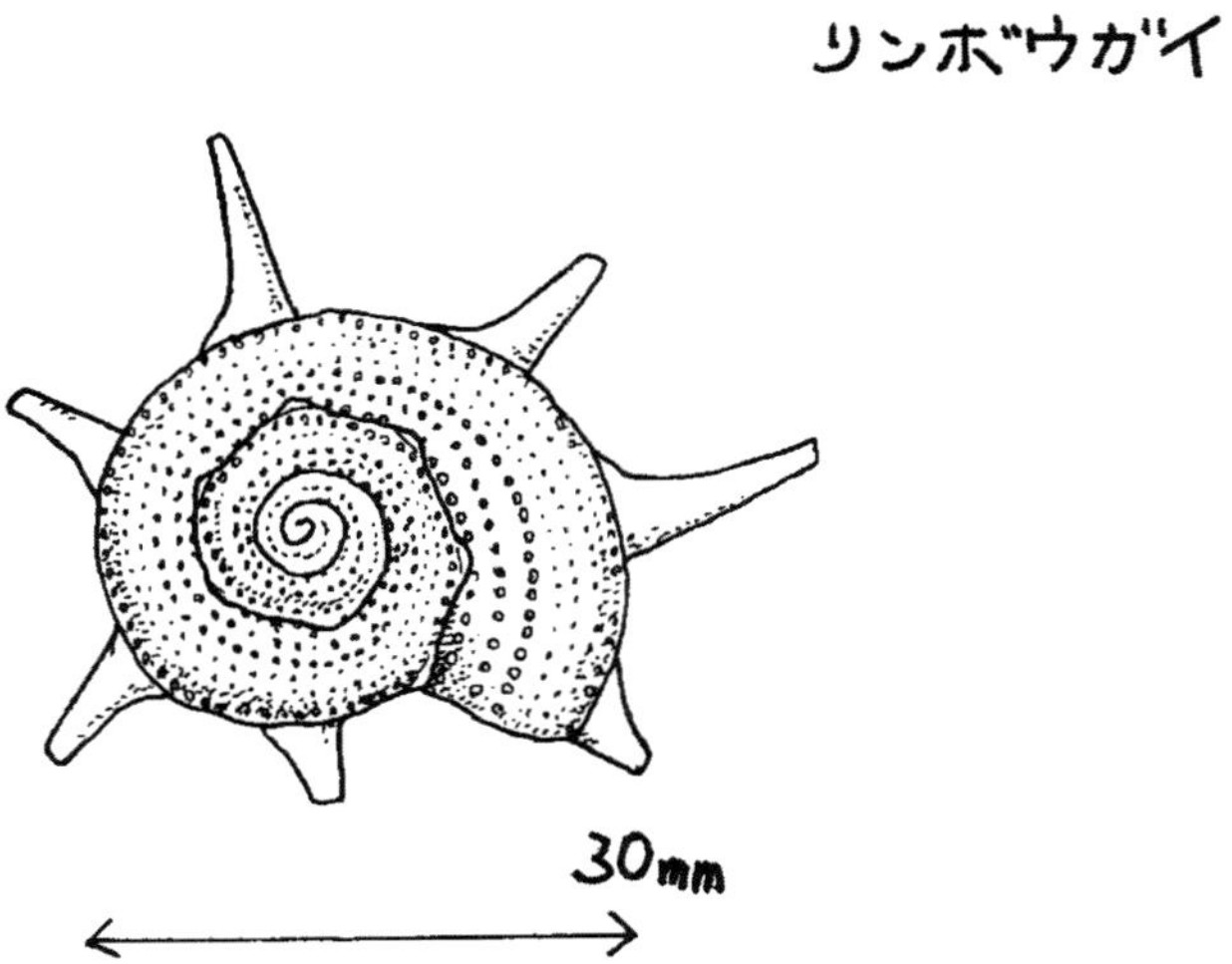

ような貝もある。こんな貝は、とうてい海岸に打ちあがることはない。

あこがれをつのらせたあげく、ある日、貝殻を売っている店で、お金を払って、貝の標本を買ったことがある。僕が買ったのは、深海に棲むリンボウガイという貝だ。まるく渦を巻いた殻の外側に、針状の長いとげがのびた、かっこいい貝だ。ところが、買ってみるとあまり嬉しくないことに気がついてしまった。自分で拾った貝殻こそ、愛着がわくものだったのだ。

僕は、生きた貝を採集して貝殻を集めることは、肌に会わないと感じた。自力では手に入れられない貝を買ってまで集めても、あまりおもしろくないこともわかった。結局僕は、貝を集めるということよりも、海岸で貝殻を拾うことこそが好きだったのだ。

でも貝殻拾いをすることが、単に貝を集めることの一手段に過ぎないのだとしたら、貝殻拾いに夢中になっていることに、はたしてどんな意味があるのだろう。僕はわからなくなってしまった。

高校生になったころから、僕はあまり貝殻拾いに行かなくなってしまった。僕は大学入学とともに、故郷を後にし、その後、本格的に貝殻拾いをすることは二度となかった。そして、実家には、少年時代に拾い上げた貝殻だけが残されることになった。

## 普通の貝のわけ

「貝を集めてどうするのか」

当時の僕には、その問いに対する答えが見えなかった。

たとえば。

海岸に転がっているタカラガイには、「ごく普通に拾えるもの」と「なかなか拾えないもの」という違いがある。一時期、それこそ日課のように貝殻拾いをしていた僕にとって、それは「あたりまえのこと」だった。しかし、それが「なぜ」かなどと、考えたことが無かったのだ。

ところが、これが「なぜ」なのかを、徹底的に海岸でタカラガイを拾うことで明らかにした研究がある。渡辺政美さんの「三浦半島沿岸海域に於けるタカラガイ類の分布状況（その1）」（『相模貝類同好会会報　みたまき』No.21）である。渡辺さんは、三浦半島の特定の海岸で一年間、打ち上げられたタカラガイをすべて拾い上げて、同定し結果を集計するという調査を行ったのである。拾い上げたタカラガイの総数、なんと9万9307個というから、すごい。

タカラガイはタカラガイ科の貝で、世界に約230種、日本には88種が生息していると『タカラガイ・ブック』（池田等ほか　東京書籍）にある。三浦半島沿岸からは、このうち43種のタカラガイが記録されているが、打ち上げられた約9万個のタカラガイのうち、チャイロキヌタとメダカラだけで、全体の96パーセントを占めていたという。これらの1・5センチメートルほどの大きさの小型のタカラガイは、沖ノ島でも最も普通な種類ではあったけれど、こうして数値をあげられると、どのくらい普通であるかが、よくわかる。この「普通」に見られるということは、貝殻が打ち上げられた海岸一帯に、その種類が定住しているということである。これはなんだかあたりまえのことのように聞こえる。しかし、逆に言えば、めったに拾えない種類というのは、その海岸に、一時的にしか生活していない種類である可能性が高いということであるのだ。

渡辺さんは、調査結果から、海岸で拾うことのできた30種のタカラガイのうち、わずか7種（メダカラ、チャイロキヌタ、オミナエシダカラ、ナシジダカラ、ハナマルユキ、ホシキヌタ、カミスジダカラ）ほどしか、一生、定着している種類はないのではないかと結論付けている。残りの種類は、南方から幼生がプランクトンとして流れ着き、一時的に成長するものの、繁殖までにはいたらない種類だろうというわけである。

ちょっと、「ええっ」と思う。渡辺さんの主張からすると沖ノ島で拾い上げたタカラガイも、10種以上は南方から一時的にやってきた種類だということになるからだ。

ただ、この指摘は、よく考えるとうなずける点があった。

沖ノ島で拾ったタカラガイの、先のリストの中にキイロダカラの名がある。しかし、じつのところ、少年時代には、キイロダカラを拾ったという認識が僕にはなかった（つい最近まで、そうだった）。

タカラガイは、卵から孵化した幼生がしばらく浮遊生活をしたのち、着底して幼貝となる。タカラガイは巻貝の仲間ではあるけれど、丸っこい独特な形をしている。ただし、幼貝のうちは、巻貝の仲間であることがはっきりわかる形をしていて、模様も成貝とは少し違っている。

少年時代、沖ノ島で拾い上げたキイロダカラは、皆、大人になる一歩手前の幼貝ばかりだったのだ。殻の形も大人の貝とは違っていたし、色彩も、成貝の背が名の通り黄色なのに対して、幼貝は白地に部分的に紫がかった灰色の帯があるというものだった。こんな色合いのタカラガイは図鑑に載っていなかったので、僕はてっきりこの貝はタカラガイではなく、タカラガイに近いウミウサギガイ科の一員だと思い込んでいたほどだった。そして、沖ノ島では、殻が黄色のキイロダカラは、一回も拾ったことが無かったのだ（だからこそ、幼貝だとは気づけなかった）。沖ノ島まで流れてきたキイロダカラの幼生は、冬の低温で大人になりきれず、死んでしまっていたからではないかと、研究成果を読んで、ようやく理解したしだいなのだ。

貝殻拾いは、「つい」してしまうような、お手軽なこと。それでも拾った貝殻に、よくよく目をこらせば、その貝殻がそこに落ちていることに、ちゃんと意味があることが見えてくる。

## タカラガイ指数

そもそも、タカラガイは南方系の貝だ。『タカラガイ・ブック』には、「タカラガイは世界中の暖海域、特にインド・太平洋を中心に分布」とある。

また、本州以南の太平洋岸の貝類相は次のように大まかに分けられ、それぞれタカラガイに関して次のような特徴があるという（「貝類からみた琉球列島の環境変化」黒住耐二『沖縄考古学会２００８年度　発表会資料集』）。

ア・本州東北地方太平洋岸（冷温帯貝類群）・・・・・タカラガイはほぼ欠落
イ・本州南岸（房総）～九州南岸（暖温帯貝類群）・・タカラガイはかなり多い
ウ・奄美諸島以南（亜熱帯貝類群）・・・・・・・・タカラガイは豊富

つまり、どのくらいタカラガイが拾えるかで、その海岸がどのくらい「南」であるかがわかるというわけだ(先に書いたように、内湾の砂浜環境には、そもそもタカラガイは少ないが)。これを仮に「タカラガイ指数」とでも名づけよう。端的な例を挙げると、沖縄県から記録されているタカラガイは64種であるから、タカラガイ指数は64になる。一方、岩手県山田湾のタカラガイはチャイロキヌタとメダカラの2種のみなので、タカラガイ指数は2だ。(「岩手県山田湾産のタカラガイ類」(清水利厚ほか『ちりぼたん』18巻3・4号)。ちなみにメダカラは青森の陸奥湾からも記録がある、タカラガイの中で最も北まで分布する種類である。千葉県だけを見た場合でも、南端部の館山市・布良(沖ノ島より、外洋に面している)のタカラガイ指数は29であるが、寒流と暖流の境目に位置する銚子のタカラガイ指数は6だ(「房総半島最南部と伊豆大島の海浜打ち上げ貝類相から見た黒潮系暖水要素の卓越」堀越増興『千葉大学理学部海洋生態系研究センター年報10』)。

南の島・沖縄の海岸でどのくらいタカラガイが拾えるか、ためしてみたことがある。一年間、特定の海岸に打ちあがっているタカラガイすべてを拾い上げるというのは、さすがに難しいので、10分間

表2　沖縄島・宜野座村の海岸にて、著者が10分間で拾い上げたタカラガイ

| | |
|---|---|
| ハナビラダカラ | 145個(70%) |
| クロダカラ | 41個(20%) |
| メダカラ | 5個(2.4%) |
| ホンサバダカラ | 4個(以下略) |
| ツマムラサキメダカラ | 3個 |
| サメダカラ | 2個 |
| ヤクシマダカラ | 1個 |
| ナツメモドキ | 1個 |
| ハナマルユキ | 1個 |
| カミスジダカラ | 1個 |
| ナシジダカラ | 1個 |
| スソヨツメダカラ | 1個 |

で拾えるタカラガイを集計してみる。沖縄島・宜野座村の海岸で拾い上げたタカラガイは、（表２）のようになった。その総計は２０６個。

合計12種を10分間で拾ったのだけれど、この海岸ではこの日、ほかにもヒメホシダカラ、コモンダカラ、カモンダカラ、キイロダカラ、ウキダカラ、コゲチドリダカラを拾っている。つまり、沖ノ島では９年間で20種のタカラガイを拾ったのに、宜野座の海岸では10分間で12種、小一時間で18種のタカラガイを拾えたのだ。さすが南の島である。一方で、この日見つけた18種のタカラガイのうち、11種までを、僕はすでに沖ノ島で拾ったことがあった。これからすると、沖ノ島の海に棲むタカラガイは沖縄の海のものとずいぶん共通しているとも言える。

宜野座と沖ノ島での相違点も見てみよう。一番普通に拾えるタカラガイの種類は、宜野座と沖ノ島とでは異なっていた。宜野座では、沖ノ島で最も普通であった、チャイロキヌタやメダカラに代わって、２センチメートルほどの大きさのハナビラダカラが一番普通に見られる種類となっていた。宜野座でもメダカラは拾えるが、数的にはハナビラダカラに到底及ばない。また、チャイロキヌタはまったく見られない。

チャイロキヌタは世界的に見ると、本州以南、九州にかけての日本沿岸と朝鮮半島の一部にしか分布していない種類なのである（逆に、沖ノ島ではそうそう拾えなかったウキダカラは、世界的には房総半島以南、オーストラリアやインド・アフリカの太平洋沿岸にも分布している種である。つまり、世界的に見れば、チャイロキヌタのほうが珍しい貝ということになる）。基本的に、南に行けば行くほど拾えるタカラガイの種数は増加するが、中にはチャイロキヌタのように、南にいくと拾えなくなってしまう種類もある。

「貝屋」の中で、タカラガイと並んで人気のある貝に、イモガイ科の巻貝がある。イモガイというのは、形がサトイモに似ていることによっている。このイモガイも南方系であるので、タカラガイ同様、どのくらいイモガイの種類が拾えるかで、そこがどのくらい南かを計る、「イモガイ指数」なるものも作れそうである。

沖ノ島で拾えるイモガイは、ベッコウイモ、サヤガタイモ、ハルシャガイといった種類だった。千葉県でも寒流の影響を受ける銚子では、打ち上げられるイモガイはまったくない（「房総半島最南部と伊豆大島の海浜打ち上げ貝類相から見た黒潮系暖水要素の卓越」）が、館山より南に目を向けると、鹿児島県内の各地でイモガイの種数を比較した結果は、沖永良部島18種、屋久島17種、知覧12種、串木野８種となるという（『鹿児島の貝』行田義三　春苑堂出版）。

こうしてみると、僕は20種のタカラガイや複数種のイモガイが生育する海辺の街、つまりは「南の尻尾」とでも呼べる土地で生まれ育ったのだと、つくづく思う。僕が、タカラガイは６種しか拾えず、イモガイにいたってはまったく拾うことのできない銚子や、さらにそれより北の土地で生まれ育ったら、どうなったのだろう？　僕ははたして「生き物屋」になったのだろうか？　はたまた、今とは異なったスタイルの「生き物屋」になったのだろうか？　その逆に、イモガイだけで10種以上も拾うことのできる南の島に生まれていたら、どうなっていただろう。

こうしてみると、少年時代の貝殻拾いは、さまざまな形で今の僕を形作るのに影響していると思う。ただ、当時の僕は、貝殻の発しているメッセージに、十分、気づくことができなかった。

もう一度、貝殻拾いをしてみようか。

それは、僕にとって、長年、やりのこした宿題にとりかかるような思いだった。少年時代、ついぞ聞きそびれてしまった貝殻からのメッセージに、耳を澄ます。

海といえば

# 2章　貝殻からのメッセージ

## 軒下の貝殻

曇天。北風が強い。

足元の砂浜に、サクラガイが落ちている。

その貝殻を拾い上げながら、過ぎ去った時をふと振り返ってみる。

大学入学とともに、僕は実家を離れた。

大学卒業後、僕は新米の理科教員として埼玉県の私立中・高等学校に勤務することになる。15年という歳月を、雑木林に囲まれた、この学校で過ごした。そして思うことがあって、学校を退職、僕は沖縄へと移住した。その沖縄暮らしも10年が過ぎた年の瀬に、「貝殻拾いは、誰もが〝つい〟やってしまうこと」という一言に出会ったのだった。実家を離れて、30年という月日が過ぎていた。それでも館山・北条海岸の冬の渚には、過日とかわらぬように、桜色をした貝殻が落ちていた。

東京での打ち合わせの後、僕は実家に戻っていた。30年という年月は、人には重い。父も母も老いた。

この日は、その父母の頼みで、石油ストーブの買出しにでかけるついでに、砂浜を歩いて貝殻拾いをしてみることにしたのだった。

北条海岸の砂浜では、タカラガイの仲間の貝殻はあまり拾えない。そんな少年時代の経験から、砂浜での貝殻拾いにあまり期待はしていなかった。最初に目にとまったのは、ごく普通種のマガキの殻だった。つづいては、殻の内側が、その名のごとくに、赤く縁取られたクチベニガイという二枚貝の貝殻が目にとまった。これも、少年時代におなじみの貝殻だ。タカラガイの仲間は、唯一種だけ、まだ若いコモンダカラを拾うことができた。

貝殻というのは生き物本体ではなくて、貝という生き物が作り上げた服のようなものだ。貝が海水中のカルシウムから作り上げた貝殻は、硬いというのが相場である。ただし中には、貝殻のくせに薄くもろい「変わり者」もある。「生き物屋」には、「変わり者」に目がないという法則がある。この日、砂浜で貝殻を拾ううち、殻の長さが1センチメートルほどの、ごくごく薄い半透明をしたキセワタガイの貝殻が見つかった。ついつい、「いい貝だな」と思ってしまう。すると、思わず、自分の中のスイッチが入る……。

たいして期待はしていなかったはずなのに、いつのまにか夢中になって貝殻を探し回っている自分に気がついた。そんな自分の姿が、われながら新鮮に思えた。いや、なつかしい気がする。

「やっぱり、貝殻拾いが好きなんだ」

そう、思わざるをえない。

買い物を終えて、実家に戻る。ふと庭先を見て、軒下におかれたプラスチックの洗面器に盛られた貝殻の山が目に入った。それは少年時代に、僕が拾い集めた貝殻だった。

少年時代、海岸で拾い集めた貝殻は、採集した日にちや場所ごとに、袋に入れたり、小箱に入れたりして保管していた。それらは僕の部屋の机の後ろに山となって積まれていた。しかし、大学入学とともに、僕は実家を後にした。それとともに、僕の部屋は整理されることになった。

「いいかげんに、整理なさい」

母の一言で、拾い集めた貝殻も、部屋と一緒に整理することになった。小箱に仕分けたままだと、収納のスペースがかさんでしまう。そのため、採集データをそれぞれの貝殻に耐水性のペンで書き込み、大きな箱にひとまとめにすることにした。このとき、よりすぐった貝殻は、データを書き込んだのち、小箱に仕分けて、実家から持ち出した。このよりわけられた小箱の貝たちは、埼玉の教員時代も、沖縄移住後も、僕と行をともにした。一方、実家に残された貝殻たちは、やがて洗面器の中にざらざらと入れられ、軒下に、半ば雨ざらしでさらされることになったのだった。

庭にでて、洗面器の中の貝を手にとって見て驚いた。

半ば雨ざらしのようになっていたはずなのに、貝殻は形も崩れず、色もそれほどあせていなかった。耐水性のペンで書き込んだ、データも判別できた。

「貝殻って、丈夫なんだな」

当たり前のことかもしれないけれど、それが僕には大きな驚きだった。ただ、このしごく当たり前のように思える「貝殻は丈夫である」ということこそ、貝殻の重要な特質であるのだ。さらに、洗面器の中の貝殻を、いくつか選んで持ち帰ることにしたのだが、図らずも、このとき選んだ貝殻の中に、僕の新たな貝殻拾いを方向付ける貝殻が潜んでいたのだった。

## カニと貝殻

正月早々、千葉の実家から沖縄に戻った僕のところへ、東京から客人がやってきた。

「年越しは海の中でした」

嬉しそうに、ハセガワさんが言う。

ハセガワさんは、「生き物屋」だ。僕とは「骨友達」として出会ったのだけれど、このところのハセガワさんは、すっかり「カニ屋」になっている。冬場は夜に潮が引く。そのため沖縄にやってきていたハセガワさんは、海の中でカニを探しているさなかに、年を越したというわけだ。かなり「いかれている」が、「いかれている」というのは、生き物屋にとってはほめ言葉である。

ハセガワさんの相棒のチハルさんは、「生き物屋」ではない。それでもハセガワさんに影響されてか、生き物探しに喜んで同行している。こんなハセガワ・チハルコンビと落ち合って、一路、漁港に。漁師の捨てたゴミがめあてだ。網にかかった生き物で、売り物にならないものは、ゴミとして捨てられる運命にある。そんな中に、カニもいる。しかも、そんなゴミとして捨てられてしまうカニにこそ、放ってはおけない珍しい種類が混じっていたりするものだ。

漁港をめざす車中、二人に貝殻にまつわる思い出を聞いてみた。

「こどものころ、サクラガイとかタカラガイとか拾って、空き箱に入れていました」

チハルさんが言う。やっぱり、サクラガイとタカラガイは誰にとっても、拾いたくなるような特別な貝殻なのだ。さらに、付け加えて、こんなことも言った。

「でもね、こどものころ、海に行くと、ホネガイとシャコガイが落ちてなくて、がっかりした思い出がある。だって、シャコガイは人魚姫とかに出てくる感じの貝でしょ。それにホネガイは海辺のイメージ写真とかに、よく出てくるじゃん。それなのに、私がよく行った千葉の海には、全然、落ちて無くて、がっかりしたの。未だにホネガイ、拾ったこと無いよ」

ちょっと、笑ってしまったけど、なるほどとも思う。一般の人が貝殻に対して持っているイメージの一端を、よくあらわしているエピソードのように思えるからだ。僕の場合は、チハルさんと逆で、少年時代の貝殻拾いの経験から、ホネガイなんて、そうそう海岸には落ちてないことをよく知っていた。だから大人になってから出かけたタイの海辺で、初めてホネガイの仲間を拾ったとき、「ホネガイって海岸で拾えるんだ」とびっくりした思い出がある。

漁港でのゴミあさりでは、メガネカラッパなど何種類かのカニを拾うことができた。ただし、網にからまっていたものなので、脚がもげてしまっているものも多い。漁港でのカニ拾いの後は、何箇所かの海岸を案内することになった。むろんカニが目当てである。

沖縄島中部・勝連半島と、沖合いに浮かぶ平安座島、宮城島や伊計島などの島々は、海中にかけられた橋でつなげられている。そのうちのひとつ、宮城島の海岸を目指す。ハセガワさんが、ルリマダラシオマネキが見たいと言ったからだ。シオマネキは、干潟に見られるカニだ。オスの片方のハサミが巨大化し、それでオス同士が威嚇しあうのだが、そのさまがまるで潮を招いているように見えることから、この名がついている。沖縄には何種かのシオマネキが生息しているけれど、その中でルリマダラシオマネキは最も美しい種類だ。名の通り、甲に青い模様が入っているのである。ただ、沖縄島では、ルリマダラシオマネキが見られる海岸は限られている。以前、たまたま、このカニを見た記憶のある海岸へとハセガワさんを案内することにした。

ところが、まったく姿がない。正月早々のことだったから、このカニが活動するには、気温が低すぎたのだろう。それでもハセガワさんらはカニの姿を求めて浜辺をうろついていた。年末から貝殻モードに入っていた僕のほうは、「探すなら、カニより貝殻」と、これ幸いとばかりに、貝殻を探し始めると、ちょっと嬉しい見つけ物が目に入った。地層中から顔を出している、貝の化石だ。

波打ち際の背後には崖があった。その崖の上部の地層は石灰岩である。石灰岩の下部には泥岩が堆積していた。硬いものでこすれば削れるような、まだ完全に固化していない泥岩である。その泥岩の中に化石が入っていたのだ。それも、リンボウガイの化石だった。

少年時代、あこがれの貝があった。それが海岸では拾うことのできない深海に棲む貝たち。そのうちのひとつであるリンボウガイを、買ったことがあるという話は、前章に書いた。そんなリンボウガイが目の前にある。

ずっと深海なんて行くことはできないと思っていた。しかし、「時」というのは偉大だ。深海に積もった地層が、地殻変動の結果、陸上に姿を現すことがあるのだ。しかも、沖縄に引っ越してきてから、沖縄島には、そうした深海に堆積した地層が身近に、しかもしばしばあるということを知った。たとえば僕が毎日、通っている大学の校舎建設現場をのぞいたら、掘り出された土砂が、深海に堆積した地層だったというぐらいだ（この中には、あまり化石は入っていなかったのだが）。こんなふうに、化石であるなら、深海の貝殻も、「拾う」ことができるのである。

カニを探し回っているハセガワさんらに声をかける。

「こっちに、おもしろい貝の化石がありますよ」と。

「なんか、かっこよさげな貝だね」

そんな声が返ってくる。

「探すなら、貝殻よりカニ」派であるハセガワさんらも、ぐるりと棘を生やしているリンボウガイには、少しだけそそられるものがあったよう。ただ、化石掘りは予定していなかった。そのため化石を掘り出す道具がない。リンボウガイの化石を採集するのはあきらめるしかなかった。

## 人工ビーチの貝殻

「スナホリガニが採りたい」

ハセガワさんから、あらたな注文が入る。

スナホリガニは、変なカニだ。以前、「これって、カブトガニのこども?」といって、スナホリガニが僕のところに持ち込まれたことがある。スナホリガニはカブトガニと縁は近くないし、形的にも似てはいないのだけれど、スナホリガニが普通のカニっぽくない姿をしていることは確かだ。第一、カニといったら思い浮かべる、大きなハサミがない。

じつはスナホリガニはカニの仲間ではないのである。カニやエビは大きく言えば、皆、甲殻類と呼ばれる生き物のグループに分類される。もう少し生物学的に言えば、節足動物門・甲殻亜門と呼ばれるグループの中で、さらにエビ目（十脚目）と呼ばれるグループに、カニやエビは含まれる。このエビ目の中に、さらにカニやエビとは別にヤドカリの仲間のグループがある。スナホリガニはカニとは名がついているけれど、本当はヤドカリのグループの一員なのだ。

スナホリガニは波打ち際近くの砂浜の中に潜ってくらしている。大きなハサミがあるわけでもないし、甲に棘がたくさん生えているわけでもない。しかし、ハセガワさんは、スナホリガニをぜひ、採りたいのだそう。「生き物屋」は「変わり者」に目がない人々

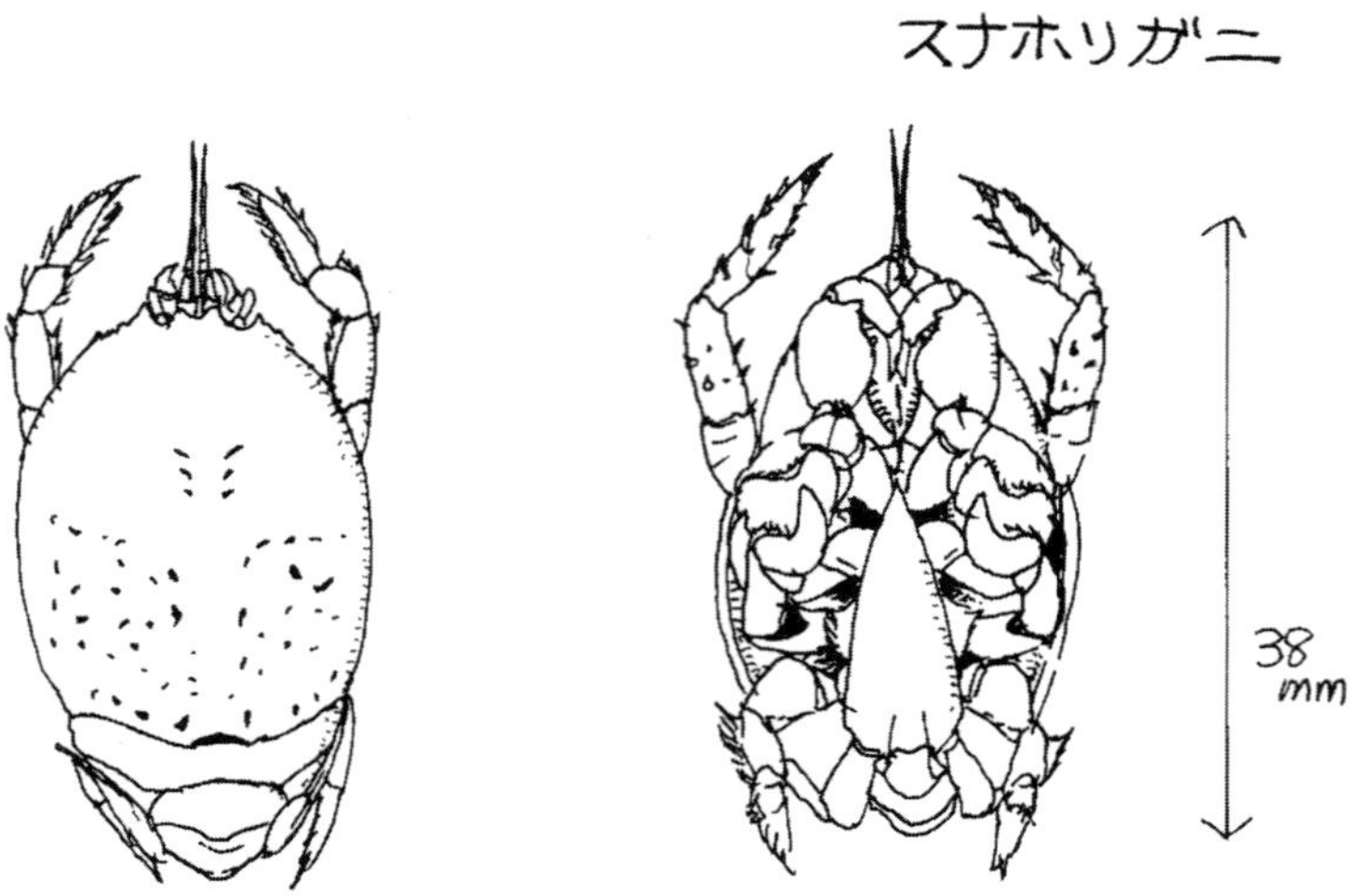

なわけであるから……。

さて、スナホリガニは僕も見たことはあるけれど、わざわざスナホリガニを探しに行ったことはない。どこに行けば確実に見ることができるかと問われても、さて、と思ってしまう。そこで友人の助けを借りることにした。かの、「貝殻なんて服みたいなもの」という一言を放った、虫屋の友人である。彼は虫だけでなく、沖縄の生き物全般について、詳しいのである。

相談をしてみると、心当たりのある海岸をさっそく紹介してくれた。沖縄島中部・宜野湾にある海岸だ。しかもそこは、人工ビーチであった。

沖縄に移住するまで、人工ビーチは、決して身近な存在ではなかった。

南の島、沖縄と聞けば、青い海、サンゴ礁……といったものを思い浮かべるだろう。しかし、ここ数十年の沖縄の変化は激しい。海岸線も、護岸されたり、埋め立てられたりと、自然海岸が減少の一途をたどっている。そうした人為的な改変を受けた海岸に、人工的に砂を持ち込んで作ったものが人工ビーチだ。そんな人工ビーチが、沖縄島には、あちこちある。

僕は沖縄で初めて人工ビーチに足を踏み入れたとき、それが人工ビーチであることに気づかなかった。ただし、僕はその海岸に転がる貝殻を見て、「変だな」とは思った（それこそ、昔取った杵柄といえよう）。その海岸の貝殻が奇妙に見えた理由は、落ちている貝殻の種類と状態によっていた。目に入る貝殻は、自然海岸では見かけない種類であるし、落ちている貝殻の状態も、妙に保存状態がいいものが多かったのだ。

大人になってから、僕は一人の「貝屋」と知り合った。それが千葉県立中央博物館の学芸員を勤めるクロズミさんだ。とにかく貝については知らないことが無いのではと思える怪（貝）人がクロズミさんである。貝について語りだすと、眼鏡の奥のギョロメを輝かせつつ、しゃべりだす早口がとまらない。

僕は、この海岸で拾った貝殻を、クロズミさんに送ることで、この貝殻の落ちている海岸の正体が、人工ビーチであることを知った。

人工ビーチは、よそから砂を客土して作られる。では、どこから砂を持ってくるのか？　たとえば、大洋中の火山島であるハワイの海岸の砂は、溶岩が砕けてできるので、本当は黒い。ところが有名なワイキキビーチの砂は白だ。ワイキキは人工ビーチなのである。ワイキキの場合、はるかカリフォルニアから砂を運んでくるというから驚かされる。

沖縄島で見られる人工ビーチに使われる砂は、沖縄島の近海、慶良間諸島付近の海底、50メートル付近から、ポンプでくみ上げたものだ。水深の深い海底の砂をくみ上げているため、含まれている貝殻は波の影響で壊れているものがないのだ。

また、それだけの水深に棲む貝は、普通、海岸に打ちあがらない。そのため、人工ビーチには自然海岸では拾うことのない、イササヒヨクという小さなホタテガイの仲間などが見られる。逆に、こうした貝殻が見つかれば、その砂が人工的にくみ上げられたものであることがわかる（含まれている貝殻に注意してみると、沖縄島各地の公園の砂場も、同じ出所であることがわかる）。

ハセガワさんらと向かったのは、こんな人工ビーチのひとつだった。

ハセガワさんは、さっそくスナホリガニを探すべく、波打ち際付近の砂をせっせと掘り返しはじめた。これが、思ったように見つからない。それでも飽きることなく、えんえんと砂を掘り続けている。

端から見るとやはりかなり「いかれている」と思わざるをえない。ただし僕も僕で、人工ビーチに座り、えんえんと砂に含まれる貝殻をつまみあげていた。人工ビーチで見られる貝殻には、出所が異なったものが、入り混じっているからだ。一番多いのは、もちろん、くみ上げられた深所の貝殻。加えて、ビーチの周囲の浅瀬に棲む種類の貝殻も打ちあがっている。さらには、外洋の影響の強い沖縄島では、人工ビーチといえども、カメガイのように、外洋表層に漂って暮らしている貝が、波や風によって打ち上げられ、見つかることもある。そんなわけで、砂に含まれる貝殻を見はじめると、立ちあがれなくなってしまう。

「大きなスナホリガニ!」ハセガワさんが嬉しそうに叫ぶ。

「カメガイがあった」小さく、僕がつぶやく。

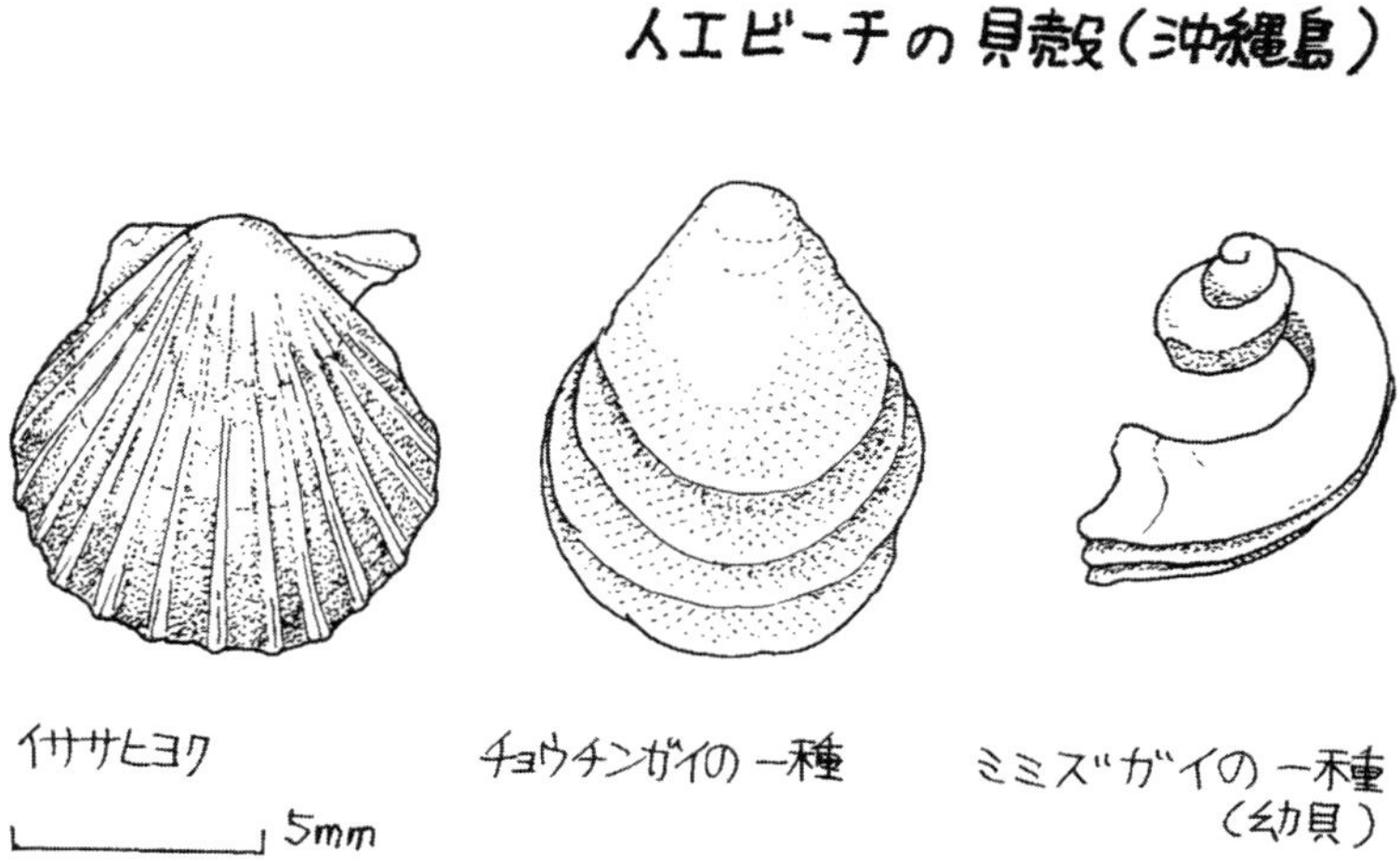

## 絶滅した貝

ハセガワさんらとは、潮の引いた、沖縄島中部・勝連半島にある、照間海岸にもでかけてみた。

「うわーっ、超いっぱいカニダマシがいる。スゲーッ」

例によって、ハセガワ・チハルコンビは、へんてこな甲殻類を見つけて大喜びをしている。カニダマシというのは、ちゃんと大きなハサミもあって、それこそカニのような形をしているけれど、スナホリガニ同様、甲殻類の中のヤドカリ類に属している生き物だ。よく見ると、カニとは違って、長い触角を持っているのが目に留まる。

干潟に転がる石をめくると、そんなカニダマシがあわてて逃げ出していくのである。ハセガワさんらはカニダマシと戯れていたが、僕のほうは、やはりどうしても貝殻に目がいってしまう。どうも、かつての狩猟採集時代でいうなら、ハセガワさんの肩書きは狩猟民で、僕のそれは採集民となりそうだ。

ハセガワさんに限らず、「生き物屋」には狩猟民的な人が少なくない。「昆虫王」なる異名がある虫屋の知人に、何気なく「貝殻を拾った思い出はある?」と聞いたら、「貝殻はダメです」と即答されてしまった。その理由が「小さい頃、貝殻を拾うと、親父に怒られました。生きている貝じゃないとつまらんと言われて育ったんです」という内容だったので、あっけにとられてしまう。彼の親父さんは、少年時代の彼が、ヤドカリ入りの貝殻を持っていっても、怒ったそう。いわく、「食えない」。なんでも、彼が幼稚園のころから、親父さんが一日、海に潜りに行っているあいだ、磯に一人放り出されていたそうだ。そんなスパルタ教育の成果か、「昆虫王」はその異名をとるまでの虫屋になったのである。

こんな話を聞くと、貝殻なんぞを拾っているのが後ろめたくなる。それでも、僕が「狩猟民」ではなく、「採集民」であることはどうしようもないことである。僕は貝殻を拾うのも、骨を拾うのも、はたまたドングリを拾うのも大好きな「生き物屋」なのだ。

照間の海岸で、ひとつ、気になる貝殻を拾った。

二枚貝は死ぬと、そうして二枚の殻がバラバラになってしまう。僕が拾ったのは、そうしてバラバラになった、二枚貝の片方の殻。殻が厚いのが特徴的である。だいぶ前に死んだものらしく、殻の色は真っ白にさらされている。長い間、波で洗われたと思える貝殻は、かどが磨り減っていた。この貝殻が気になったのは、ちょうど千葉の実家の洗面器の中からも、似た様な貝殻を見つけていたからだ。こちらも擦り切れた貝殻で、死んでからの長い年月を物語るように、白くさらされたはずの貝殻が、さらにねずみ色に染まっていた。形的には殻が厚いことをのぞいて、それほど目立った特徴はないけれど、擦り切れた貝殻には、どことなく風格さえ感じた。ただ、僕はこんな貝殻を拾い上げていたことが、まったく記憶になかった。貝殻に書き込まれたデータには、１９７５年12月13日・沖

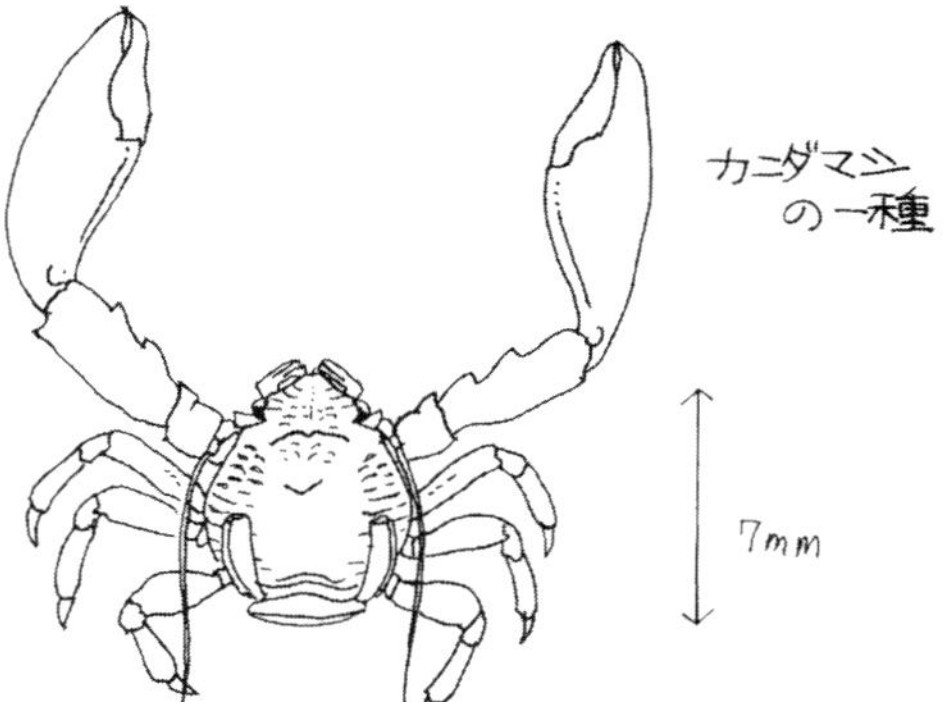

ノ島とある。ためしに少年時代につけていた記録を見返してみたが、この日の記録には「ナシジダカラ、クチグロキヌタ、オミナエシダカラを拾った」と、タカラガイについての記録はあるものの、この貝殻については一言も書かれていなかった。

図鑑を開いてみることにした。

僕が沖ノ島と沖縄島・照間で拾い上げた擦り切れた二枚貝は、ハイガイであった。

ハイガイの分布は、図鑑によると、伊勢湾以南、東南アジア、インドの内湾とある。沖縄島はともかく、千葉は分布域からはずれている。

千葉の博物館に勤める貝の研究者、クロズミさんは、ときおり貝について書かれた資料を、僕のもとへと送ってくれていた。確か、クロズミさんが送ってくれた資料の中に、ハイガイについて書かれたものがあったはずだと、思い出す。その資料を見返して、「あっ」と思う。ハイガイは関東地方では縄文海進期（6000年前がピーク）に生息していたが、現在は絶滅しているとある。さらに、沖縄でも、ハイガイは絶滅した貝であると書いてあるではないか。

沖縄島から絶滅した時期は、まだはっきりしていないが、遺跡の調査などから、沖縄島では関東地方よりはずっと後の、貝塚時代後期（本土の弥生・平安初期）ごろまでは、まだ局所的にせよ生息していた可能性があるという（「琉球列島の環境変化を貝類から探る」黒住耐二『考古学ジャーナル』No.577）。それにしても、1000年以上前の話だ。

僕が沖ノ島で拾ったハイガイは、6000年前のもの？

僕が照間で拾ったハイガイは、少なくとも1000年前のもの？

僕はそんな貝殻を、ほかの貝殻と区別せずに拾い上げていた。

「貝殻は丈夫である」のだ。それは、思っている以上に。

渚には、貝殻が散らばっている。ホネガイが転がっていることは、そうないけれど、一見、平凡に見える貝殻の中にも、数千年前の貝殻が混じっていることがある。

貝殻は丈夫であるがゆえに、僕らの予想を超えて、「時」を越える。

つまり、貝殻は、渚のタイムトラベラーではあるまいか。

## 化石、それとも貝？

僕のうちにある貝殻を見返してみたら、それと気づかずに、ハイガイを拾い上げていたことが、ほかにもあって、さらに驚く。

少年時代に沖ノ島で拾った貝殻のうち、よりわけて小箱に入れたものの方にも、ハイガイが、一つ混じっていた。さらに、年末、石油ストーブを買いに行きがてら貝殻を拾った北条海岸でも、僕はハイガイを一つ拾い上げていた。

こうなると、ちょっと、苦笑してしまう。

それは、授業の中での、生徒とのやりとりを思い出してしまったからだ。

僕は10年ほど前、埼玉から沖縄に移住した。その沖縄で最初についた職が、友人の立ち上げた、珊瑚舎スコーレというフリースクールの講師だった。珊瑚舎スコーレには中等部・高等部・専門部があり、生徒たちは全部あわせて20名ほどという小さな学校だ。特に開校した年は、10名足らずの生徒たちで学校が始まった。僕はこの小さな学校で「自然講座」という名称の授業を担当していた。

「化石って知っているかい?」

僕は「自然講座」の授業が始まって早々、そんな話をした。

生き物には、30億年にわたる歴史がある。これから、その歴史を見ていこうと思う。そんな生き物の歴史をひもとくすべのひとつに、化石がある。幸い、沖縄は化石の宝庫だ。ちょうど授業の少し前に、沖縄島南部で掘り出してきた化石がある。これがそうだよ……。

そんな話の流れだった。

僕が化石を見せようと思ったのは、生き物の歴史の授業の導入にしようと思ったのと、たまたま手元に掘り出してきたばかりの化石があったからにほかならない。ところが、化石を見た生徒が思わぬことを僕に言った。

「これ貝じゃん。貝なのに化石なの?」

予想外の反応に、「ええっ?」とびっくりしてしまった。

僕が見せたのは、確かに貝だ。貝の化石だったのである。砂の塊の中に、白茶けた化石の貝殻が、半ば埋まっているというものだ。僕からしたら、これは完全に化石である。なにせ、自分自身で、海から離れた陸上の崖から掘り出してきたものであるし。

しかし、生徒たちは、これは「化石じゃなくて、貝殻だ」と言う。では、生徒たちにとって、化石ってどんなもの？

「石みたいになってるんじゃないの？」

この答えに、なるほどと思う。

カチンカチンの石の中に閉じ込められた、平べったくのされたようなもの。

それが生徒たちにとって、化石のイメージなのだ。「化石」という文字から喚起されるイメージも影響しているだろう。

しかし、化石はそうした「カチンカチン」のものとは限らない。化石の埋まっている地層の状態や、化石が埋まっていた年月によって、どのくらい「石っぽく」なっているかには違いがある。

僕が生徒に見せた化石は、沖縄島南部の島尻《しまじり》層と呼ばれる地層から見つけた化石だ。およそ100数十万年前のものである。しかしこのくらいの「昔」だと、見つかる貝は、今、海で見られる貝と、ほとんど種類が同じだ。それに、「貝殻は丈夫である」のだ。このくらいの年月を経ても、海岸に転がっている貝殻と、それほど違いがあるように見えない。だから生徒たちは「化石じゃなくて貝殻だ」と思ったわけ。

授業というのは、生徒たちの「常識」を知ることが、何より大事である。その生徒たちの「常識」を打ち破れれば、授業の目的は達せたと言える。そこで、化石にまつわる生徒たちの「常識」を、もう少し調査してみることにした。

実際の年代は伏せたまま、僕が見せた貝の化石は、いったいどのくらい前のものだと思うか、生徒たちに聞いてみることにしたのである。

「100年前」

「1000年前」

「100万年前」

生徒によって、予想する年代がこんなに違った。予想がたたないというのが、正直なところだろう。100年前といったら、数世代前のご先祖様の骨とかも、化石って言うの？　と聞き返したら、笑いが起こった。こんなやりとりをしながら、気づいたことがある。ヒトが、リアルに思い浮かべることができる時間というのは、せいぜい自分たちの一生である100年程度なのではないかということだ。だから100年以上前は、みんな「大昔」。化石は、そんな「大昔」の産物である……、つまりは100年前から100万年前、場合によっては1億年前まで、同列と感じてしまう時間感覚を、僕らは持っているというわけだ。振り返ってみると僕だって、少年時代はまさに同じように思っていたことも思いだす。後に書くように、家の近所で見つかる化石を「貝じゃん」と、思っていたのだ。

「じゃあ、何年前のものから化石なの？」

授業中、生徒たちは、こう、聞き返してきた。

生徒たちに質問をされて僕自身、いったい何年前のものから化石と呼ぶのかという定義を知らないということに、初めて気づいた。

授業の中で生徒たちの常識を問い直すということは、とりもなおさず、教師である自分自身の常識を問い直すということでもある。それは自分の中にある、「知っているつもりで、知らなかったこと」に気づくということだ。だから、僕はこのやりとりを通して、「化石って、知っているつもりだけだった」ということに気づくことができた。そして化石について興味をもつようになったのだった。

## 化石の定義

化石の定義はどうなっているのだろう。

「化石：前世界の生物の遺骸および遺跡のうち地層中に発見されたもの。前者を生骸、後者を生痕とよぶ」(『岩波生物学辞典』)

調べてみると、こんなふうに書かれていた。

これを見て、「うう〜ん」と思ってしまう。この定義には、「いつから」ということが書かれていないのだ。

本によっては化石というのは過去の生物の遺物であり、この過去というのは地質学な意味の過去で、したがって、「大昔の生き物が死んで、堆積物の中に埋もれ、それが地層となってのち掘り出されるまで、時間がたった間」といったような意味であると書いてある。具体的な時間で言えば、これは「短くても数千年、ふつう一万年以上の月日がたっている」ともある(『化石』井尻正二　岩波新書)。

結局、もともとの化石の定義にきっちりした時間による区切りがあるわけではなく、おおよそ一万年前を目安とし、数千年前のものから化石と呼ぶということのようだ

ともあれ僕は、ハイガイの貝殻を手にしたときに、このときの授業のやりとりを思い出して苦笑し

たのだ。生徒たちに貝の化石を見せたとき、生徒は「これは貝じゃん」と僕に言った。僕はこれを聞いて、「ええっ!」と思ってしまったのだが、「生き物屋」を自認している僕だって、6000年前のハイガイの貝殻を現生の貝のものと区別できずに拾い上げていたのだから。

思い返せば、少年時代にも、僕は似たような経験をしていた。このときは手にした化石を見て、まさに生徒同様、「貝じゃん」と思ったのである。

館山の僕の実家の近所には、有名な化石産地がある。それが「沼のサンゴ層」と呼ばれている化石産地だ。

低い山すその、田んぼ一帯が、「大昔」、サンゴ礁があったところだ。だから、そんな田んぼのあたりを歩くと、あぜに、貝殻やサンゴのかけらが散らばっている。

少年時代の僕は、理科の教員だった父から、これは「化石である」ということを教わっていた。が、それこそ「これって化石なの? 貝じゃん」という感覚でしか見れなかった。さらに「貝殻なら、今、海岸で拾える貝殻のほうが、きれいだ」とも思っていた。化石の貝はいずれも白くさらされ、さらには壊れているものも多かったからだ。

この「沼のサンゴ層」の化石サンゴや貝が、いったいいつのころのものか、少年時代には知らなかったし、それこそ「大昔」のものだろうとぐらいしか、イメージできていなかった。

縄文時代のさなか、地球の気候が温暖で、そのため海水面が今よりもずっと上昇していた時期があった。この時期のことを縄文海進期と呼ぶ。僕の実家は、海から1キロほども離れているけれど、海水面が上昇していたこの時期は、僕の家の背後にある低い山のふもとまで海が広がっていたのだ。

# 沼のサンゴ層の化石

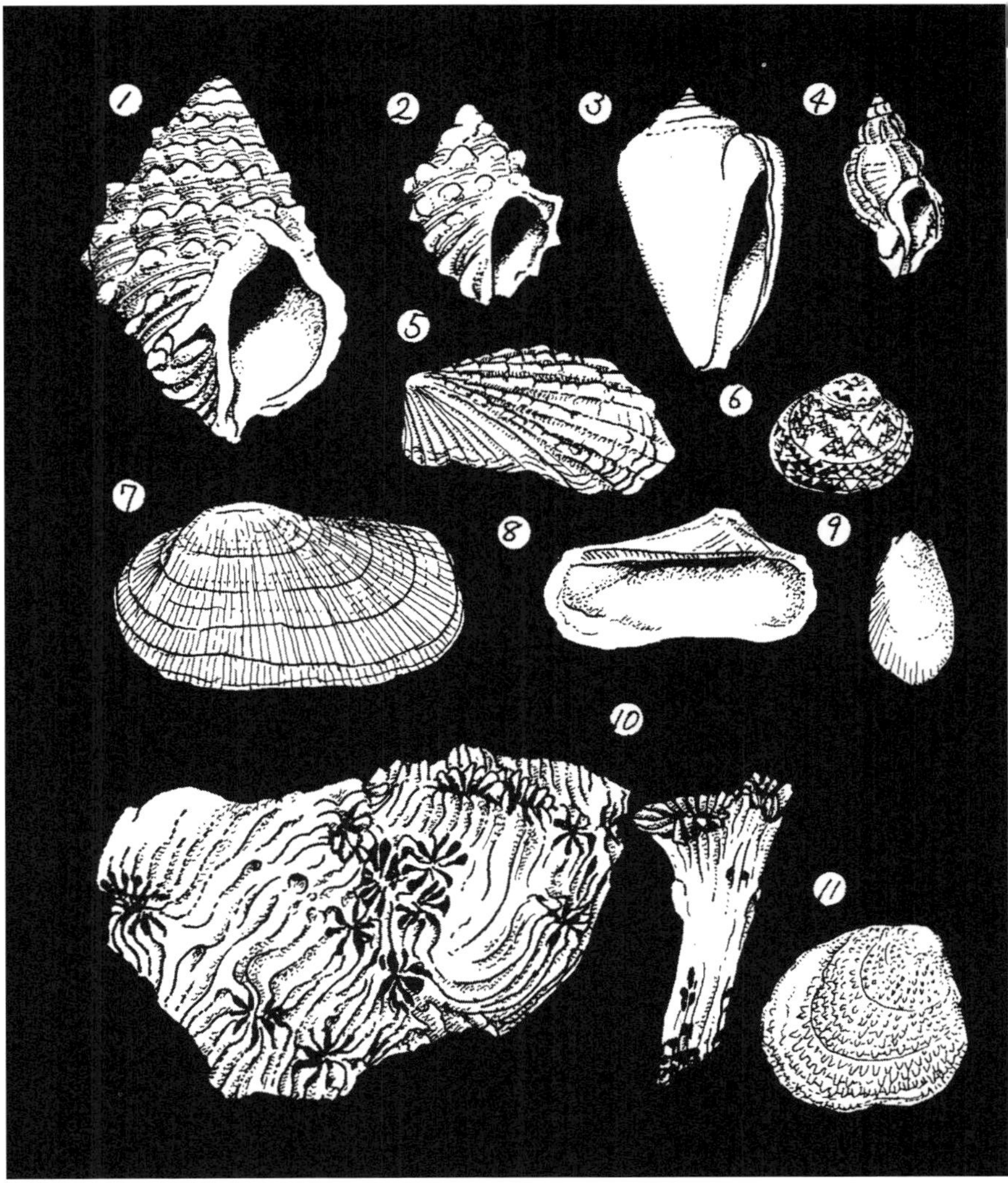


1. 2. レイシガイの一種　3. マガキガイ　4. ヒメヨウラク
5. トマヤガイ　6. マルオミナエシ　7. ベニエガイ
8. フネガイ　9. ミノガイの一種　10. サンゴ類　11. キクザル

そしてその、現在は山すそにあたる海岸線付近に、当時は大規模なサンゴ礁が発達していた。沼のサンゴ礁を紹介している本に、「この化石サンゴ礁は、およそ80種にのぼる造礁性サンゴから構成される本格的なもの」とある（『先史時代の自然環境　縄文時代の自然史』松島義章ほか　東京美術）。

この縄文海進期は、およそ6000年前のことである。ここまで読んでおわかりのように、沼のサンゴ層は、沖ノ島で拾い上げたハイガイと同じ時代の化石なわけである。沖ノ島で拾ったハイガイは、その当時の化石が、地層から洗い出されて海岸に打ちあがったものだろう。

少年時代、何度となく、貝殻を拾いに渚に出かけた。

少年時代から、化石を掘りに行ったことも何度もあった。

しかし、海岸に打ちあがっている貝殻の中に、現生のものと区別しがたい化石が混じっていることがあるなんて、考えたことがなかった。

海岸に打ちあがっている貝殻の中に混じっているのは、化石とも限らない。

一般的には、地層中に堆積した、一万年前を基準としつつ、数千年前の生物の遺骸や遺物を化石と呼ぶ。

では、照間の海岸で見つけたハイガイの貝殻はなんと呼べばいいのだろう。沖縄島には、1000年ほど前までハイガイが生息していた可能性があるという。1000年前のものだと化石とは呼びにくい？　が、クロズミさんに手紙を出したところ、クロズミさんは、「1000年前のものから化石と考えていいのでは」という返事をくれた。何年前のものから化石というかは、個人によっても見解が異なるようだ。

考えてみるに、定義が問題なわけではないのだ。

海岸には、今朝死んだ貝が打ちあがっているかもしれない。その一方で、10年前のものや、100年前のもの、1000年前のもの、そして中には6000年前のものも混じっている場合があるということではないだろうか。

何度も書くけれど、「貝殻は丈夫である」のだ。そのため、貝殻は「時」を越える。海岸に散らばる貝殻のうち、どれが化石なのかということではなく、海岸には、現在から過去にむけて、「時」を刻んだ貝殻が、グラディエーションのように散らばっていることに気づくことが大事なのだ。

でも、いったい、海岸に散らばっている貝殻が、過去のものか現代のものか、どうやったらわかるだろう。はっきりしているのは、現在、絶滅してしまった貝殻を見つけることができれば、確実にその貝殻は過去からの使者……いわば、渚のタイムトラベラーであるということだ。そんな渚のタイムトラベラーに出会っていけば、自分自身もタイムトラベルができるのではなかろうか。

そう思うと、わくわくしてきた。

しかし、まずはここで一度、貝殻拾いにかかせない、貝についての基礎知識をおさらいしておくことにしよう。

化石の話
ええっ？
それって
貝じゃん

# 3章　貝殻のイロハ

## 知っている貝

大学の授業で、沖縄県内出身の学生たちに「知っている貝といえば何?」という自由回答式のアンケートをとってみた。学生の総数は48名。回答結果は(表3)のようであった(複数回答可)。

僕が予想していたよりは、いろいろな貝の名前があがった。アサリやシジミなど、食用となる貝の名前が多くあがったのは、当然の結果だろう。ただし、本来、沖縄にはスーパーの店先にならぶ、アサリという種類の貝は分布していない(近縁種のヒ

表3　沖縄県内出身の学生に「知っている貝といえば何?」という自由回答式のアンケートをとった結果

| | |
|---|---|
| アサリ | 34名 |
| シジミ | 24名 |
| シャコガイ | 26名 |
| サザエ | 18名 |
| ホタテ | 17名 |
| アワビ | 13名 |
| ハマグリ | 12名 |
| ホラガイ | 5名 |
| ムールガイ | 4名 |
| アンボイナ | 4名 |
| カキ | 4名 |
| チンボーラー | 3名 |
| タニシ | 2名 |
| タカラガイ | 2名 |
| アカガイ | 2名 |
| オウムガイ | 1名 |
| クモガイ | 1名 |

メアサリは分布している)。そのため、干潟で潮干狩りをして、その成果を汁にする場合、中身はアサリではなく、イソハマグリやアラスジケマンガイといった、南島ならではの貝となる。同様、普段は単にシジミと称されることの多い、汽水域に棲むヤマトシジミは沖縄には分布していない(1箇所、淡水性のマシジミが古くから生息しているところがあるというが、在来なのかはっきりしない)。そのため、沖縄では、元来はシジミ汁を食べる風習が無かった。しかし、消費社会の拡大は、全国どこでもアサリやシジミが流通する状況を生み出すとともに、これらの貝の名を全国区に押し上げた。

それでも、シャコガイやアンボイナ、チンボーラーの名前があがっているのは、沖縄ならではといえるだろう。シャコガイはサンゴ礁に棲む大型になる二枚貝の仲間で、刺身などにして賞味される。アンボイナはイモガイ科の巻貝だが、刺されると人命もあやうい猛毒の持ち主として知られている。

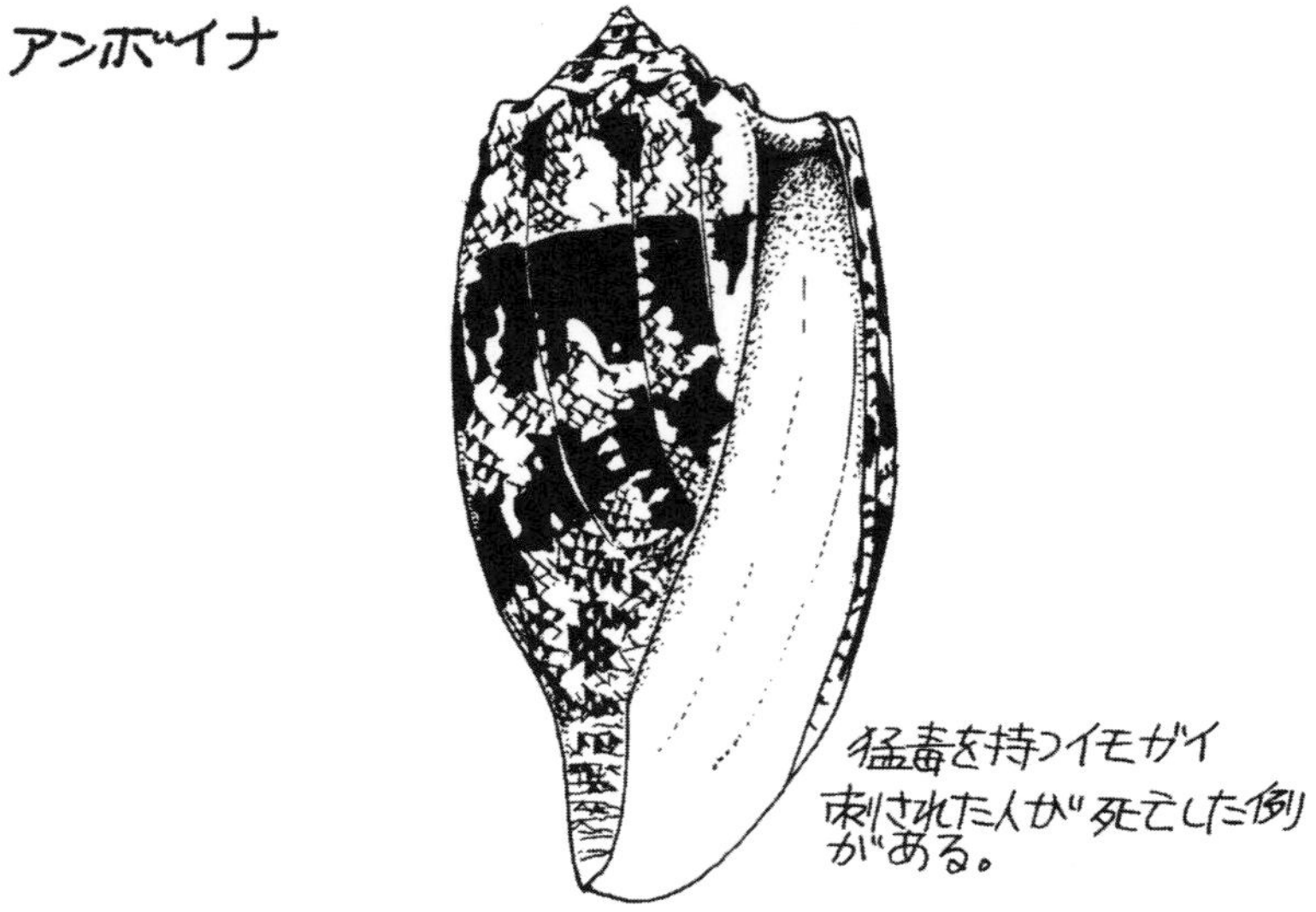
アンボイナ
猛毒を持つイモガイ
刺された人が死亡した例がある。

# 沖縄の干潟の貝（沖縄島・泡瀬）

1. リュウキュウアサリ　2. サメザラモドキ　3. カンギク
4. リュウキュウザル　5. カワラガイ　6. ヤエヤマスダレ
7. イソハマグリ　8. ユウカゲハマグリ　9. リュウキュウシラトリ
10. アラスジケマンガイ

チンボーラーというのは、巻貝の仲間を指す沖縄口《ウチナーグチ》だ（チンボーラーという貝は沖縄民謡にも登場するけれど、なんという貝をチンボーラーと呼ぶかは、地域や人によっても異なっている）。

少年時代、僕が大好きだったタカラガイは、わずか2名がその名をあげるにとどまった。タカラガイはスーパーの鮮魚コーナーでは見かけない貝だからだ。ただ、もともと沖縄ではタカラガイの仲間を食用とし、それらの貝には、地域ごとの名前が与えられていた。たとえば、波照間島出身の島村修さんに教わった話を、島村さんの聞き書きから引用したい。

「タカラガイの仲間はスピといいます。種類によって、何々スピという言い方があり、たとえばハナマルユキはフースピ（黒いタカラガイ）です。大きなタカラガイは網のおもしにすると言って、殻の口から金具をいれて、コンコンたたいて殻のてっぺんに穴を開けます。子どものときに、いやっていうほど作らされましたよ。（中略）小さなハナビラダカラは春の夕潮のころ、よくでてくるので、山ほど採りよったです。煎じて食べるとおいしいですよ（『聞き書き・島の生活誌③　田んぼの恵み八重山のくらし』安渓遊地ほか編　ボーダーインク）」

かつては、タカラガイは食用や網のおもりとして重宝され、それぞれの種類まで認識されていた。では、人間の利用という観点以外で貝を見るとどうなるだろう。

## 貝の仲間わけ

ざらざらざら。

理科室の大きな実験机の上に、袋の中身を空ける。机の上に散らばったのは、僕が拾い集めてきた貝殻だ。

タカラガイやイモガイ、タマガイの仲間やアサリなどなど。カタツムリの殻も一つ混じっている。ほかには、細長いツノガイなど、全部で20種ほどの貝殻だ。

「この貝殻、貝の分類で言うと3つのグループに分けられるんだけど、どんなふうに分けられると思う?」

そういって、学生たちに、机の上の貝殻を3つのグループに分けさせてみた。

答えから言ってしまうと、机の上の貝殻は、巻貝の仲間、二枚貝の仲間、それにツノガイの仲間に分類できる。

貝というのは、生物学的に言えば、軟体動物門という分類群の生き物ということになる。この軟体動物門の生き物たちは、さらに(表4)のように分類されている。

こんなふうになっているのだが、このうち無板綱と単板綱の貝た

表4 軟体動物門の生き物は7つの綱に分類される

| | |
|---|---|
| 無板綱 | ケハダウミヒモ、サンゴノヒモの仲間 |
| 多板綱 | ヒザラガイの仲間 |
| 単板綱 | ネオピリナの仲間 |
| 腹足綱 | 巻貝の仲間 |
| 掘足綱 | ツノガイの仲間 |
| 斧足綱 | 二枚貝の仲間 |
| 頭足綱 | タコ・イカの仲間 |

ちは、僕もまだ実物を見たことがない。無板綱は貝殻をもたない、へんてこなミミズのような生き物で、およそ貝の仲間とは思えない姿をしている。また単板綱の貝は、貝の進化を探る上で重要な体の形質を残している「生きた化石」だが、深海産なため、普通は見ることはない。多板綱のヒザラガイは、磯の岩の上にぺったりとはりついている貝で、背中に8枚の板状の貝殻が昆虫の体節のようにならんでくっついているのが特徴である。沖縄の島によっては、クジメなどと称して、このヒザラガイを食用にするが、一般的にはあまりなじみのない貝だろう。ヒザラガイは死ぬと背中の貝殻はバラバラ・ちりぢりになってしまうので、貝殻拾いをしていても、その貝殻に気づくことはあまりない。例外的に、北方で見られる大型のヒザラガイであるオオバンヒザラガイの貝殻は、バラバラになっても貝殻が目立つので、俗にチョウチョウガイと名前が付けられている。イカ・タコの仲間もあまり貝の仲間と認識されてい

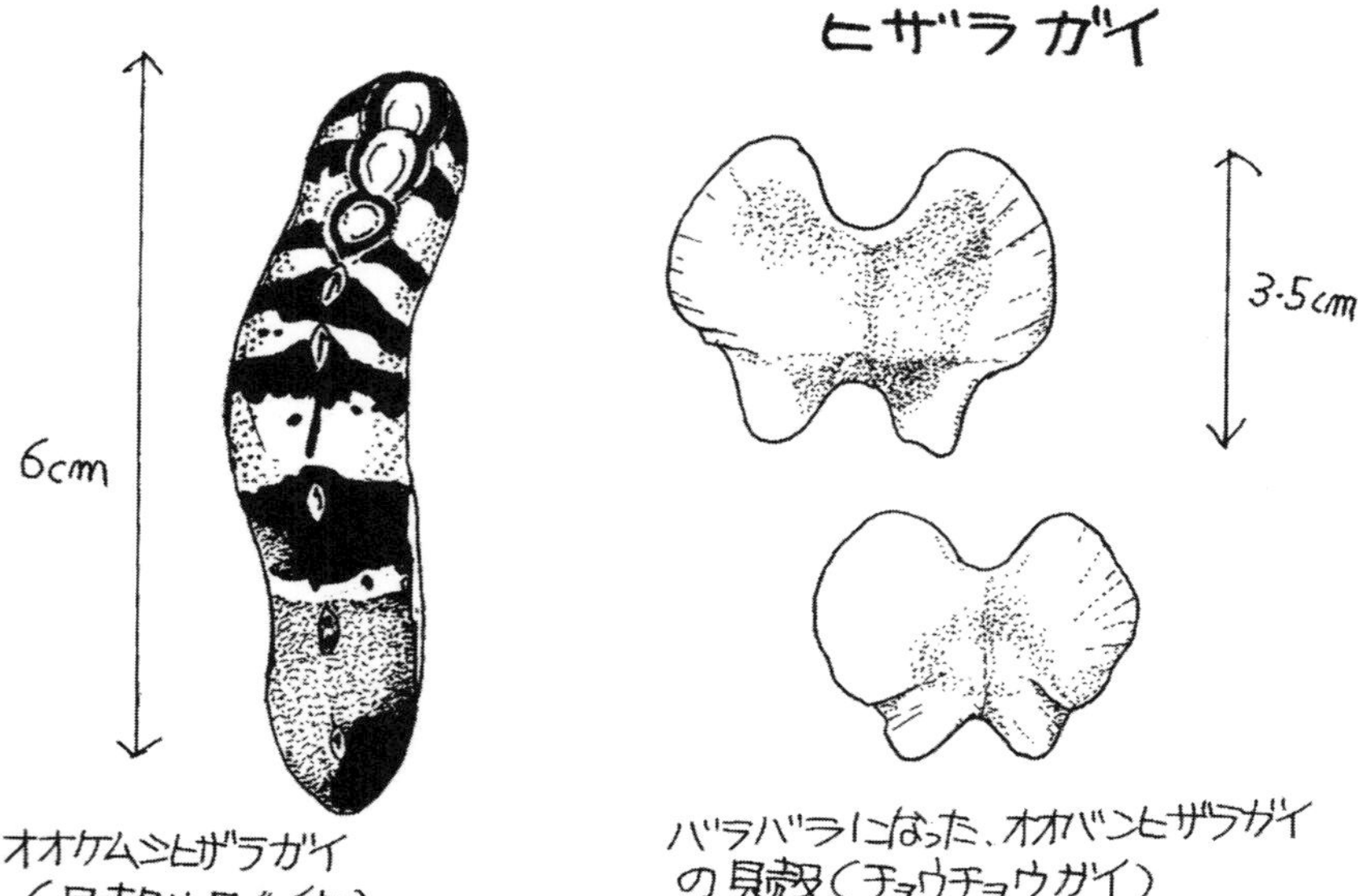

# タコの貝殻

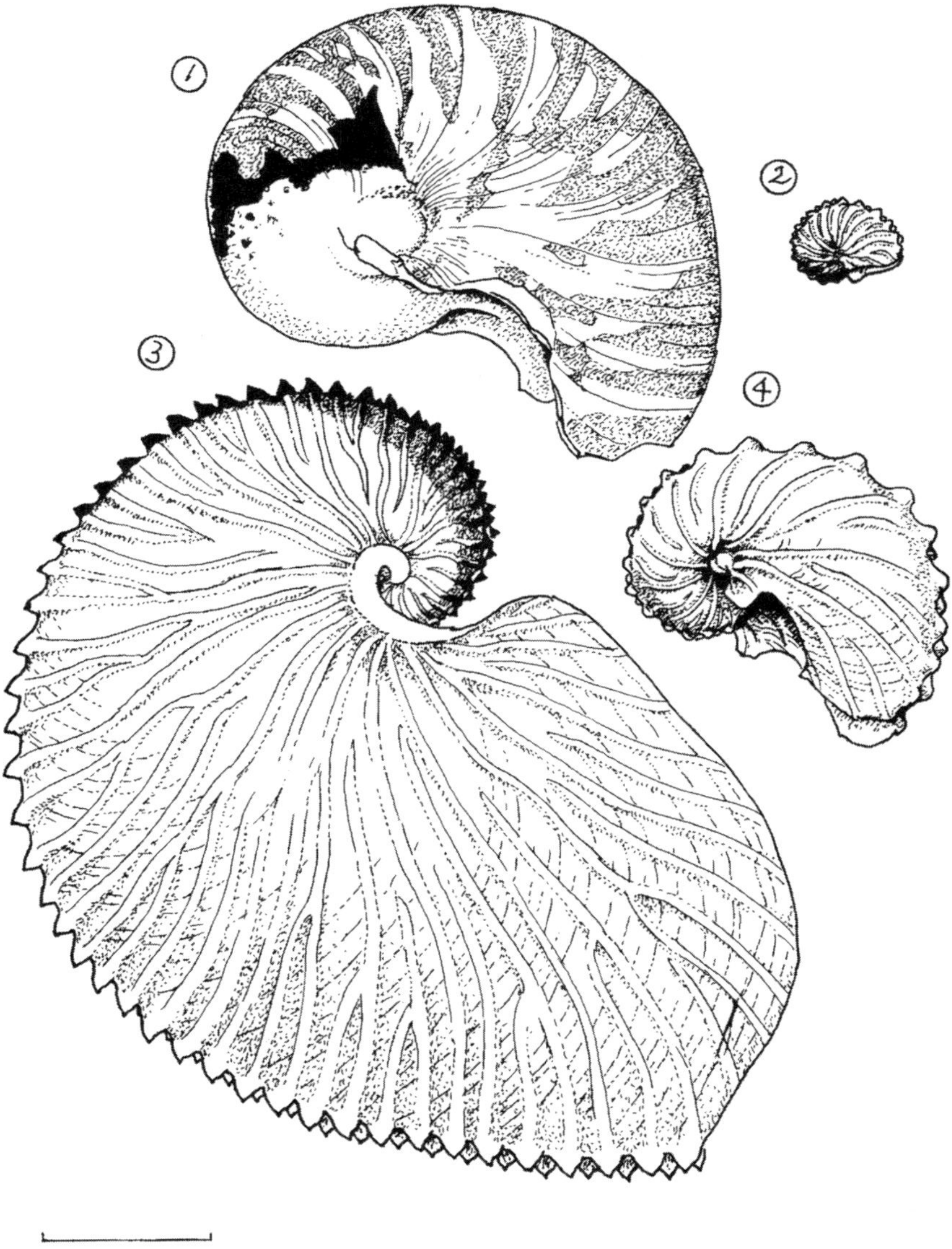


1. オウムガイ　2. チヂミタコブネ
3. アオイガイ　4. タコブネ

# 貝の分類

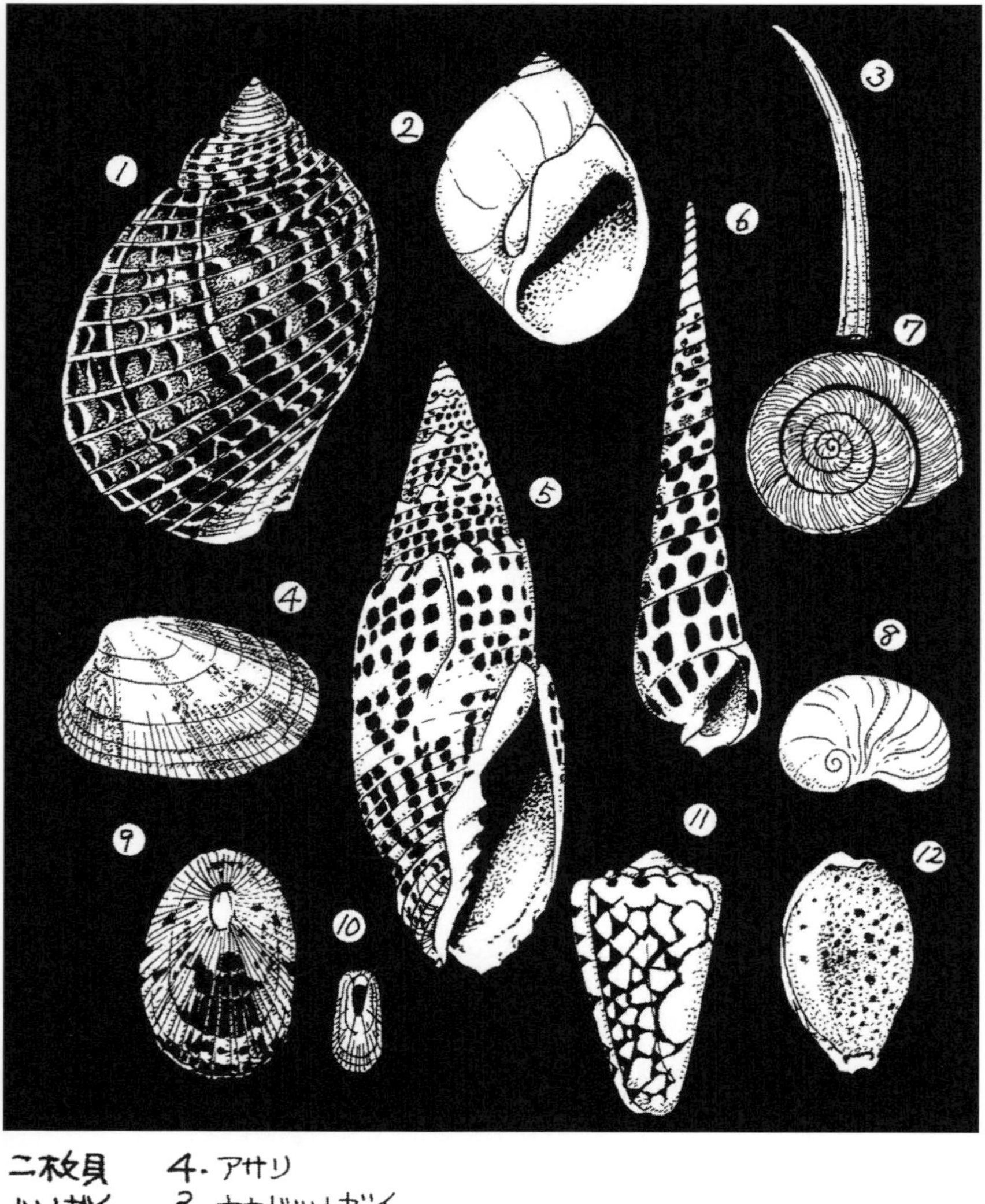


二枚貝　4. アサリ
ツノガイ　3. ヤカドツノガイ
巻貝　1. ウズラガイ　2. トミガイ　5. オニキバフデ
6. ウシノツノガイ　7. シュリマイマイ　8. ツツミガイ　9. ヨメガカサ
10. スカシガイ　11. ナンヨウクロミナシ　12. オミナエシダカラ

ないものだろう。ただしイカ・タコの仲間には、オウムガイやタコブネなど、貝殻を作る種類があることから、貝の仲間であることがわかる。

これらをすべて知っている必要はない。とりあえず、「誰でも〝つい〟やってしまう貝殻拾い」で出会いそうな種類を考えると、貝殻は3つに分類できることを知っていればいいよと、僕は学生たちに言った。

が、この3つに分けるのも、なかなか難しい。

巻貝と二枚貝は違うグループだということは、「生き物屋」なんかではない一般の学生も、わかっている。しかし、問題は「3つに分けよ」であるのだ。

「これ、何なの?」

ある学生はツノガイを手に首をかしげる。

「カタツムリって、貝なの?」

別の学生が疑問を口にする。

見ていると、巻貝の中で、丸い形の貝と細長い形の貝を別のグループに分ける学生が現れるかと思えば、巻貝の仲間のカサガイを二枚貝の仲間(二枚貝の片方だけの殻と思ったよう)に分ける学生も現れる。

こうした試行錯誤を見ていると、巻貝は、さまざまなバリエーションを生み出した貝のグループなのだと思う。二枚貝の仲間は、見れば皆、二枚貝だとわかる。ツノガイがほかの巻貝の仲間や二枚貝の仲間と違っているのも一見してわかる。ただし、巻貝の多様なバリエーションが、巻貝という一つのグループの中に収まるのがわからないのだ。

「カタツムリは陸に上がった巻貝だよ。それと、巻貝の中には、巻きがほぐれたものもあるんだ。それがカサガイ。ほら、貝殻の裏を見ても、二枚貝のように、二枚の貝殻をつなぎ合わせるちょうつがいがないでしょう」

僕の解説に、学生たちは「ナルホド」とうなづいていた。

## 二枚の殻のある巻貝

巻貝の多様性を物語る貝がある。あまりに特殊な貝殻をもっているため、専門家でも、一時、分類を間違えてしまったという巻貝だ。

少年時代に貝殻拾いにでかけた沖ノ島には、大人になってからも、ふと足をむけてみたくなることがあった。すると、少年時代には気づかなかった貝殻に出会う機会があった。それは、大人になった僕が、少年時代とは異なった視点を持つようになったからだろう。

たとえば大人になってから、父と一度だけ一緒に海岸を歩いたことがある。海岸を歩きながら「たいした貝殻がない」と僕は思っていた。ところが、横を見ると、父がせっせと貝殻を拾っていた。

「こっちは孫が来たときにあげる貝殻。で、こっちの貝殻は何で黒いのかね?」

父はそんなことを言う。孫(僕の姉のこどもたち)にあげるための貝殻を拾っているのはよくある話として、父はわざわざ黒く変色した二枚貝の殻を、選んで拾っていた。

「白い貝殻を黒く染める物質とは何か？」

化学教師である父には、そんなことが気になったのだ。

つまり人によって、貝殻に向ける目はさまざまであるわけだ。そして向けるまなざしで、見つかる貝殻も違ってくる。

僕は大人になってから、砂浜にひざまずいて貝殻を拾うようになった。

海岸に打ち上げられる貝殻の中には、微小貝と呼ばれるものたちがある。微小貝というのは、大人になっても1センチメートルにも満たない貝たちのことだ。少年時代、僕は微小貝にはあまり気を払っていなかった。微小貝は、こどもが対象とするには、あまりに小さすぎた。当時の僕には、実体顕微鏡もなければ、微小貝の名前が調べられる図鑑もなかったのだから。

大人になってからも、微小貝の同定ができるようになったわけではない。それでも少年時代と違って、あちこちでかけるうちに、海岸によって見られる微小貝に違いがあることには気づいた。その違いの意味していることも、本で知る。

微小貝の多くは、食べる餌が限定されているため（狭食性）、拾える微小貝の多様性が高いということは、餌となる生き物の多様性も高く、ひいてはその海の豊かさをうかがい知ることができるということなのだ（『日本の渚』加藤真　岩波新書）。

こうした微小貝は歩き回ってみていても、決して目には、はいらない。砂浜にひざまずき、足元に目をこらして、初めて打ちあがっていることに気づく貝殻たちだ。

# 微小貝

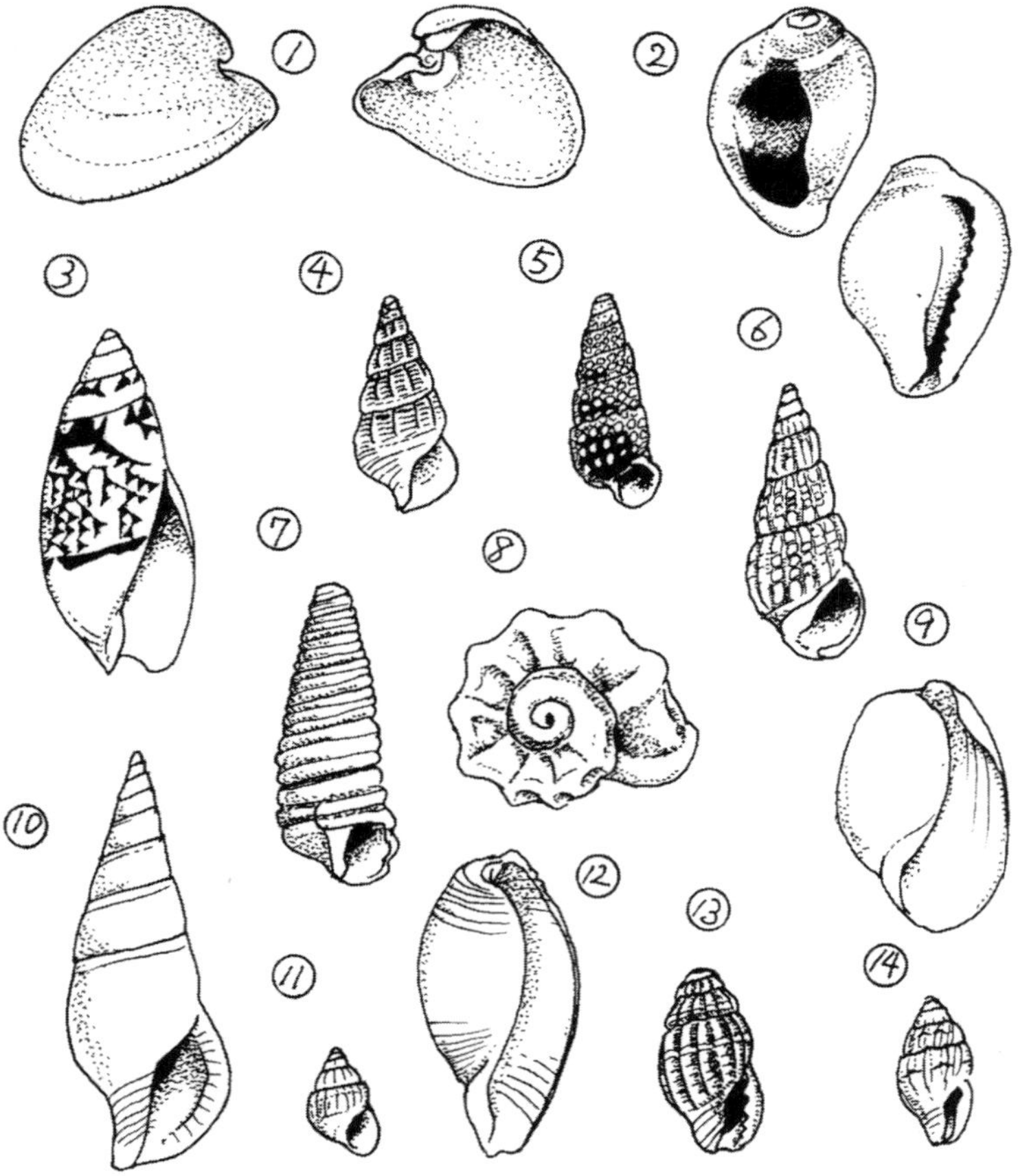


5mm

1. ユリヤガイ(右は内側)　2. ザクロガイ
3. ホタルガイ　4. オオシマチグサカニモリ　5. ノミカニモリ
6. コウシボリチョウジガイ　7. ケシカニモリ
8、リュウキュウヒメカタベ　9. ブドウガイ　10 ジャジクマツムシ
11. オガサワラリンツボ　12. カイコガイ
13. ヒメモモイロフタナシシャジク　14. ハハジマノミニナ

沖ノ島の砂浜にもひざまずいてみる。

と、砂の上に打ち上げられた小さな貝殻に目が留まった。

ずっと拾ってみたかったけれど、実際に拾えるとは思っていなかった貝殻だ。

大きさは5ミリメートルほど。貝殻はもえぎ色をしている。本来は二枚の貝殻があるはずだが、死後バラバラになり、僕が見つけたのは、片方の貝殻だけだった。

ユリヤガイである。

1935年発行の日本貝類学界の学会誌『ヴヰナス』(5巻4号)に、貝類学者黒田徳米による「日本産貝類目録」が掲載されている。その中の、二枚貝の仲間の項目の一つに、ユリヤガイの名前が登場する。この当時は二枚貝に分類されていたのだ。というのも、ユリヤガイには二枚の貝殻があるからだ。ただし、この当時、ユリヤガイは貝殻だけが知られていて、生きた姿を見た人は誰もいないという謎の貝であった。黒田の目録にも、「動物体未詳」と書かれている。

ところが、その後、生きた貝が見つかるに及んで、じつはユリヤガイは二枚貝ではなく、巻貝の仲間であることがわかった。ユリヤガイの生きた姿が見つかったのは1962年のことで、発見地は山口県萩市であった。生息場所は水深数メートルの岩上に茂る緑藻上(「ユリヤ貝の生体について」川口四郎『動物学雑誌』71巻11・12号)。その後、ユリヤガイは微小貝ならではの狭食性の貝で、イワヅタという海藻を特異的に食べていることが判明する。じつは、こうした発見に先立って、タマノミドリガイという二枚の貝殻を持つ巻貝が発見されたため(タマノミドリガイはフサイワヅタという海藻を特異的に食べる)、ユリヤガイも巻貝ではないかと予想された上での発見結果であった(「二殻腹足類と造礁さんご」川口四郎『動物学雑誌』88巻4号)。

タマノミドリガイは二枚の殻を持っていたけれど、触覚のある頭部があったし、口の中には、歯舌(巻貝の口の中には、おろしがねのような、歯舌と呼ばれる歯がある)もあった。歯舌は巻貝のグループごとに特徴がある。タマノミドリガイの歯舌を調べると、ウミウシの仲間であることがわかった。ウミウシは、殻を退化させた巻貝の仲間なのだけれど、中にはまだ殻を持っている種類もあって、その中に、二枚の殻を持つというけったいなウミウシがいたというわけである(「二枚の殻をもった嚢舌目のウミウシ:タマノミドリガイ」川口四郎ほか　『動物学雑誌』68巻12号)。

「生き物屋」は「変わり者」に目がない。

だから僕にとって、ユリヤガイはいつか拾ってみたい貝殻であった。この貝の場合は、さすがに貝殻だけでなく、生きた姿を見てみたいとも思う。

ちなみに、沖縄に戻ってから、『日本近海産貝類図鑑』(奥谷喬司編 東海大学出版会)のユリヤガイの解説を見たら、分布域は「紀伊半島以南」とあった。南方系の貝であるのだ。こんな記述を見ると、千葉県からの初記録ではないかと思い、ドキドキしてしまう。

それでも、そう簡単に問屋はおろさない。見ている人は見ているのだ。クロズミさんに問い合わせたところ、あっさりと、すでに千葉県下では記録済みという回答が返された。

## 二枚貝の「歯」

ユリヤガイがウミウシの仲間だという話を紹介したところで、貝の仲間の分類をさらに見いくことにしよう。

巻貝（腹足綱）の仲間は『日本近海産貝類図鑑』によると、次の３つの亜綱に分類されている。

前鰓《ぜんさい》亜綱　いわゆる一般的に言う巻貝の仲間
後鰓《こうさい》亜綱　主にウミウシの仲間
有肺《ゆうはい》亜綱　主にカタツムリの仲間

巻貝の３つの分類名を見てみると、呼吸に関わる器官が分類基準になっていることがわかる。鰓が体の前にあるか、後ろにあるか、それに鰓が退化して代わりに肺が発達しているかという特徴で分類群が分かれているのだ。となると、貝殻の形を見ただけでは、どの分類群かわからない場合もあるということになる。

前鰓亜綱は、いわゆる海に棲む巻貝の主なものがほとんど含まれている。前鰓亜綱に含まれる巻貝には、サトイモのような形をしたイモガイ、丸っこい形をしているタカラガイ、貝殻の上に鋭い棘が何本も生えているホネガイと、それこそいろいろある。中には学生たちが巻貝の仲間とは思わなかった、巻きがほぐれ、皿状になったカサガイの仲間も含まれる。

こうした皿状の貝殻を持つ貝が、有肺亜綱にもいる。

有肺亜綱は主にカタツムリの仲間が含まれる。が、中には淡水に棲んでいる種類（モノアラガイなど）や、海に棲む種類もある。そして海に棲む有肺類の中にはコウダカカラマツガイのように、前鰓亜綱のカサガイ類と見分けがつきにくい形の貝殻を持っている種類があるのだ。

また、前鰓亜綱に含まれる、いわゆる「普通の巻貝」状をした貝殻を持つ貝も、後鰓亜綱や有肺亜綱の貝の中に見ることができる。後鰓亜綱は貝殻を退化させたウミウシの仲間が含まれるのだけれど、中には貝殻を持っている種類もある。ユリヤガイの場合は、かなり特殊な形の貝殻を持っていたのだけれど、年末、北条海岸で拾ったキセワタガイなら巻貝がほどけた形であることがわかるし、同じ海岸で拾ったオオシイノミガイとなると、形の上からは「普通の巻貝」とまったく変わりがない。有肺類の中にも、河口周辺などに多く見られるオカミミガイの仲間は、「普通の巻貝」の仲間に思えてしまう。

二枚貝（斧足綱《おのあし》）の場合はどうだろう。

同じく『日本近海産貝類図鑑』の分類を引いてみる。

原鰓《げんさい》亜綱
翼形《よくけい》亜綱
異歯《いし》亜綱
異靭帯《いじんたい》亜綱

この4つに分けられている。巻貝の場合と違って、二枚貝の分類の名前に統一した基準のようなものは見当たらない。名称から推測すると、原鰓亜綱とは鰓の形、翼形亜綱というのは、貝殻の形、異靭帯亜綱は、二枚の貝殻をつなぐ靭帯の形に特徴があるということになる。では異歯亜綱の「歯」とはどこの部分かおわかりだろうか？　異歯亜綱の二枚貝にはアサリ、シジミ、ハマグリ、シャコガイなどの貝が含まれる。では、アサリやシジミのどこに「歯」があるだろう？

二枚貝の「歯」というのは、口の中ではなくて、貝殻にある。

アサリの殻を開いてみると、ちょうつがいにあたる部分の殻に、でっぱりとひっこみがあって、二枚の殻のそれぞれがかみ合うようになっていることがわかる。このでっぱりが二枚貝の「歯」と呼ばれる部分なのだ。では、異歯の「異」とはなんだろうか。

海岸で拾う二枚貝のほとんどは翼形亜綱か、異歯亜綱かのどちらかの貝だ。このどちらの貝かは、拾い上げた貝殻の「歯」を見ることで判別できる。

翼形亜綱の貝にはイガイの仲間やアカガイの仲間、シンジュガイとも呼ばれるアコヤガイの仲間、カキの仲間、ホタテガイの仲間が含まれている。これらの貝の貝殻の「歯」は、「いいかげん」であるのが共通点だ。

たとえばアコヤガイやイガイの仲間には、はっきりした「歯」がない。ホタテガイの仲間の「歯」も、ちょっとしたでっぱり程度だ。また、アカガイの仲間の「歯」は、同じ形をした小さな「歯」がたくさん並んでいる。

これに対して、アサリやシジミ、ハマグリといった異歯亜綱の貝の貝殻を見ると、「歯」の部分のつくりが複雑なものとなっている。貝殻のてっぺん（殻頂）ちかくの内側には、主歯と呼ばれる「歯」があり、その両側に、前側歯や後側歯と呼ばれる形の異なった「歯」が並んでいる。これが異歯の名の由来だ。

ではサクラガイは？

貝殻の薄いサクラガイには、小さな「歯」しかない。それでも殻頂近くにはっきりした「歯」があることが見て取れる。サクラガイは異歯亜綱の一員だ。ただし、せっかく発達させた「歯」を、もう一度、退化させつつある貝ということがわかる。

二枚貝はバリエーションがなくておもしろくないと思っていたけれど、たとえば「歯」に注目すると、同じように見える二枚貝にも、いろいろあることが見えてくる。

## 二枚貝のポーズ

大学の授業中、アサリの味噌汁を作る。

学生たちは、なんだ、なんだという顔つきである。

アサリが煮えるまでの間に、学生たちに問題を出してみた。

「二枚貝の貝殻は、二枚貝の本体の上下についていると思う？　それとも左右についていると思う？」

まず、聞いてみたのは、この点についてだ。

総数18名の学生の回答は次のよう。

貝殻は上下についている　8名
貝殻は左右についている　10名

正解は、貝殻は二枚貝の体の左右についている。

では、つづいての問題。

アサリが砂の中にもぐっているときの姿勢はどうなっているか？　という問題である（ちょっとわかりにくいので、下図を参照してほしい）。

A・アサリはうつぶせで、頭を下にむけて潜っている
B・アサリはうつぶせで、お尻を下にむけて潜っている
C・アサリはあおむけで、背を下にむけて潜っている

学生の回答結果は、Aと思う者が4名、Bと思うものが5名、Cと思うものが8名（どれとも決め切れなかった者が1名）

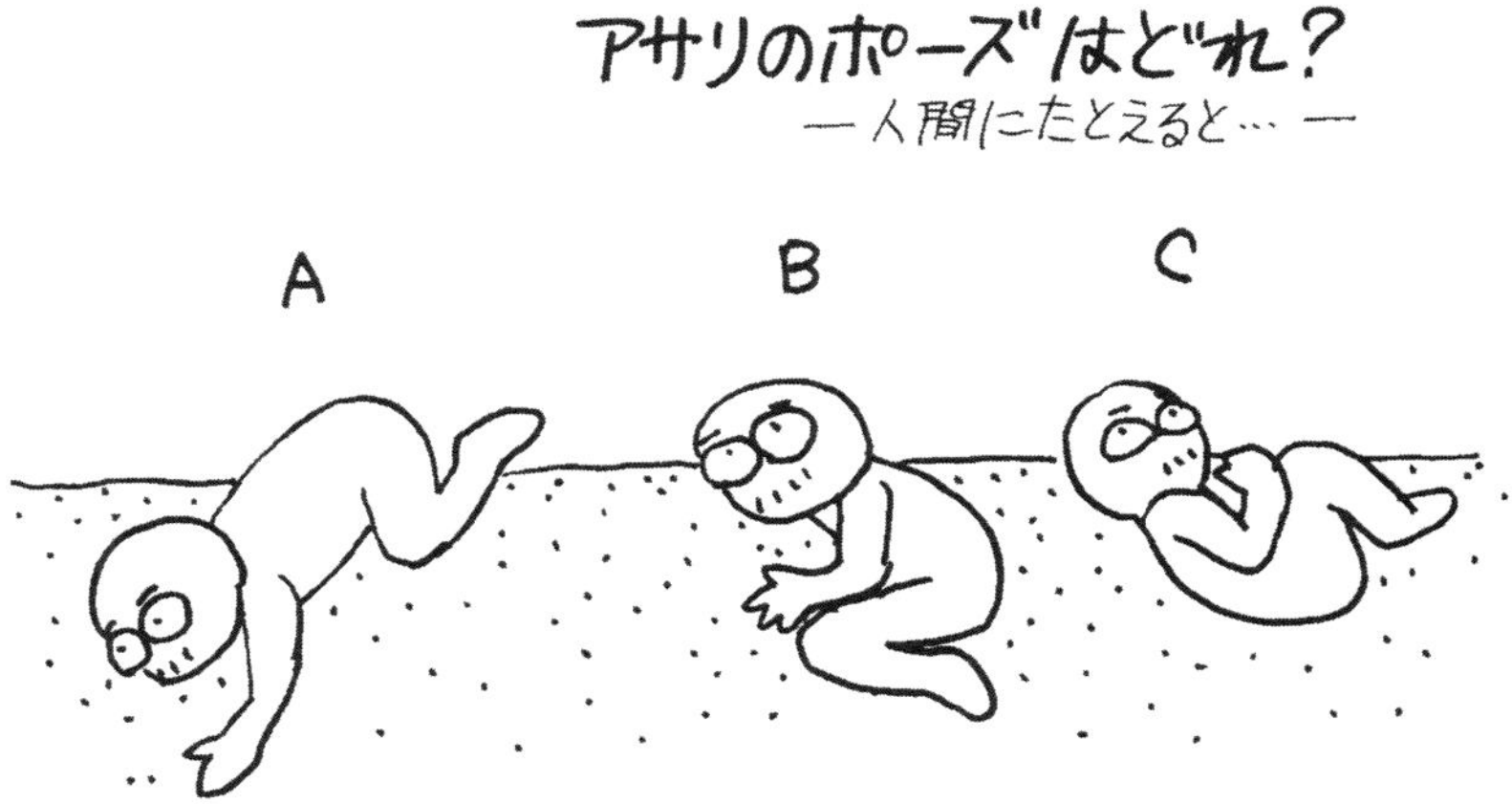
アサリのポーズはどれ？
—人間にたとえると…—
A
B
C

であった。

ここで、ちょうど煮えた味噌汁を配り、味噌汁の中の煮えたアサリを観察してもらいながら説明をした。

煮えて殻の開いたアサリを見てみる。中身をみると、アサリの体の一方からは出入水管と呼ばれる管が伸び、もう片方からは足が伸びているのが見て取れる。この出入水管が出ているほうが、アサリのお尻で、足が伸びているほうが頭だ（もっとも二枚貝は本来頭部にあった脳や眼を退化させているので、体の前部といったほうがいいかもしれない）。こんな体のつくりをしているアサリは、足の伸びているほうを下に向けて、つまりはAの状態で砂の中に潜っている。

二枚貝は、貝殻の「歯」だけでなく、姿勢についてもバリエーションがある。

Cのように、砂や石の中にあおむけで「寝て」いる二枚貝もある。これがシャコガイだ。シャコガイがあおむけでいるのにはわけがある。シャコガイの体には、単細胞の藻類が共生していて、この藻類が光合成で作りだした養分を使い、シャコガイは成長をしている。藻類が光合成をするためには、日光が必要となる。シャコガイが生息するのは、透明度の高い、サンゴ礁だが、さらにシャコガイはあおむけとなり、貝殻を半開きにして、体の中の共生藻類に光が当たるようにしているのだ。

二枚貝の中には、普段、横たわっている貝もある。こうした貝の場合、どちらを下にするのか決まっているのが普通で、下になる方と上になる方で、貝殻の形が違っている場合もある。食用とする貝では、ホタテガイやカキがこうした貝だ。ホタテガイの仲間は、右側の貝殻を下にしている。カキではこの逆で、左殻が下になり、右殻よりもふくらんでいる。また、カキの場合は、下になる左殻が、ほかの貝殻や石などの基盤にくっつくようになっている。

## 中身の痕跡

少年時代、二枚貝には巻貝ほどの興味を持てなかったということは、これまでにも書いた。その理由として、バリエーションの少なさということを挙げた。バリエーションが少ないということは、コレクションをしてもはりあいがないだけでなく、種類を識別するときも苦労をすることを意味している。殻の形だけで見分けようとすると、似たような種類が何種類もあったりするのだ。

そのため、二枚貝の種類の識別には、貝殻の内側も見てみる必要がある。真珠の養殖に使われるアコヤガイなら、貝殻の内側に真珠光沢があるけれど、アサリやハマグリの貝殻の内側をみても、一様に白いだけに見える。が、よくよく見ると、白い貝殻の内側に、うっすらとした痕跡のようなものがついているのが見える。これは、貝殻

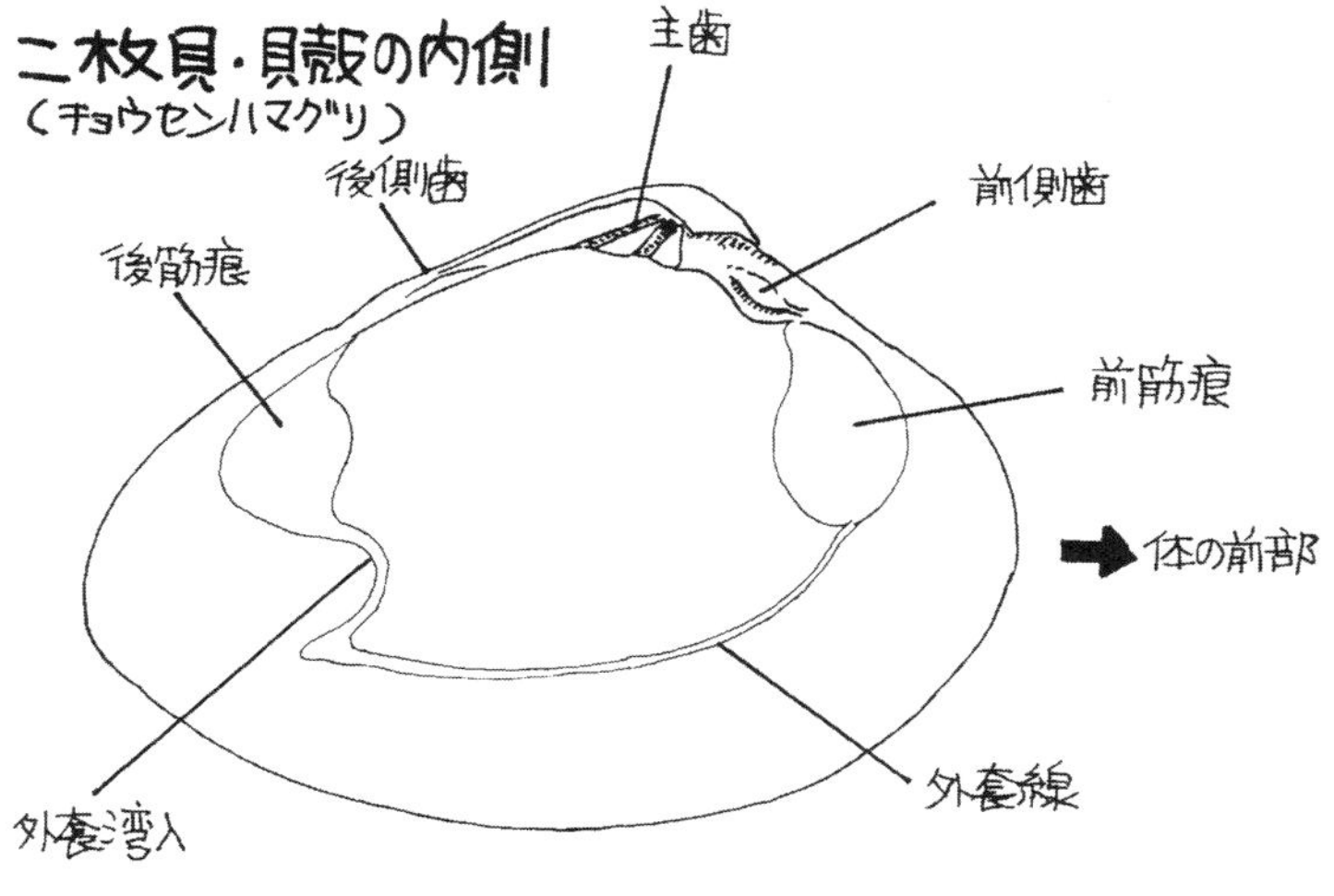

の内側にあった、二枚貝本体の体の痕だ。

貝殻の内側にうっすらとついているこのマークには、前筋痕、後筋痕、外套線、外套湾入と名づけられた部分がある。

アサリを例にすると、左右の貝殻を閉じるために、貝は前後二本の閉殻筋《へいかくきん》（貝柱）を持っている。この筋肉のついていた痕が、前筋痕と、後筋痕である。ただし、ホタテガイの場合は、前閉殻筋が退化して、後閉殻筋が中央に移って、単筋になっている。ホタテガイの貝柱が大きいのはそのためだ。

貝殻の内側についているマークのうち、外套線は、外套膜の痕である。

二枚貝も、巻貝も、内臓や足、頭部といった貝の体の外側は、外套膜とよばれる膜で包まれている。この外套膜には貝殻を作る能力がある。そのため、外套膜の外側に、貝殻が形成されている。貝殻が服だとすると、外套膜は下着とでもいえようか（この下着は貝本体の一部で、服を作り出す能力も有るということとなわけだが）。

外套湾入は、体の後ろに突き出す、出入水口を納めるところの、外套膜のへこみだ。外套湾入があるほうは、体の後部だから、このマークが認められれば、拾った貝殻のどちらが前で、どちらが後ろかが判別できる。つまり、片方の貝殻だけ拾った場合でも、それが右殻なのか、左殻なのかがわかるということだ。

ただ、貝の種類によっては、貝殻の内側についているマークはうっすらどころか、ほとんど見えないものもある。サクラガイの貝殻の内側を見てみるが、個体によって筋痕は見えるものもあるけれど、外套線や、外套湾入までは判別できなかった。また、アサリやハマグリは貝殻の内側についているマークはわりとはっきりしているのだけれど、波に洗われ、磨耗した貝殻では、こうした貝の場合でも、当然、はっきりしなくなる。

さて、こうして貝殻のイロハを見てみたところで、貝殻から「時」を遡ってみることに挑戦したい。

えーっと…
アサリのポーズは…？

# 4章　モースの貝

## 見慣れぬ貝

年末、実家のある館山に帰ったおりのこと。

石油ストーブを買いに行ったショッピングモールの鮮魚売り場に、見慣れない二枚貝が売られていることに気づき、買って帰った。商品名には「白ハマグリ」とあるけれど、殻の表面はハマグリのようにすべすべしておらず、ハマグリの仲間には見えない。

種類的には異なった貝に、「ナントカアサリ」とか「ナントカハマグリ」とかつけるのは、一種のあやかり商法だろう。全体的には丸みを帯びた、厚めの貝殻の貝である。初めて見る貝なので、貝殻が欲しくて買ったのだが、汁にして身も食べてみた。食べてみると、結構、味のある貝である。

「これ、外国の貝らしいよ」

父がそんなことを教えてくれた。もしそうなら、見慣れないのもうなずける。食べ終わった貝殻を洗い、沖縄に持ち帰ることにする。

年が明けた正月、今度はカミさんのほうの実家に顔を出すことになる。カミさんの実家は池袋にある。僕は、こんな街中では手持ち無沙汰になってしまって、しょうがない。しかも、貝殻モードに入ったばかりだから、どうにも海がみたくなる。そこで池袋から一番近い海岸を目指すことにした。

都内の地図を購入し、埋め立てられた東京湾の海岸線の中に、貝殻が拾えそうなところが無いか、にらめっこ。ようやくそれらしき場所の目星がついた。山手線に品川まで乗り、そこで京浜急行に乗り換え、羽田方面に数駅乗った先の、大森町駅からほど近いところに、ふるさとの浜辺公園と名づけられた場所があったのだ。人工ビーチではあろうが、どんな貝殻が拾えるだろうと期待して向かうことにした。

駅を降りる。埋め立てられる前は、海苔の産地であったようだ。浜辺公園に向かう道すがら、何軒かの海苔問屋の建物が目を引いた。

地図を片手にたどり着いた先には、確かに砂浜があった。砂浜の背後には芝生があり、思い思いに憩う人々の姿もある。

砂浜は人工ビーチだ。浅瀬の中に、看板が立てられていた。看板には、ビーチに面した浅瀬で、絶滅危惧種のアサクサノリを44年ぶりに養殖しているという内容が書かれている。じつは現在食卓に上っている海苔は、もともと東京湾で採れたアサクサノリではなく、スサビノリという別種になっているのだ。それはさておき、海苔の名産地として知られていた大森は、昭和30年代に埋め立てが進み、昭和37年には漁業権を放棄、翌年春には海苔の収穫を終了した……と看板の文章にあった。昭和37（1962）年というのは、高度経済成長のまっただなかだ。さらに、ちょうど僕の生まれた年でもある。

かつての海苔の名産地に復元されたビーチに立つ。

驚いたのは、ゴミ一つ落ちていなかったこと。もっと驚いたのは、ゴミどころか、貝殻が落ちていなかったこと。そのあまりの落ちてなさ加減に、脅威さえ感じる。いったい、このビーチを作るときの砂は、どこからもってきたのだろう。それに目の前の海には、それだけ貝がいないということか。

ビーチ中を見て回って、アサリとシジミの殻が数個、落ちているかどうかというレベルだった。「本当にこれは海辺なの？」と思ってしまう。アサリ、シジミに比べれば、まだ落ちている貝殻があった。ただそれは、なじみのない二枚貝だった。殻の長さが25ミリほどのイガイの仲間（ムールガイもこの仲間）だ。どうもこれは本で読んだことのある、コウロエンカワヒバリガイだと思われた。この貝は移入種である。

コウロエンカワヒバリガイが日本で見つかるようになったのは、1970年代で、コウロエンという名は、この貝が見つかった兵庫県の瀬戸内海に面した海岸、香櫨園浜に由来するという。この貝は、オーストラリアやニュージーランドが原産と考えられていて、おそらく船のバラスト水の中に幼生がまぎれた状態で持ち込まれたのではと推測されている（「コウロエンカワヒバリガイはどこから来たのか？―その正体と移入経路」木村妙子『黒装束の侵入者』日本付着生物学会編　恒星社厚生閣）。

もうひとつだけ、貝殻が落ちていた。二枚貝のカケラだ。ほんのカケラだったので、このときは、種の特定はできなかったが、厚い貝殻だったことから、大型の二枚貝のカケラだと思えた。このカケラが、館山のショッピングモールで売られていた「白ハマグリ」のものだと気づいたのは、沖縄に戻ってからのことだった。

沖縄に戻ってから、「白ハマグリ」の正体を調べてみる。父が言っていた「外国の貝らしい」というのがヒントになった。移入種の貝となると、種類が限られる。調べた結果は、ホンビノスガイという北アメリカ東岸が原産の貝であった。

ホンビノスガイは１９９８年、千葉県の幕張の人工ビーチで初めて見つかった。その後、漁獲対象とされるほど増加し、東京湾の湾奥部では、普通に見られるようになっている。また、水質汚染に強く、貧酸素環境でも生き延びる力があるということが、東京湾奥で生育できる要因となっているようだ（『海の外来生物』日本プランクトン学会・日本ベントス学会編 東海大学出版会）。東京湾で見られるようになったのは、コウロエンカワヒバリガイ同様、船のバラスト水に幼生が入り込んでいたためではないかと考えられている。

また、東京湾奥でのホンビノスガイの生育適地は、京浜運河と千葉港周辺であるという（「東京湾奥アサリ漁

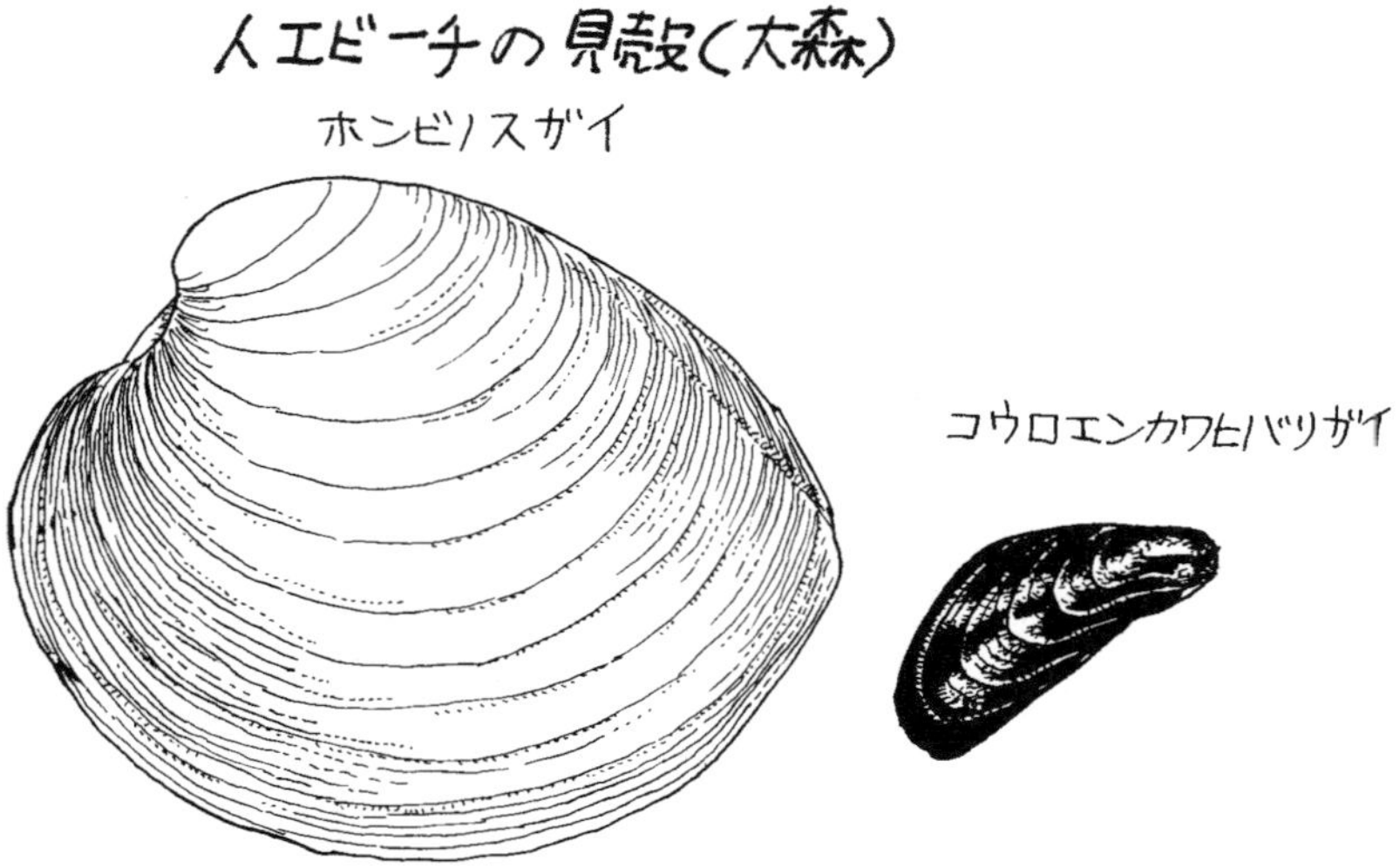

場に生育するホンビノスガイ（移入種）について」西村和久『ちりぼたん』36巻3号）。

ホンビノスガイの生育適地とされる京浜運河というのは、浜松町から羽田空港に向かうモノレールの天王洲アイル駅から流通センター駅付近にかけて、車窓から見える運河のことである。先のふるさとの浜辺公園は、この流通センター駅とそれほど離れていないところに位置しているが、京浜運河からは、少しだけ位置がずれている。

後日のことになるが、あらためて京浜運河沿いにある、中央海浜公園（モノレールの大井競馬場前駅近くにある。京浜急行の大森海岸駅からも歩いていくことができる）に行ってみたところ、狭い人工ビーチに、ごろごろとホンビノスガイの貝殻が落ちていて、驚かされた。本当に京浜運河一帯は、ホンビノスガイだらけになっているのだ。

## 貝塚の貝

都心から一番近い海岸をめざしたら、たどりついた海岸は、ほとんど貝殻が転がっていないばかりか、わずかに目に入った貝殻も、外来種がめだつ人工ビーチだった（いみじくも、〝ふるさとの浜辺〟と名づけられているわけだが）。

さらに、ビーチにたどりついてから、そのビーチの最寄り駅が大森町駅であったことを思い返して、また、うなる。

「大森と言ったら、モースが貝塚を発見した場所ではないか」と。明治初期、アメリカからやってきたモースという人物が、横浜から東京に向かう車窓から、日本で初めての貝塚を発見し調査結果を世に問うた。この大森貝塚発見の話は、それこそ教科書に載っているような有名な話だ。

モースは東大の初代動物学教授になった人物である。そんなことから、僕はモースに多少の関心は持っていて、たしか家の本棚のどこかに、モースの貝塚報告の本もあったはずだと思い返す。しかしモースの本は、買っておいただけという状態に近い。貝塚についての知識もほとんどない。それでも貝塚があるということは、かつては貝塚をつくるほど、大森付近の海岸で、貝が採れたということは確かだろうと思う。その貝も、むろん、外来種ではありえない。

では、貝塚からはどんな種類の貝が見つかったのだろう。その貝たちは、今はどうなっているのだろう。僕は、にわかにそんな興味を持ち始めた。その興味は、年末・年始に沖ノ島と照間で見つけたハイガイへの興味と同質に思えた。貝塚の中から見つかる貝殻もまた、タイムトラベラーじゃなかろうか、と気づいたのだ。

沖縄の自宅に戻って、本棚からモースの本を探しだす。『大森貝塚』（E・S・モース　岩波新書）だ。表紙には「明治10年6月、来日間もないモース（1838－1925）は東京に向かう汽車の窓から露出した貝殻層を目撃し、それが先史時代の遺跡であることをただちに看破した。日本考古学の第一歩というべき大森貝塚の発見である」と書かれている。

欧米でも、貝塚の成因がわかったのは、それほど昔のことではない。デンマークにおいて、貝塚が、海が陸地化したために現れた自然貝層と異なる人工的な産物であることがわかったのは１８５０年ころのことであり、アメリカで貝塚の調査が始まったのは１８６０年代のことであるという（『体系日本の歴史① 日本人の誕生』佐原眞　小学館）。モースの来日した明治10年というのは１８７７年のことだから、モースは貝塚の成因がわかってから、さほど時間がたっていないころに、日本にやってきたということになる。

そんな時代にあって、なぜモースは車窓からながめただけで、大森貝塚を発見できたのか。また動物学を専攻していたはずのモースが、なぜ貝塚の調査を行い、本まで執筆したのか。

まずは、モース自体についても、知らないことが多すぎた。そのため、モースの生い立ちや、彼の日本での足跡などについて資料を集めてみることにした。

## 「貝屋」モース

モースを紹介している本は何冊かあるが、磯野直秀さんの『モース　その日その日』（有隣堂）が詳しい。以下、主にこの本をもとにして、来日までのモースの生い立ちを紹介してみる。

エドワード・シルヴェスター・モースは、１８３８年、６月18日に、アメリカ、メイン州のポートランドという港町で生まれた。父は毛皮商であった。

少年時代のモースは、学校に行くよりも野原を駆け回ることが好きだったという。実際、通っている学校を何度も退学させられたり、放校処分を受けている。最終的にはハイスクールも卒業していない。しかしモースは少年時代に貝に興味を持つようになる。

モースの生まれたポートランドは港町だったので、港に戻ってくる船員たちが、航海の土産として貝を持ち帰ることも多かったのだと言う。そのため、ポートランドでは貝の収集が流行となっていた。しかし、少年モースには、海外の貝を買うお金はなく、彼は自分の力で採集できる上、それまであまり人々の注目をあびることがなかった、カタツムリや淡水に棲んでいる貝を集め始める。モースは18歳のときには、カタツムリの新種を見つけ、発表している。モースは「生き物屋」、しかも「貝屋」であったのだ。

うまく学校になじむことができなかったモースは、16歳から製図工として働きだすが、彼の一生を変えたのは、21歳のとき、彼の貝のコレクションがきっかけとなって、ボストンのハーバード大学の動物学教授、ルイ・アガシーの学生助手となったことだった。学生助手というのは、大学の博物館の標本整理などを手助けする代わりに、大学の講義を聴講することができる身分のことであった。

モースはアガシーの下で、貝やコケムシと呼ばれる海産動物の研究を進めた。モースがアガシーの下にやってきたのは1859年であるが、この年、ダーウィンの『種の起源』が出版される。こうした時代の流れが、またモースの人生を変えていくことになる。

進化論が世に問われた時代、アメリカを代表する動物学者であったアガシーは進化論には批判的な立場を崩さなかった。一方で、モースをはじめとするアガシーの弟子たちは、しだいに進化論を支持する立場に傾斜してゆく（モースは来日後、進化論の連続講座を開いている。これが日本における本格的な進化論の初めての紹介となった)。

ただし、モースがアガシーの下を離れることになったきっかけは、進化論に関する思想的な対立ではなく、博物館に於ける彼自身の待遇問題だった。モースは23歳になった1861年にアガシーの下を去ることになる。しかしアガシーの下で専門的な知識を蓄え、さまざまな「生き物屋」の知己を得た彼は、その後、動物学者として歩み始めた。モースは各地の博物館や大学に職を得、また生き物についての一般講演活動も行って、生活の糧としたのである。

## モースのめざした「貝」

モースは1871年、33歳のときにボードイン大学の教授に就任する。このときモースのために推薦状を書いてくれたのが、ハーバード大学で学生助手をしていたときの恩師の一人であるワイマンであった。ワイマンは解剖学の教授であったけれど、貝にも興味をもっていて、またメイン州などで貝塚の調査も行っていた。モースの貝塚についての知識や興味は、このワイマンの調査を手伝ったことから得ていたのである(「E・S・モースの動物学(1)」小川真理子ほか『遺伝』29巻5号)。

モースは1876年、38歳のときにはアメリカ科学振興協会の副会長を務めるまでになった(この年、協会で進化論に関しての公演を行っている)。

翌1877年、モースは日本にむかって太平洋を渡る船に乗り込む。日本の年号でいうと、明治10年。

この年の1月には西南の役が勃発している。明治になったといっても日は浅く、まだ騒乱も起こっているような国にモースがでかけていったのは、いったいなぜか。

モースが日本をめざしたのは、シャミセンガイやチョウチンガイといった、腕足貝《わんそくがい》を調査するためだった。モースがアメリカ科学振興協会の副会長にまでなったのは、それまで積み上げてきた、彼の動物学の研究が認められたことによっていたわけだが、その主な研究素材が腕足貝だった。またモースが腕足貝を研究テーマにしていたのは、腕足貝が進化にも深く関わっていた動物群だからだった。

腕足貝は、二枚の貝殻をもった動物である。しかし、貝ではない。分類学的に言うと、軟体動物門の動物ではないということだ。独自に腕足動物門として分類される動物なのである。

シャミセンガイは、二枚の薄く細長い貝殻をもち、殻の後部から肉質の細長い柄が伸びているという姿をしている。この全形が、三味線に似ていることから、この名がある。

日本からは、東北から奄美大島まで報告のある、ミドリシャミセンガイと、もう一種オオシャミセンガイが報告されている。ミドリシャミセンガイの殻長は3センチメートルほどであるのだが、オオシャミセンガイの場合は7センチメートルにも及ぶ。オオシャミセンガイは、世界最大のシャミセンガイである。この種は日本では有明海に棲んでいて、中国で見つかったものと同種とされているが、詳しい研究はなされておらず、中国における生息状況もよくわかっていない。この生き物を調査したあるナチュラリストは「日本の誇るもっとも貴重な動物である」とさえ表現している（『有明海自然・生物・観察ガイド』菅野徹　東海大学出版会）。

僕はオオシャミセンガイの実物は見たことがない。一方、ミドリシャミセンガイは、友人から標本

# 腕足貝

## シャミセンガイ類

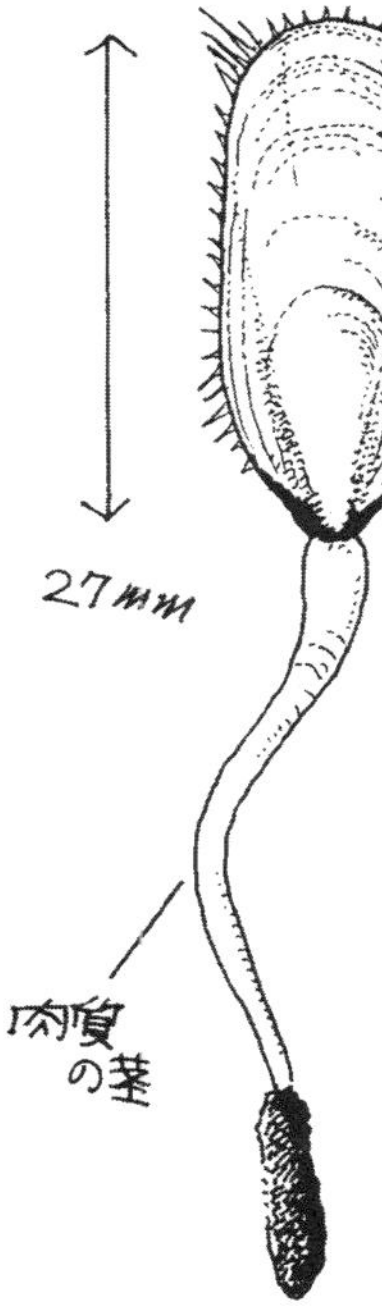


ミドリシャミセンガイ
（有明海産）

## チョウチンガイ類

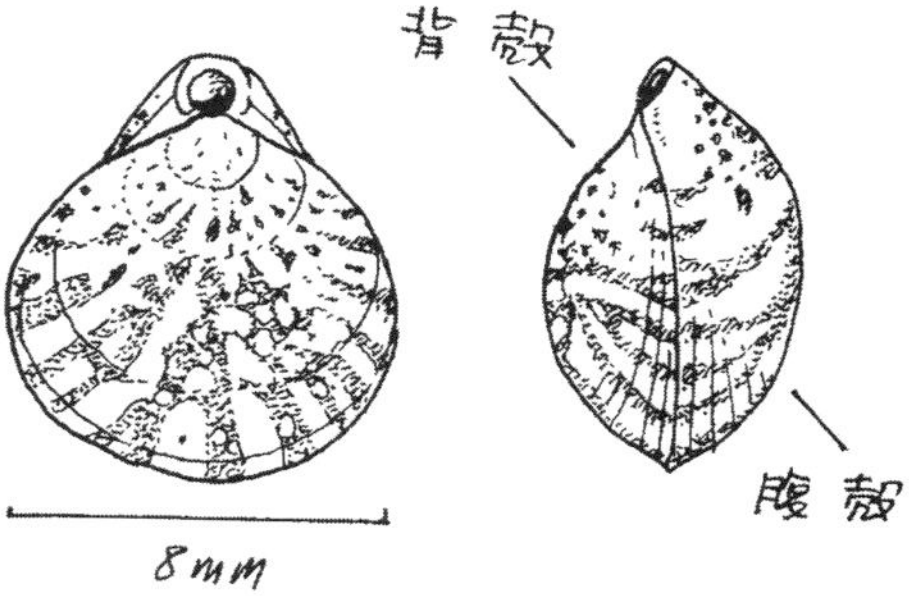


フレヌランデガイ（沖縄産）

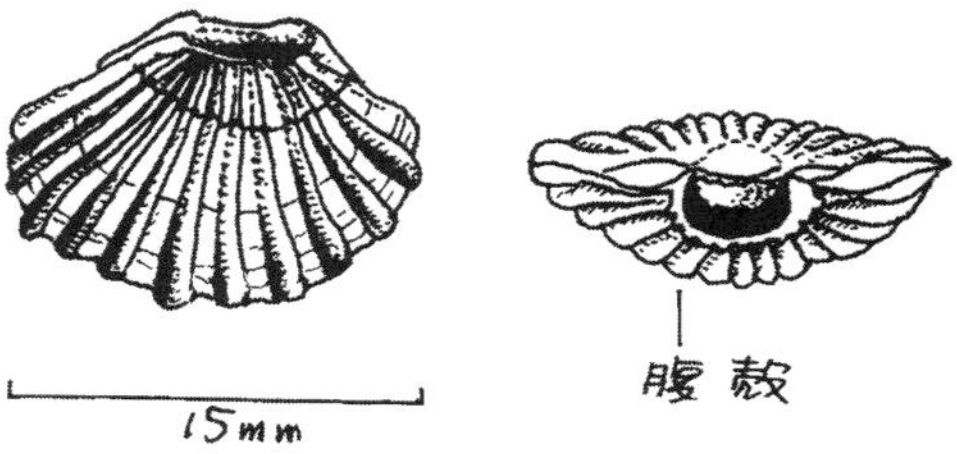


タテスジホウズキガイ（福井産）

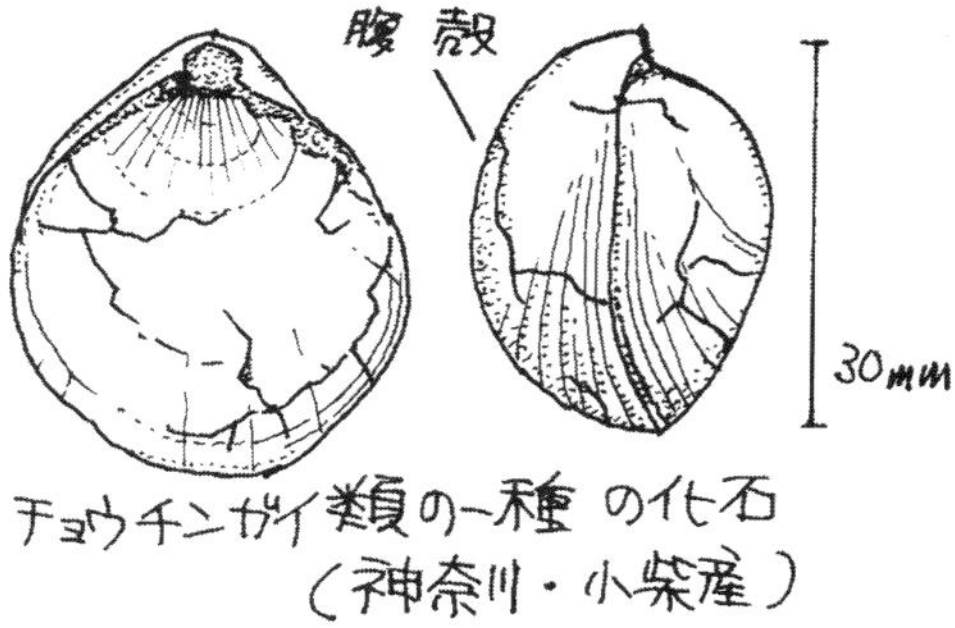


チョウチンガイ類の一種の化石
（神奈川・小柴産）

をもらったことがある。これは貴重な教材となっている。

「これはシャミセンガイという生き物。でも、貝じゃないよ」

大学の授業で、ミドリシャミセンガイの標本を見せながらそう言うと、学生たちは「シャミセン〝ガイ〟なのにカイじゃないの?」と怪訝そうに聞き返してきたりする。

身近に見られる生き物の呼称は、生物学が導入される以前に付けられたものも多い。その場合、生物学的な分類群の名称と、その生き物の名前がイコールにならない場合がある。江戸時代の人々にとったら、水辺に見られる硬い生き物は、皆、「介(貝)」の仲間に見えたわけである。江戸時代の百科辞典である『和漢三才図会』を見ると、ヒトデやウニ、ヤドカリも「介」の仲間として紹介されている。このなごりで、現在の動物図鑑を見ても、モミジガイという名前のヒトデの名前を見つけることができる。そして腕足貝はヒトデ

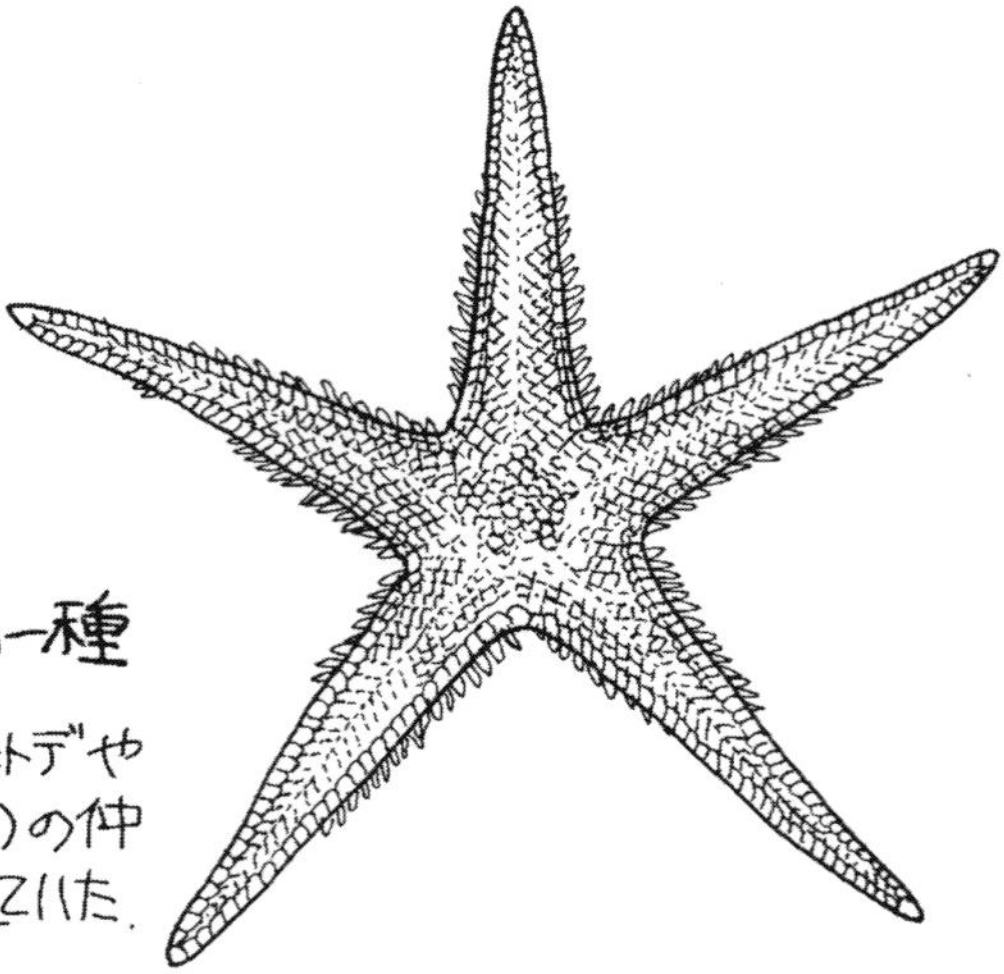
モミジガイの一種
江戸時代は、ヒトデやウニも、介(貝)の仲間に分類されていた。

やウニより、ずっと貝に似ている動物だ。そのため、本草《ほんぞう》学者だけでなく、欧米の博物学者にとっても腕足類の分類はやっかいな問題だった。

18世紀、生き物の学名の付け方である二名法を考案したリンネは、腕足貝を二枚貝の仲間として分類した。その後1806年になってはじめて腕足貝を二枚貝から分ける学者があらわれたが、それでもまだ腕足貝は軟体動物だと思われていた。1869年、ハクスレーは腕足貝をコケムシやホヤと一緒に擬軟体動物に分類をしたが、まだ腕足類の所属がはっきりと決定しているわけではなかった(「E・S・モースの動物学(2)」小川真理子ほか『遺伝』29巻6号)。そこでモースは腕足貝の分類に関する議論に加わることにしたのだ。

研究が進むにつれて、腕足貝が、二枚貝とは異なった動物であることははっきりした。一例をあげると、二枚貝の貝殻は体の左右にあるわけだけれど、腕足貝の貝殻は、体の上下にそれぞれ一枚ずつあるのだ。

「植物屋」の友人がニュージーランドの土産だといって、ひとつの貝殻を僕にくれたことがある。それが腕足貝の貝殻だった。腕足貝は二枚の貝殻を持っているけれど、死んでバラバラになった片方の殻だ。

「変な形の貝殻だなと思って、拾って帰って調べたら、腕足貝だった。腕足貝って、化石のものだと思っていたから、びっくりした」

このとき友人はこんな話をしてくれた。友人が言うように、腕足貝は、化石となったもののほうが有名なのである。

『無脊椎動物学概説』（西脇三郎ほか訳　弘学出版株式会社）には、腕足貝は「現生種約３３０種。ほとんどのものが小型で体長数センチメートル以下。化石種は１万２０００種以上知られている」とある。少年時代、館山での貝殻拾いで、腕足貝の貝殻を拾ったことは一度もない。腕足貝の現生種は種類が少なく、棲んでいる場所も限られているからだ。ところが化石の腕足貝は種類が豊富だ。『無脊椎動物学概説』に、腕足貝は「かつては海産動物の中でも優勢な門であった」と書かれている。

過去と比べ、腕足貝は衰退しつつあるグループだと言える。その一方、腕足貝の中にはシャミセンガイの仲間のように、５億年も前の、古生代のカンブリア紀からほとんど姿が変わらず生き続けているものもある。シャミセンガイは生きた化石の代表選手なのである。

モースの恩師であるアガシーは生涯、進化論に反対の立場を採り続けた。アガシーは、進化の反証として、この何億年も姿形を変えていないシャミセンガイを取上げた。進化論を支持するモースもまた、逆の立場からシャミセンガイに興味を持たざるをえなかった。

モース自身による『日本その日その日１』（東洋文庫）には、次のような記述がある。

「私は日本の近海に多くの〝種〟がいる腕足類と称する動物の一群を研究するために、曳網や顕微鏡を持って日本へ来たのであった。私はフンディの入り江、セント・ローレンス湾、ノース・カロライナのブォーフォート等へ同じ目的で行ったが、それ等のいずれに於いても、只一つの〝種〟しか見出されなかった。然し日本には三、四十の〝種〟が知られている」

少年時代の僕は、腕足貝の貝殻を海岸で拾ったことはなかったけれど、モースの時代、日本近海は腕足貝の多産地として世界的に有名であったのである。

## 腕足貝

ここで少しだけ腕足貝《わんそくがい》について触れておきたい。

少年時代、いそがしかった父に遊んでもらった記憶はあまりないのだけれど、それでも年に一、二度は登山や化石掘りに連れて行ってもらった記憶がある。

化石を掘りに行った場所のひとつが、神奈川県・三浦半島の小柴海岸だった。現在は埋め立てられてしまい、ずいぶんと様子が異なってしまったけれど、当時は波打ち際にそびえる岩場で、岩の中に入っている化石を掘り出した。その化石が腕足貝の化石だった。この場所で見つかった腕足貝はシャミセンガイではなく、チョウチンガイの仲間のほうだ。

現在、腕足貝は腕足動物門に分類されている。腕足動物門はさらに、有関節綱と無関節綱とに分けられている。このうち有関節綱に含まれるのが、チョウチンガイの仲間で、無関節綱に含まれるのが、シャミセンガイの仲間である。この両方のグループとも、基本は体の上下に貝殻があり、その貝殻の一端から肉質の柄が伸びているという姿をしている。貝殻

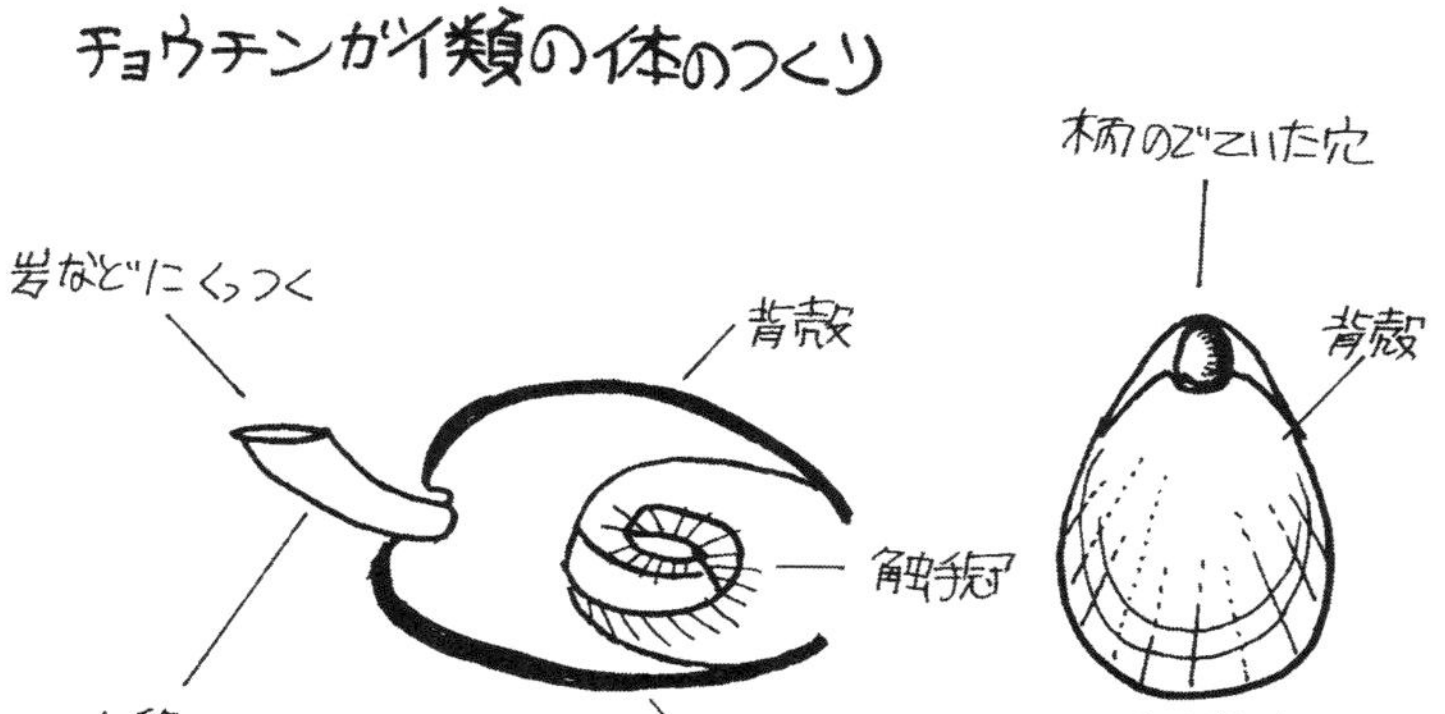

の中には、1対の触手冠と呼ばれる器官があり（これが腕足の名の由来となっている）、この器官が摂食と呼吸に働いている。

シャミセンガイの仲間は、浅い海底の砂や泥の中に長い柄を差込み、もぐりこんで暮らしている。一方のチョウチンガイの仲間は、岩などに柄を固着させて暮らしている。

日本近海が腕足貝の宝庫であるのに、少年時代の僕がその貝殻を拾ったことがなかったのにはわけがある。チョウチンガイは、日本の中でも北に分布する種類や、深い海に生息する種類が多いからなのだ。例えば北海道の海岸にいけば、チョウチンガイの仲間の貝殻を拾い上げることができる。また、沖縄でも、深い海底の砂を汲みあげて作られている。人工ビーチの砂を探すと、稀にチョウチンガイの仲間の貝殻がまじっているのに気づく。

『原色動物大図鑑　第Ⅲ巻』（北隆館）には全部で17種の腕足貝が出ているが、このうち生息深度が0メートル以深とあるのはミドリシャミセンガイなど3種だけ。15〜20メートル以深とあるのが4種。残りの10種は80メートル以深となっている。館山湾にもチョウチンガイの仲間は生息しているのだが、その採集記録を読むと、水深84メートルとなっている（「館山湾底棲貝類調査」藤田正『ヴヰナス』1巻2号・3号）。僕が少年時代に化石を掘りに行った小柴海岸の化石も、もともとは深い海で堆積した地層であって、小柴から見つかっているチョウチンガイ類の一種の生息深度は180〜450メートルと紹介されている（「On Some Brachiopods from the Neogene of Koshiba」M.Yokoyama『地質学雑誌』17巻201号）。

## 江ノ島臨海実験所

モースは明治10（1877）年、サンフランシスコから日本行きの船に乗り込む。当時の所要日数は17日。横浜に到着したときは、すでに暗くなっていた。その日はすぐにホテルに投宿するのだが、その二日後の6月19日、横浜から東京へ向かう車中で、車窓から貝塚を発見する。東京に向かったのは、文部省のマレーに面会するためであったという（「日本におけるモース」磯野直秀『モースの贈り物』ジョン・セイヤーほか編　小学館）。

モースの『日本その日その日』には、江ノ島の実験所で仕事をしているうちに文部省から東大で動物学の講座を持つように招聘されたと書かれているが、実際にはマレーに面会するために上京したおりに、すでに東大の教授にならないかという申し出がなされたようだ（「日本におけるモース」）。そして7月から東大の教授になったモースが真っ先にした仕事が、江ノ島に仮設の臨海実験所を作ることだった。モースは、アガシーの主催する臨海実習会に講師として参加したことがあり、その経験が日本で初めての臨海実験所を作ることにつながった。

初めて江ノ島に足を踏み入れたときのことを、モースは次のように『日本その日その日』に書いている。

「私は初めて太平洋の海岸というものを見た。（中略）私が子供の時、大切に戸棚に仕舞っておいたり、あるいは博物館でおなじみになったりした亜熱帯の貝殻、例えば、たから貝、いも貝、大きなうずらがい、その他の南方の貝を、ここでは沢山拾うことが出来る。これ等の生物の生きたのが見られるという期待が、如何に私を悦ばせたかは、想像出来るであろう」

どうやらモースにとっても、タカラガイは特別な貝であったようだ。モースがこのとき拾い上げたタカラガイの種類は何だったのだろうか。

モースがわざわざ日本にまでやってきた目的の腕足貝の仲間である、ミドリシャミセンガイも江ノ島の周囲ではたくさん採集することができた。

その後のモースの足取りを、ざっと「モース関連年表」(『モースの贈り物』)から抜いてみる(表5)。

表5を見るとわかるように、モースは正味2年ほどしか日本に滞在していなかったのだが、その間、精力的に活動し、自身の研究成果をあげただけでなく、さまざまな影響を出会った日本人たちに与えている。また、モースは自身の病気療養のために始めた散歩がきっかけとなって、陶器に強い関心をしめすようになり(最初のきっかけは、貝殻を模した陶器を偶然見つけたことに始まった)、この出合いがモースの人生の後半部を決定付けることになる。

なお、大森貝塚の報告書は、帰国後の1880(明治13)年の1月に発刊されている。モースはこの後、1882(明治15)年6月

表5　1877年～79年のモースの足取り

| | | |
|---|---|---|
| 1877(明治10)年 | 7月 | 約一ヶ月間かけて江ノ島の実験所を開く |
| | 9月 | 東大で授業開始 |
| | 11月 | 一時、アメリカに帰国 |
| 1878(明治11)年 | 4月 | 再来日 |
| | 7月 | 北海道調査 |
| | 10月 | 進化論の連続講座を行う |
| 1879(明治12)年 | 5月 | 九州、関西に採集旅行 |
| | 9月 | 帰国の途につく |

から1883（明治16）年2月まで、再び調査（このときの目的は生き物ではなく、陶器）に来日するが、その後は二度と日本を訪れることはなかった。

## 貝の変化

モースの来日までの履歴を調べてみると、モースはアメリカにおいて、貝塚調査に携わった経験があり、その経験があったからこそ、大森貝塚を発見できたことがわかる。

モースはもともと「生き物屋」である。さらに彼は少年時代からの「貝屋」だった。そのため『大森貝塚』には詳細な土器片のスケッチや解説に加え、出土した貝殻についても詳細な記述がある。その出土した貝殻の記述を読んでいて、「あっ」と思う。ハイガイの名前が出てくるのだ。

ハイガイについてモースは「貝塚でもっとも豊富な貝である」とさえ、書いている。

続けて、モースは次のように書いている。

「東京では井戸の掘削でかなりの深さから半ば化石化した状況でハイガイがしばしばみいだされる。私はまた、東京市内の大昔のある貝塚においてもそれを大量にみいだした。（中略）ハイガイは大昔はごく普通にみられた貝であったにちがいないが、現在ではこの地域および近隣海域からいなくなってしまっているといえる」

モースは貝塚の貝について記述するとき、当時の海岸で見られる貝との比較をおこなった（表6）。

表6　モースが比較をおこなった貝塚の貝と当時の海岸で見られる貝

| 種名 | 貝塚 | 海岸 |
|---|---|---|
| サルボウ | 少なからず見られる | あちこち落ちている |
| アカガイ | 比較的まれ | 一般的 |
| ハイガイ | 最も豊富 | 見つからない |
| オキシジミ | 稀ではない | 一般的ではない |
| アサリ | 最も多い | 最もありふれている |
| カガミガイ | 普通ではない | 普通ではない |
| シオフキ | 非常に多く見られる | 非常に多い |
| ハマグリ | 主だった貝の一つ | 一般的 |
| オオノガイ | 多くない | 多くない |
| バイ | 一般に見られる | よく落ちている |
| ツメタガイ | 普通に見られる | 一般的 |
| スガイ | 最も多く見られる | 一つも見当たらない |

表7　モースによる貝塚と海岸（当時）の貝類の比較

| タイプ | 貝塚 | 海岸 | 種類 |
|---|---|---|---|
| A | ○ | × | ハイガイ、オキシジミ、スガイ |
| B | ○ | ○ | アサリ、バイ、ツメタガイ、ハマグリ、サルボウ |
| C | × | ○ | アカガイ、バカガイ、コロモガイ、イソシジミ |
| D | × | × | カガミガイ、オオノガイ |

表6にあげたもののほか、バカガイやコロモガイ、イソシジミなどは、貝塚からは見つかっていないが、海岸ではかなり一般的に見ることができるとも、モースは書いている。

簡単にまとめると、（表7）のようになるだろう。

このうち、ＢとＤは貝塚時代も現代もほとんど生息状況に変化が無いと思える貝なので、ここで注目すべきなのは、ＡとＣに含まれる貝である。

Ｃは現生では普通種で、なおかつ食用ともなる種類が、貝塚からはほとんど、あるいはまったく見つからないということである。モースはこのことから、貝塚時代にはこれらの貝がほとんど生息していなかったのではないかと考えた。つまり、貝塚時代から何らかの環境変化がおこって、生息する貝の種類に違いが現れたと考えたのだ。Ａの貝も、その環境変化によって、絶滅したり、減少したと考えることができる。

モースはこうした貝の種類の変化について、『大森貝塚』の中に、次のように書いている。

「結論として、大森貝塚が形成されて以来、江戸湾の軟体動物相に著しい変化が生じたといってよい。比較的新しい時代にいくつかの種がいなくなっているのは、この内湾盆地が隆起しその結果、湾が狭くなって海が浅くなったことを考えることで説明できよう」。

## ハイガイと進化

モースは、貝塚で見られる貝と、当時、大森付近の海岸で見られた貝類相の比較だけでなく、それぞれの時代で見つかる貝殻の形についても比較している。そして、いくつかの貝で、貝塚のものと、当時の海岸で見つかる貝殻とのあいだに、違いがあるという結果を得た。

貝塚で見つかる貝のうち、ハイガイは明治の大森周辺では見つけることができない貝だった。そのためモースは、江ノ島や北海道でも貝を採集したが、ハイガイを見つけることはできなかった。またモースの弟子たちが新潟や紀伊半島で貝を採集したが、やはりハイガイを見つけられなかった。結局、モースは日本の貝を調べて本にしたリシュケの記録から、長崎にハイガイが棲んでいることを知っただけだった。そのためハイガイに関しては貝塚のものと、現生のものを比較する時、現生の資料はアメリカ人のほかの研究者による

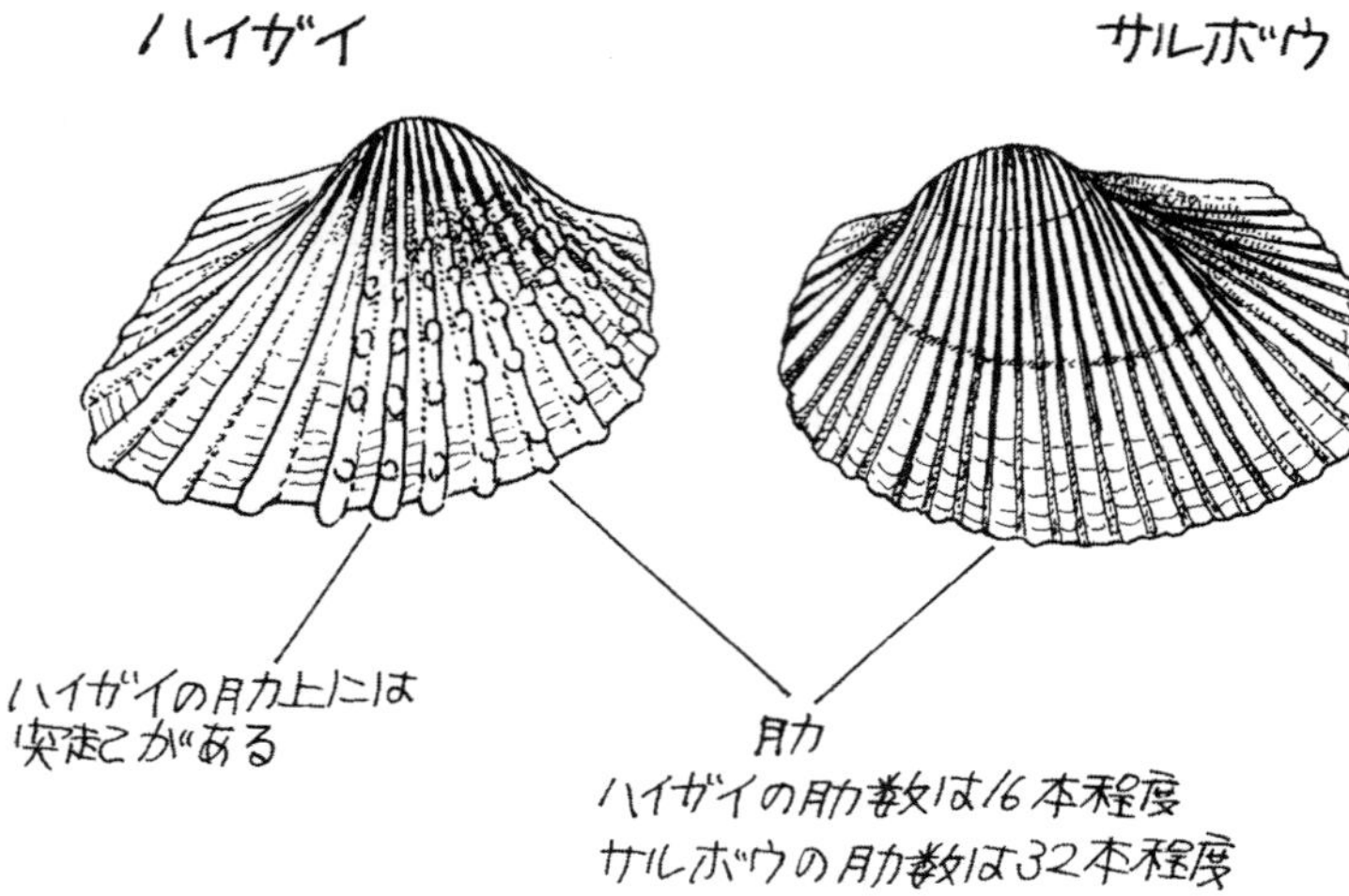

ハイガイ
サルボウ
ハイガイの肋上には
突起がある
肋
ハイガイの肋数は16本程度
サルボウの肋数は32本程度

文献資料に頼らざるをえなかった。

ハイガイは、二枚貝の中の翼形亜綱、フネガイ科に属している。同じフネガイ科の貝で、貝塚から出土しているものに、サルボウとアカガイがある。これらの貝は、同じ科の貝なので、貝殻はよく似ているが、はっきりした違いもある。それは肋《ろく》と呼ばれる、殻頂から貝殻の縁にむかってはしる放射状の隆起した線の本数である。また、ハイガイの場合、肋上のところどころに、小さなこぶ状の突起が並んでいることが、サルボウやアカガイと異なっている。

この肋の本数が、貝塚で見つかるものと、現生のものとで違いがあるとモースは報告している。『大森貝塚』に載っているデータを転載すると、（表８）のようになる。

いずれも、現生のほうが肋の本数が増えている結果となった。

モースはこの点について、『大森貝塚』に次のように書いた。

「いくつかの種に大きさや外形を著しく変化させたのは、時の経過である」

この「時」とはどのくらいの時間なのだろうか。

モースは２３０年前という、はっきりと「時代」がわかっている遺跡から発見された貝殻と比較を試みた。結果、２３０年前の遺跡からはハイガイはまったく見つからず、スガイは一つだけが見つかった。多く見られたのはイタボガキ、ハマグリ、オキシジミ、シオフキ、サルボウなどであり、当時の大森海岸で見つかるものと、種類に違いはほとんど見られず、またそれぞれの貝殻の形状も、現生のものと違いは見つけられなかった。つまりは、貝塚が形成されたのは、もっと

表８　ハイガイとその仲間の肋の数

| 種類 | 貝塚（本） | 現生（本） |
|---|---|---|
| サルボウ | 30・5 | 33・3 |
| アカガイ | 39・6 | 41・2 |
| ハイガイ | 18~20 | 23~26 |

ずっと古い時代のものであるということになる。

モースの大森貝塚に関する研究のうち、貝塚の貝殻に関する研究は、「時」とともに貝殻の形や、貝の分布が変化するのを実証することを目的とする研究だったと言える。

これはどういうことを意味しているのか。

モースは貝塚の貝殻の研究結果を、ダーウィンに送った。

これに対してダーウィンは、モースに次のような一文を書いた手紙を送っている。

「（ハイガイやアカガイ、サルボウ）の隆起線の数が増加しているというのは、すべてではないにしろ相当多くの種において大きさが増したという事実と同様、きわめて注目すべき事実であるように思われます。生物界というのは、なんとまあ、いつも変動状態にあることでしょう！」（「E・S・モースと大森貝塚」小川真理子ほか『生物学史研究』29号）

ダーウィンは、進化の実証例として、モースの報告を喜んだのだ。

モースも、1925年に発表した、自身の手になる最後の論文で、このダーウィンの手紙を公表するとともに、論文を次のような文章で結んでいる。

「アメリカと日本の貝塚を構成している貝の種の、直径比、相対的な大きさ、多寡などに認められる変化は、初期の堆積以来ぼう大な時間が経過していることを示している。（中略）貝殻の形の変化は、十分長い時間をとれば種が変化するという事実の重視すべき一例証である。すなわちこれは進化の重要な事実である」（「E・S・モースと大森貝塚」前掲）

モースは、「時」を越えた貝殻に、生まれて間もない進化論をバックアップする力を見たのである。

現在、貝塚時代に東京湾では普通に見られたハイガイが絶滅した理由については、単純に海水温が低下したためではなく、縄文海進最高期以降のゆるやかな海水面低下とともに、内湾が浅くなり、ハイガイの生息に適さなくなったためという考えが提唱されている。理由は異なるが（モースは土地が隆起したためと考えた）、海が浅くなったためにハイガイが絶滅したというモースの推測は、当を得ていたということになる。

また、ハイガイの肋数を調べた研究からは、同一時代でも数の変異がかなり大きく、肋数から時代の新旧は推定できないという結果が報告されている。一方でハマグリの形態変化の研究から、年代によって殻の形が変化しているという研究結果の報告もある（「Ｅ・Ｓ・モースの大森貝塚における貝類の研究」小池裕子『考古学研究』24巻３・４号）。貝殻の形態変化に関する研究のモースの試みは、今後、さらに検証されていく必要があるだろう。

モースは、貝塚という「大昔」の貝たちについて紹介するために、当時の大森周辺の海岸で見つかる貝たちとの比較を行った。

モースの貝殻の比較研究は、モース自身が予想していなかった結果ももたらした。

モースのおかげで、明治期から現代にかけて、大森周辺の海岸から、どんな貝がいなくなってしまったか、読み取ることができるのだ。モースが大森海岸に立って貝を調べたのは、今から１３０年ほど前のことだ。貝塚が作られてからの数千年間という時間に比べると、ほんのわずかの「時」しか経っていない。けれども、現在の海岸の様子や打ちあがる貝殻を、もしモースが見たら、まさに隔世の感がするだろうと思う。明治期、モースが大森海岸で拾い上げたハマグリやツメタガイの貝殻は、今、大森にあるビーチでは見つからない。

モースの伝記の中には、「今晩フラーの家でビノスガイ（*Venus mercenaria*）の寄せ鍋をした。美味しかった」という、1859年4月1日、モースが18歳のときの日記が引用されている（『エドワード・S・モース　上巻』ウェイマン　中央公論美術出版）。現在とは学名が異なっているが、ここに出てくるビノスガイこそ、ホンビノスガイのことだ（同属に、ビノスガイという別の種類の貝があるので注意が必要。ビノスガイは北日本に在来の貝である）。そんなホンビノスガイの貝殻が、大森周辺の海岸に転がっていると知ったら、それこそモースはどう思うだろう。

## 江ノ島の貝殻

月に一度ほど、仕事や年老いた両親の様子伺いのために上京する。

神奈川の小学生に授業をする機会があって、上京。そのおり、江ノ島に足を延ばしてみた。

新宿から小田急に乗って1時間20分ほど。片瀬江ノ島駅から歩いてすぐ、太平洋に面した砂浜に出る。モースが「亜熱帯の貝殻を拾えた」と感動した砂浜である。いったい、どんな貝殻が落ちているのだろうか。

沖縄と違って、砂浜が黒い。砂浜のむこうに、橋でつながった、周囲約4キロメートルの小さな島が浮かんでいる。江ノ島だ。まずは、イヌを散歩させている人などに混じって、砂浜の波うち際に散らばる貝殻に目をこらす。

マガキの貝殻が多い。サクラガイも落ちている。二枚貝ではほかに、サルボウ、イタヤガイ、チリボタン、オオモモノハナ、カモメガイ、ミゾガイ、バカガイ、トリガイなどの貝殻が拾えた。巻貝では、ツメタガイが多い。ツメタガイの貝殻の中には、ヒラフネガイという別の巻貝がくっついているものもある。ほかにはクマノコガイ、エビスガイ、バテイラ、レイシガイ、テングニシ、キサゴなどなど。

タカラガイは落ちていないだろうかと探してみる。初めて江ノ島周辺で貝殻拾いをしたときには、まったくタカラガイを拾うことはできなかったのだが、2回目に行ったときは、メダカラとオミナエシダカラを拾うことができた。モースもこうした貝殻を拾ったのだろう。

驚いたのは、ミドリイガイの貝殻が多かったことだ。

1987年の夏、タイに旅行をしたとき、タイの海辺のコテージで、バーベキューの具材に、貝殻が緑色をしたイガイの仲間があって、目をひいた。お金がなくてバーベキューは食べることができなかったのだが、コテージのスタッフに頼んで、その緑色の貝殻をもらい、大事に日本まで持ち帰った思い出がある。もともとミドリイガイは西太平洋・インド洋の熱帯海域が原産の貝なのだ。そんなミドリイガイが、江ノ島の対岸の砂浜にたくさん落ちていた。

ミドリイガイが日本で初めて見つかったのは、1967年、兵庫県の海岸でのことだ。翌年には近くの港で、タンカーなどに付着した貝がみつかっている。その後しばらく記録がとだえたのち、関東地方では1985年以降、見つかるようになった。江ノ島で発見されたのは、1988年のことになる。江ノ島周辺で見つかるミドリイガイの殻には段差が見つかる。これは冬場、成長が阻害されてできる阻害輪と呼ばれる成長輪脈である。これを観察すると、拾い上げたミドリイガイが、何歳であるかがわかる。江ノ島周辺でのミドリイガイの最大寿命は4年と推察されている(「ミドリイガイの日本定着」植田育男『黒装束の侵入者』前掲)。もちろん、モースはミドリイガイを拾うことはなかった。大森海岸だけでなく、江ノ島周辺の海も、モースの時代と変化があるのだ(ミドリイガイの仲間で、1920年代に日本に定着したムラサキイガイの貝殻も落ちていた。これもモースが見ることのなかった貝殻だ)。

橋を渡って、江ノ島に向かう。

橋を渡ってすぐの埋立地に、モースを記念する碑が建てられている。碑には「日本近代動物学発祥の地」とある。建立は1985年4月14日。

江ノ島は、古く江戸時代から土産に貝殻を売っている店が立ち並んでいたという。モースがこの島を訪れた当時には、貝細工を売買する店は38軒あり、北は北海道から南は沖縄・八重山にいたるまでの貝殻を取り寄せ、販売していた(「講話　モールス先生を追想す(二)」岩川友達太郎『動物学雑誌』38巻455号)。やはり明治時代、東大の教官を勤めていたヒルゲンドルフが江ノ島の売店でオキナエビスガイという「珍貝」を「発見」したエピソードは有名である。

現在も、江ノ島には貝殻を扱っている土産もの屋が軒をならべている。貝殻ではなく、貝の料理を提供している店も少なくない。

江ノ島に足を踏み入れ、こうした貝や貝殻を扱う店をのぞいて、「ぎょっ」とする。「大あさり　千葉本ビノス貝６００円」という貼紙が目に飛び込んできたからだ。店先の水槽には、大きなホンビノスガイがごろごろと入っていた。この光景もまた、モースが見ることの無かった光景である。

参道沿いの土産もの屋で、売られている貝殻の値段をひやかして見て歩いた。高いところでは、ベニオキナエビスが５万７０００円。深海に棲み、容易に手に入らないニッポンダカラは１万３５００円。一方で、深海産といっても少年時代の僕があこがれ買い求めたリンボウガイは１５０円だった。商魂がたくましいと言うべきか、ミドリイガイを１００円で売っている店もあった。モースの時代と異なっているのは、販売されている貝殻が、日本中どころか、世界中のものにと拡大していること。ためしに３７０円の貝殻パックを購入してみると、ヤクシマダカラ、クチムラサキダカラ、ヒメホシダカラといった南日本で見られるタカラガイに加えて、外国産の巨大カタツムリの貝殻も入っていた。

「どうぞご自由に」

値段のついた貝殻を見て歩いていると、そんな貼紙を見つけた。貝料理の店の前に、貼紙と一緒に、サザエの殻が積まれていたのである。その中から、形のよいものを選んで、もらって帰ることにした。店先で手にとったときは気づかなかったのだけれど、そのサザエの殻に、別の貝がくっついていた。巻貝の仲間であるけれど、巻きがほぐれた貝だ。カサガイとは別の仲間で、裏返してみると、皿状ではなく、スリッパのような形になっている。この貝は、シマメノウフネガイという移入種である。

## 貝殻パックの中身

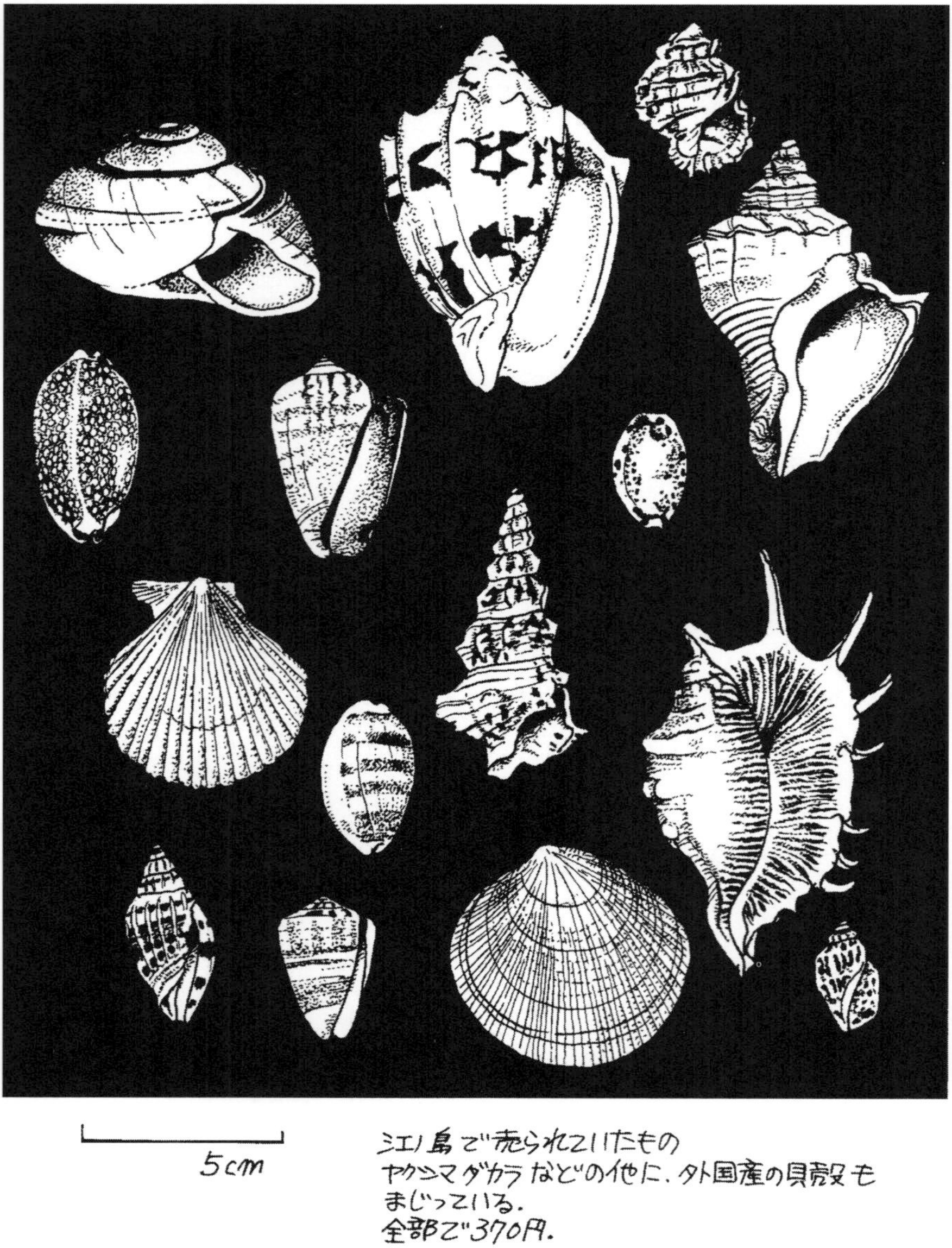

5cm

シエノ島で売られていたもの
ヤクシマダカラなどの他に、外国産の貝殻も
まじっている。
全部で370円。

シマメノウフネガイが日本で記録されたのは1968年、神奈川県・三浦半島の岩浦であるという。1971年には江ノ島でも見つかっている(「相模で採れたネコゼフネガイ」間瀬欣弥『ちりぼたん』5巻6号)。ちなみに、館山で初めてミドリイガイに気づくのは2001年の正月のことであるが、シマメノウフネガイの方は少なくとも1974年から貝殻を拾っている。これまた、モースの出合うことのなかった貝だ。

モースの時代と比較して、拾えなくなった貝殻があるのかどうかはわからなかった。しかし、モースが決して拾い上げることはなかっただろう貝殻は、これだけあった。

モースが江ノ島の海岸をぶらついたら、やはり、隔世の感がするだろう。

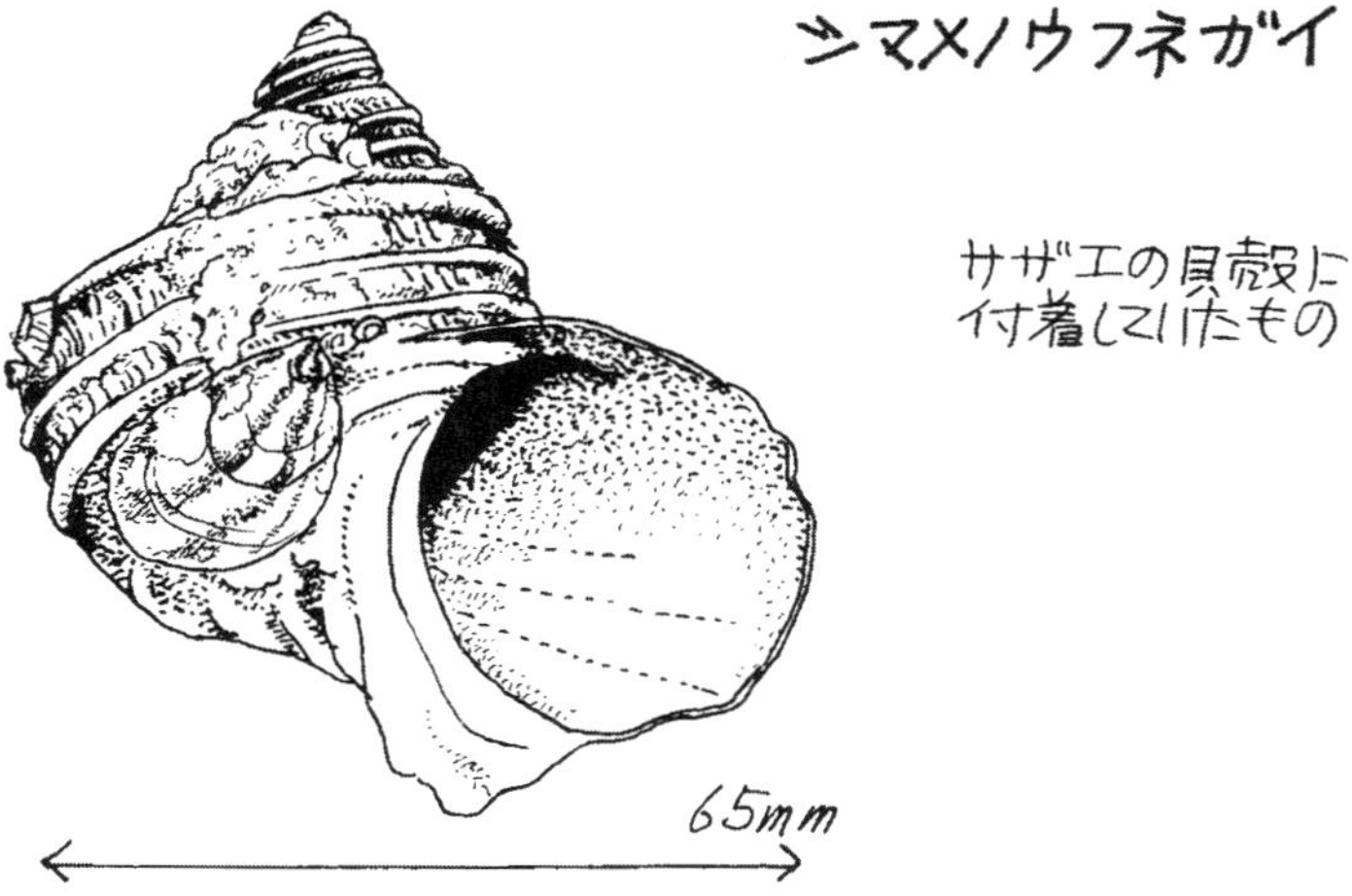

ええ〜っ
モースの叫びが…
こんなんおちてるなぁ…
ホンビノスガイ

# 5章　縄文時代の貝を追う

## 公園の貝殻

少年時代に拾い上げた貝殻を見直していたら、ハイガイに出合った。

そのハイガイは、モースという明治期の「生き物屋」に縁が深い貝であった。モースの見たこと、考えたことを追ってみると、身近に見られる貝たちが時代の流れの中で、二度の大きな変化を迎えているのに気がつく。

ひとつは、縄文時代から現在にかけての、地球規模の気候変動とそれに伴う、海水温や海水面の変動。

もうひとつは、明治以降、現代にかけての環境変化による、在来種の絶滅と移入種の増加。

こうした変化の影響は、なにも貝に限る話ではないだろう。しかし、「貝殻は丈夫である」のだ。そのため、「時」を越えて、変化のさまを僕たちに教えてくれる。

もう少し、そうした貝殻の話に耳を傾けてみたい。

まずは、貝塚の作られた時代の貝たちについて、追いかけてみることにした。

江ノ島に行った折、時間があったので、大森に出向いてみることにする。

JRの大森駅に降り立って周辺地図に目を向けてみると、「大森貝塚遺跡公園」の文字が目に入った。遺跡公園は、駅から徒歩5分ほどの距離にあった。

親子連れの姿や、駆け回って遊ぶこどもたちの集団の姿が見られるところは、遺跡公園といっても、普通の公園となんら変わるところはない。それでも公園の中央には、水が霧状に吹き出る広場があり、その広場を取り囲むように、いくつかの遺跡公園ならではの設備がある。

まず、園内には大森貝塚の碑が建てられている。昭和4年起工。碑には、建立の賛同者として、モースに教えを受けた生物学者である岩川友太郎、石川千代松らの名が掲げられている。眼鏡をかけ、うつむき加減で手にした縄文土器を見ているモースの像も建っている。

また、園内の設備の一つは、地下の地層がのぞけるようになった穴で、穴の表面には貝塚層の断面が姿を現している。地層の表面はコーティングがなされ、貝塚の中に含まれる貝殻が剥げ落ちてこないようになっている。穴の脇に設置された説明パネルには、サルボウ、アサリ、アカニシ、ハイガイ、ハマグリ、イタボガキといった貝塚の主な構成種の貝殻の実物が貼り付けられている。

公園の一端は、土手状になっており、フェンスを隔ててJRの線路が走っている。横浜から東京にむけて鉄道を開設したおりにできた、この切り通しの土手が貝塚発見の現場なのだ。フェンス越しに土手を見下ろしていて、「はっ」とする。フェンスの向こうの土手の上に、白い貝殻が落ちているではないか。それはハイガイだった。縄文時代から「時」を経て、姿を現した貝殻。この地から出土するハイガイは、約130年前、モースが進化の形跡をさぐったものでもあった。こんな貝殻が落ちていることが、何よりも、この場所が特別な場所であることを、僕に物語ってくれるものだった。

公園の地表に目をこらすと、貝塚から洗い出された貝殻の破片が、ポツリポツリと落ちていることにも気がついた。それはサルボウのかけらだったり、スガイの蓋だったりした。ハマグリのカケラではないかと思えるものも落ちていた。モースが『大森貝塚』の中で紹介しているとおりの貝たちである。僕は足元の土の下に埋まっているであろう、ぼう大な貝殻のことを、想像してみた。

## 自然貝層の貝殻

縄文海進期は、今よりも気候が温暖で、そのため海水面が高く、現在の海岸線よりも内陸部まで海水が入り込んでいた。そのため、当時の人々が貝を採って利用した跡である貝塚も、現在の海岸線より内陸部に存在する。あたりまえの話になるけれど、貝塚に残された、人の利用した貝の遺物は、当時、生息していた貝のごく一部だろう。残りの貝は、自然に死んで、砂に埋もれた。そうして死んだ貝たちの貝殻が見つかった場合、これは貝塚ではなく、「自然貝層」と呼ぶ。そんな自然貝層を見に行こうと思いつく。

仕事ついでの上京時、時間を作って千葉県・八千代市に向かう。京成線の勝田台《かつただい》駅で下車。朝の新興住宅地の町並みを歩いて、花見川に向かう。川に下りる道をみつけ、川沿いの道を歩いていく。川沿いには、道脇に、やや黄土色を帯びた砂が露出している場所がところどころにあった。よく見ると、そこに貝殻も混じっていることがわかる。この貝殻は化石だ。ただし縄文時代よりも、もっと古い時代である約十数万年前の、上岩橋層《かみいわはし》と呼ばれる地層に含まれる貝化石だ。見ると、分厚い二枚貝の貝殻のカケラが散らばっている。この貝殻のカケラはどこか見たことがある感じがする。考えてみると、ホンビノスガイのカケラに似ているのだ。探してみると、砂の中に、完全な形をした貝殻が埋まっていた。やはり、ホンビノスガイによく似ている。これは、ホンビノスガイと同じ仲間のビノスガイだ。

ビノスガイの貝殻を拾うのは、初めてのこと。沖ノ島などでは拾えない貝殻だ。というのも、ビノスガイは、北日本に分布している貝なのだ。ビノスガイの貝殻が見つかることから、この地層が堆積した当時は、現在よりも寒流の影響を受けていたことがわかる(ちなみにビノスガイの名の由来は、以前、この貝がモースの日記にもあるように*Venus*属に分類されていたからで、その属名をラテン語風に読んでビノスとした)。他にはエゾタマキガイやエゾタマガイの貝殻も目に入る。

さらに河口にむかって歩いていくと、雑木林の中の砂層に貝殻が散らばっていた。先ほどのビノスガイは見つからず、バカガイやカシパンウニの殻が多い。この見つかる化石の種類からすると、上岩橋層より新しい時代に堆積した、木下層のようだ。現在の館山の北条海岸で普通に拾えるバカガイの貝殻が多いことから、この時期はビノスガイが棲みついていた時期よりもずっと温暖であったようだ。

縄文海進期の地層は、同じ花見側沿いとはいっても、これらの地層とはまた別に出ている。

花見川沿いにかかる天戸大橋と亥鼻橋《いのはな》の間にさしかかったところで、積み上げられた土砂が目に入った。それまでの化石の入っていた砂とは色が異なって、灰色をしている。近寄ってみると、砂ではなく、泥である。どうやら川底を浚渫《しゅんせつ》した泥のように見えた。その乾いた泥の表面に、白い貝殻が点々

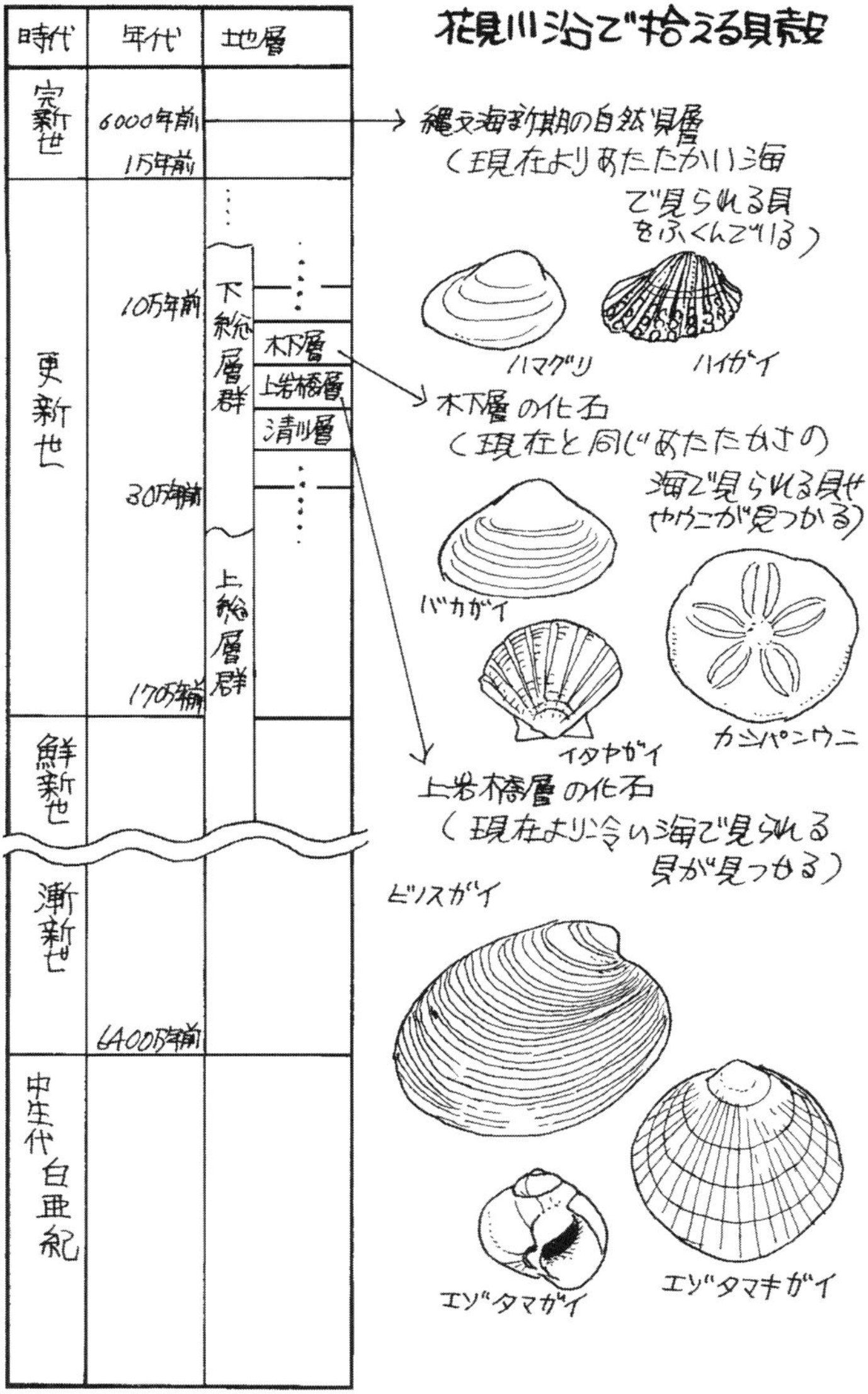
花見川沿で拾える貝殻
時代
年代
地層
完新世
6000年前
1万年前
更新世
10万年前
30万年前
170万年前
鮮新世
漸新世
6400万年前
中生代白亜紀
下総層群
上総層群
木下層
上岩橋層
清川層
縄文海進期の自然貝層
（現在よりあたたかい海
で見られる貝
をふくんでいる）
ハマグリ
ハイガイ
木下層の化石
（現在と同じあたたかさの
海で見られる貝や
ウニが見つかる）
バカガイ
イタヤガイ
カシパンウニ
上岩橋層の化石
（現在より冷い海で見られる
貝が見つかる）
ビノスガイ
エゾタマガイ
エゾタマキガイ

と顔を出している。まず目に入ったのは、マガキ。つづいて、丸っこい貝殻の二枚貝があった。ハマグリである。考えてみると、少年時代にあれだけ貝殻拾いをしたはずなのに、ハマグリの貝殻を拾い上げるのは、これが生まれて始めてであった。さらにハイガイが落ちている。ハイガイの貝殻が落ちていることで、この浚渫泥が、縄文海進期の貝殻を含んでいる自然貝層であることがわかる。そこで泥の上にはいつくばるようにして、夢中で貝殻を拾いあげてゆく。二枚貝のイチョウシラトリや巻貝のヒロクチカノコ、ウミニナ、イボウミニナなどが拾える。

周囲に見えるのは、低い丘陵だったり、田んぼや畑であったりした。周囲を見渡す限り、ここが6000年前には海であったのが、ちょっと信じられない風景である。それでも足元の泥の中の貝殻は、かつてここがハマグリやウミニナの棲むような浅い海であったこと、さらにハイガイが見られることから、今よりも暖かな海であったことを教えてくれる。

この花見川沿いの道は、サイクリングロードになっている。自転車に乗った人々が、次々に、僕の脇を通り過ぎていった。浚渫泥が積み上げられていたところから少し歩くと、道脇にも、貝殻が散乱している。その中にはハイガイも落ちているから、ついつい、足を止めて拾い上げてしまう。ところが、自転車に乗って行き交う人々は、貝殻があまりにも無造作に散らばっているせいか、誰も気にしていない。

「これは6000年前の化石なんですよ。今は東京湾では見られない、ハイガイの貝殻も落ちているんですよ」

僕は自転車に乗って行き交う人たちに、そう、声をかけたくなってしまった。

# 縄文時代の自然貝層（花見川）

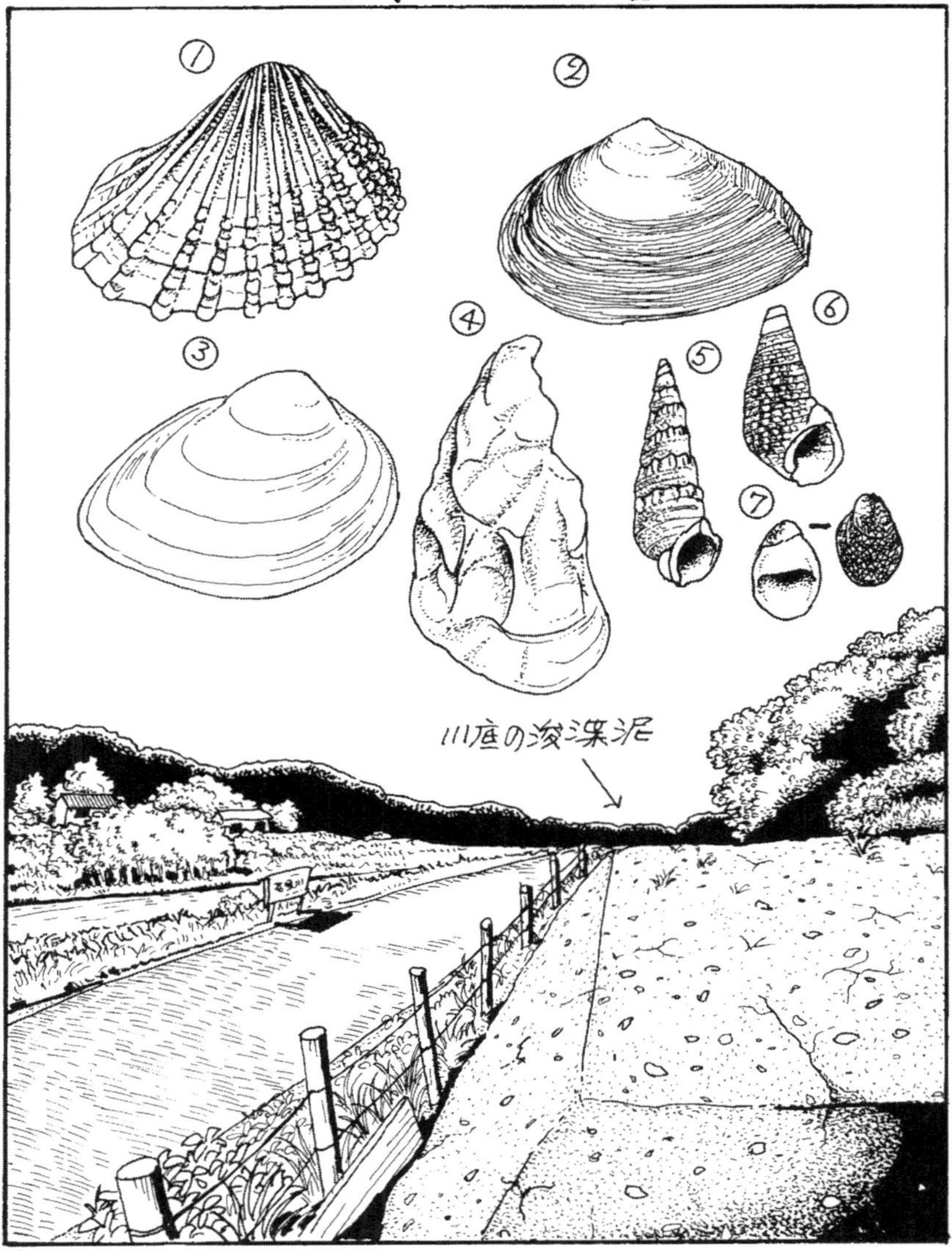


1. ハイガイ　2. イチョウシラトリ　3. ハマグリ
4. マガキ　5. イボウミニナ　6. ウミニナ
7. ヒロクチカノコ

## 砂浜のハイガイ

館山の実家に年老いた両親を見舞う際も、時間を見つけ、貝殻を拾って歩く。その後、再度、北条海岸をチェックしてみたものの、年末のときのように、ハイガイを拾えなかった。代わりに、ハイガイが落ちていたのは、少し予想外の場所だった。

実家の近くには、「沼のサンゴ層」がある。このサンゴ礁の化石は、6000年前の縄文海進期のものだった。子どものころから、あたりまえの光景ではあるけれど、考えてみると、田んぼのあぜや用水路の底に転がっている化石の貝を拾うというのは変なかんじがする。

田んぼやあぜに転がっている貝殻は、田んぼを耕す時など、機械にまきこまれてしまったものか、破損したものが多い。田んぼの中には、レイシガイの仲間やムシロガイの仲間、マガキガイと思われるものが転がっていた。二枚貝ではベニエガイが多い。縄文海進期といっても、花見川の泥の中で見つかる貝とずいぶんと種類が異なっている。「沼のサンゴ層」一帯を見て回っても、ハイガイはひとつも落ちていなかった。

造礁サンゴは、体中に褐虫藻を共生させ、その藻類の光合成産物を自らの成長に利用している。つまり、造礁サンゴは、光がよく届く、透明度の高い浅い水中でなければ、成長が難しい。これに対して、花見川で見つかったハマグリやハイガイは干潟に生息している貝たちだ。だから、「沼のサンゴ層」のあたりを見回っても、ハイガイの貝殻を見ることはない。

ところが、館山の海岸でも、ハイガイを拾うことがある。そうすると、当時の館山周辺の海辺がすべてサンゴ礁であったわけではなく、干潟環境が存在していたということになる。

ただ、これが問題だ。いったい当時、干潟は、どこにあったのだろうと思う。少年時代、僕がハマグリの貝殻を拾ったことがなかった理由には、当時の僕にとってハマグリなんて目じゃなかったということもあるのだが、身近に干潟がなかったことが一番の理由だった気がする。干潟は河口部や湾奥にできるものだけれど、さて?

実家に帰った折に、「沼のサンゴ層」を見て周り、さらについでに平砂浦《へいさうら》の海岸に出向いてみることにした。

貝は環境によって、見られる種類が異なっている。平砂浦は、千葉県をさかさまにした鳥の上半身になぞらえたときは、上くちばしにあたるところにある海岸だった。つまり、太平洋に面している海岸である。外洋に面した海岸では、どんな貝殻が拾えるか、見てみようと思ったわけだ。

この日は、風が強かった。レンタカーの外に出ると、海から吹きつける風が砂浜の砂を巻き込んで、ほとんど砂嵐のよう。上着で顔を覆い、なんとか砂浜まで降り立つ。

砂浜の向こうは、果て無き水平線が見える。太平洋だ。荒れ狂う波に気をつけながら貝殻を拾う。

びっくり。予想もしない貝殻が落ちていた。

それが、ハイガイ。しかもいくつも落ちている。

こんなところに、なぜ干潟に棲んでいる貝の貝殻が落ちているのだろう?

最初のうちは、まったく理由がわからなかったのだが、本(『先史時代の自然環境』前掲)を読むうちに、少しずつ、その理由がわかってきた。

理由は、海進期の、海水の入り込み方にあったのだ。

縄文海進期には、海水面が上昇した。そのとき、海水は、当然のことながら、より低地から入り込む。つまり、川沿いに侵入していった。その結果、「おぼれ谷」と呼ばれる、細長い湾が造られることになった。花見川の自然貝層も、このおぼれ谷に形成されたものだ。だから、とうてい海だったと思えない内陸部に、当時の貝殻が転がっていたわけだ。

おぼれ谷は、湾口が狭いため外洋からの海水の影響を受けにくい。また川沿いの谷に海水が入り込んで造られた地形だから、当然、川から土砂の堆積作用を受ける。結果、浅い、内湾干潟が作られることになる。

現在も縄文時代も平砂浦が外洋に面しているという位置関係は変わっていない。けれども、おぼれ谷が存在すれば、干潟が形成され、ハイガイは生息が可能になったということだろう。

逆に、僕の実家近辺にサンゴ礁が形成されたわけとして、『先史時代の自然環境』は、「湾口が広く、外洋水の影響を受けやすかった」ことと、「背後の山の地層が固く、かつ大きな川がなかったために、堆積作用が少なかった」ことを理由にあげている。そのため、南の島の海岸のように、サンゴ礁が形成されたというわけである。

## 温暖種の２グループ

縄文海進期には、「温暖化」と「おぼれ谷の形成による干潟の出現」というふたつの作用が見られたことがわかった。その両方、または片方の作用で、現在とは異なった種類の貝が、当時は見られた。『先史時代の自然環境』には、縄文海進期の貝化石の研究から、縄文海進期には関東地方には分布していないような「温暖種」が分布していたことがわかっているが、さらにその温暖種は出現の仕方によってグループに分けられるという研究結果を紹介している。

関東地方の温暖種は、その消長のしかたから２グループに分けられるという。

ひとつは９５００年前に出現するが、５０００年前ごろを境に急に姿を消すか、分布が限られてしまう種類。代表種は、ハイガイのほか、シオヤガイとコゲツノブエ。これらは現在、南日本以南に見られる種類で、亜熱帯種ということができる。

もうひとつは、６５００年前ごろから見られだし、４０００年前ごろまでという、比較的短期間のみ見られた種類。代表種は、カモノアシガキ、チリメンユキガイ、タイワンシラトリ。これらは現在、熱帯域に分布する種類で、熱帯種ということができる。

興味深い点は、亜熱帯種は熱帯種より早く出現している（水温がピークを迎える前の９０００年前）のに、熱帯種がまだ分布しているころ（５０００年前）に、すでに見られなくなっていることだ。この点について、『先史時代の自然環境』では、５０００年前、亜熱帯種が消滅していったのは、水温の低下ではなく（まだ熱帯種は生息可能であったわけだから）、生息環境の消滅が原因であろうと指摘している。その消滅した生息環境こそ、おぼれ谷などに形成された干潟である。

「縄文海進期の最盛期以後は、海面の停滞や小規模な低下と上昇の繰り返しにより、これまで形成されていた泥底の干潟は沼沢化し、さらに三角州や砂州、砂堤の発達によって埋め立てられて砂底に変わり、やがて陸化し、消失してしまいました」（『先史時代の自然環境』）

ここに書かれている作用が、モースの見た、大森貝塚と明治期の大森海岸の貝の種類の違いも生み出したということになる。

ハイガイは関東地方以北でも、縄文海進期には生息していた。

仙台湾周辺では７５００年前から２７００年前まで生息しており、また青森県の八戸市の貝塚からもハイガイは見つかっているという（『先史時代の自然環境』）。

## 沖縄島のハイガイ

ハイガイの分布を図鑑で調べると、伊勢湾以南となっていた。

もちろん、沖縄島はより南に位置している。つまり、温度的にはハイガイの分布域内だ。実際、沖縄島の海岸でハイガイの貝殻を拾い上げることができる。しかし、沖縄島ではハイガイは絶滅種である。

ここまで考えてくると、沖縄島からハイガイが絶滅したのは、温度条件ではなく、生息環境が変化したためだろうということになる。

資料を探してみたところ、また、「えっ」と思う報告にいきあたった。

沖縄島近海の海底の浚渫泥《しゅんせつ》から、新種のウミマイマイが見つかったという報告である。

先に巻貝は3つのグループに分類されているという話を紹介した。そのグループのひとつが、カタツムリの含まれる有肺類である。その有肺類の中の海に棲んでいる種類にウミマイマイと呼ばれる貝がある。

カタツムリには、殻の口に蓋がない（陸に棲んでいる貝で、蓋があるのは有肺類のカタツムリとは別のグループの貝だ）。有肺類は、蓋を退化させた巻貝なのだ。ところが有肺類の中にあって、蓋を持つ例外的な貝が、ウミマイマイの仲間なのである。そのことから、ウミマイマイの仲間は有肺類の中で、最も原始的なグループと考えられている。また、こうした特徴から、ウミマイマイの仲間は、フタマイマイ科と名づけられている。

フタマイマイ科は、世界から10種ほどが知られていて、有明海から知られている日本産のウミマイマイという種類は、フタマイマイ科の中では、最も北に棲んでいる種類である。そしてこの、有明海特産とされるウミマイマイ、唯一種が日本産のフタマイマイ科の貝と思われていた（「巻貝類Ⅱ―ウミマイマイ」福田宏ほか『有明海の生きものたち』佐藤正典編）。ところが、あらたなフタマイマイ科の仲間と思われる貝殻が、沖縄島近海の浚渫泥の中から見つかったのである。

ウミマイマイの一種が見つかったのは、沖縄島中部にある中城村の港湾建設現場と、那覇市にある漫湖《まんこ》の橋の建設現場で見られた浚渫泥中であった。

発見されたウミマイマイの一種の貝殻は、有明海産のウミマイマイや、タイ産のフクレウミマイマイと比較されたが、いずれとも異なっており、今まで学会に報告されたことがない、新たな種であることがわかった。このウミマイマイの一種が見つかった泥中からは、ハイガイの貝殻も見つかった。つまりは現代に生息している貝ではなく、過去に堆積した泥の中から発見されたものであり、結果、絶滅種であろうと結論されている。

ウミマイマイの仲間が生息しているのは、「海水中に懸濁した粘土質の細かい粒子が満潮時に沈降して干潟が成長するような堆積環境」である。「こうした軟泥質の干潟は大河の流入するような環境」に発達しやすいと、同報告にある（「沖縄島の浚渫泥から採集されたウミマイマイ属の一種」名和純ほか『ちりぼたん』29巻1・2号）。このようなウミマイマイの一種が生息できるような干潟が、大きな河川のない沖縄島にあったというのは、驚きである。

この報告には結論として、ウミマイマイの一種が沖縄島から発見され、かつ、この種がすでに絶滅していることから、「このことは過去において沖縄島の沿岸に軟泥質の干潟が現在よりも広範な規模で存在したことを示唆する。そしてその後、底質環境などの生息条件の変化によって同種は沖縄島から姿を消した可能性が高い」という考察がなされている。これはウミマイマイの一種が絶滅したことについての考察だけれども、同じ理由は、沖縄島のハイガイの絶滅にも当てはまるだろう。やはり、生息環境の変化が、沖縄島のハイガイを絶滅においやったのだ。

それにしても、沖縄といえば、青い海、白い砂浜をすぐに思い浮かべる人が多いだろう。それなのに、沖縄の島々にも、干潟を好むハイガイが棲んでいた海辺があったのだ。それも館山のハイガイが棲んでいたような、小さなおぼれ谷ではなく、ウミマイマイの一種の存在からすると、沖縄島の干潟は、有明海のような広大な干潟であったのだ。

この報告を読んで、当時の干潟の様子を知りたくなる。ハイガイはもとより、ウミマイマイの一種の貝殻も、ぜひみつけてみたい。ただ、残念ながら、報告は10年以上前に書かれたものだった。ハイガイやウミマイマイの一種は、工事現場の浚渫泥の中から見つかったとある。すでにその工事は終了してしまっているだろう。まだ、浚渫泥は見られるのだろうか。とりあえず、漫湖なら大学からもすぐ近い。授業の合間をぬって、出かけてみることにした。

那覇空港から首里にむかってモノレールに乗ると、空港から３つ目で奥武山公園駅に着く。その公園が接しているのが漫湖だ。国場川の河口部がひろがって湖状になっているもので、岸辺にはマングローブの林が繁茂している。

潮の加減も見ずにでかけたら、満潮時だった。湖とはいっても、河口部が広がってできているので、潮の影響を強くうける。満潮時には海水があがってくるから、湖畔で貝殻を探すのは難しいかと思った。ところが、車道から湖畔に降りてすぐに、ハイガイの貝殻が落ちていることに気がついた。なんだか、あっけない。波打ち際も見てみたが、どちらかというと、より陸域に、ハイガイの貝殻が落ちている一帯がある。どうやら、ハイガイの貝殻を含む地層は、湖底にあるよう。先の報告にもあったように、工事に伴った浚渫泥を湖畔に積み上げたものが、まだ一部だけ残されていたのだ。

ハイガイと一緒に、浚渫泥に入っていたと思われる、カニノテムシロやイボウミニナの貝殻も転がっていた。ただ残念なことに、ウミマイマイの一種らしきものは見つけられなかった。有明海で見られるウミマイマイの貝殻も見たことがないから、探しあぐねてしまう。

沖縄島に暮らすようになって10年。空港の行き来の度にモノレールやタクシーの車窓から漫湖を眺めたことは何度もあった。けれど、湖畔に「時」を物語る貝殻が転がっているなんて、ついぞ考えたことがなかったのだった。

## 拾えない貝殻

沖縄島から飛行機に乗って1時間、さらに船に乗り換え1時間弱で西表《いりおもて》島・上原港に着く。

この上原港の近くの海岸に、海岸線と平行して見られる、土の崖がある。その崖の一部に、貝殻やイノシシ、魚の骨が散在している層が見える。貝塚である。貝塚を覆う土が波で洗われて崖状になり、中に含まれている貝殻が見えるようになったものだ。波に洗いだされて、海岸に散らばっている貝殻や骨もある。貝塚とはいっても、中には土器だけでなく、陶器のカケラも含まれている。骨の中には、ウシの骨もあった。大森貝塚は6000年前の貝塚であったけれど、こちらはもっとずっと時代が下がって、おそらく500～600年ほど前のものではないかと考えられた。

貝塚中の貝殻の種類も、大森貝塚とはずいぶん違っている。

大型のタカラガイやイモガイの仲間の貝殻が含まれているのが、南の島の貝塚らしいところだろう。

貝塚の遺物（西表島）

1. ホシダカラ　2. リュウキュウヒルギシジミ
3. アラスジケマンガイ　4. センニンガイ　5. ウミガメ類（甲らの骨）
6. イソハマグリ　7. イノシシ　8. サメ類（椎骨）

タカラガイの中で目立つのは、大きなホシダカラだ。ホシダカラは、いずれも貝殻の背の部分が、肉を食べるために打ち欠かれている。大型のイモガイ類も、殻頂部が打ち欠かれている。このほかに、大型のサザエ類であるヤコウガイや、ラクダガイ、サラサバテイといった貝殻も見ることができる。

二枚貝で目立つのは、ヒルギシジミの仲間だ。西表島には2種類のヒルギシジミがいる。シジミといっても、ヒルギシジミの仲間は、貝殻の大きさが手のひらサイズにもなる、ジャンボシジミだ。西表島には広いマングローブ林があるが、ヒルギシジミの仲間は、このマングローブ林を住処にしている。西表島のおばあさんに話を聞くと、西表島・干立《ほしだて》では、このヒルギシジミの仲間をキゾーと呼んで食用にしていたという。ヒルギシジミの仲間はマングローブの泥の中にもぐりこんでいるため、採集するには、泥の中を鎌で突き刺し、貝の居所を探ったそうだ。ためしに食べてみると、味はいい。ただ、大きな貝殻に対し、肉は煮ると驚くほど小さくなってしまう。

貝塚の中から見つかる二枚貝で、もうひとつよく目につくのは、シャコガイの仲間だ。ヒメシャコガイ、シャゴウガイといった、現在でも海岸で貝殻を目にするシャコガイの仲間もあるが、ひときわ大きな貝殻は、海岸では見たことのないシャコガイに思えた。貝殻の差し渡しが46センチメートルもある。これだけ大きいと片方の貝殻だけでも、かなりの重さだ。

シャコガイの仲間には、世界最大のシャコガイであるオオシャコガイという種類がある。これはひょっとして、オオシャコガイのこどもではないのだろうか？

そんな風な思いが頭をよぎる。

さりとて、持って調べるには、ずいぶんと重い。

# ヤコウガイ

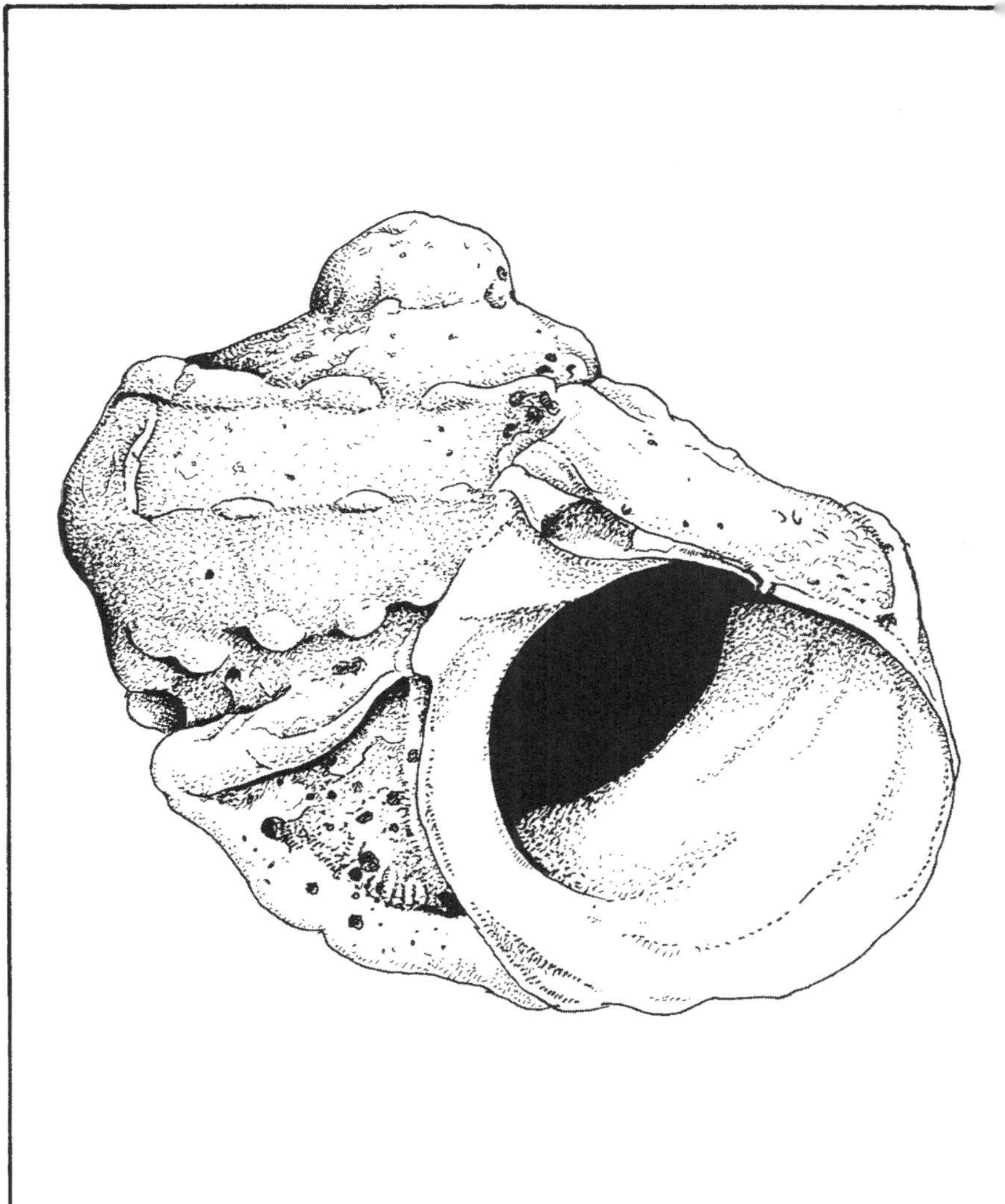


世界で一番大きな
サザエの仲間

## シジミ

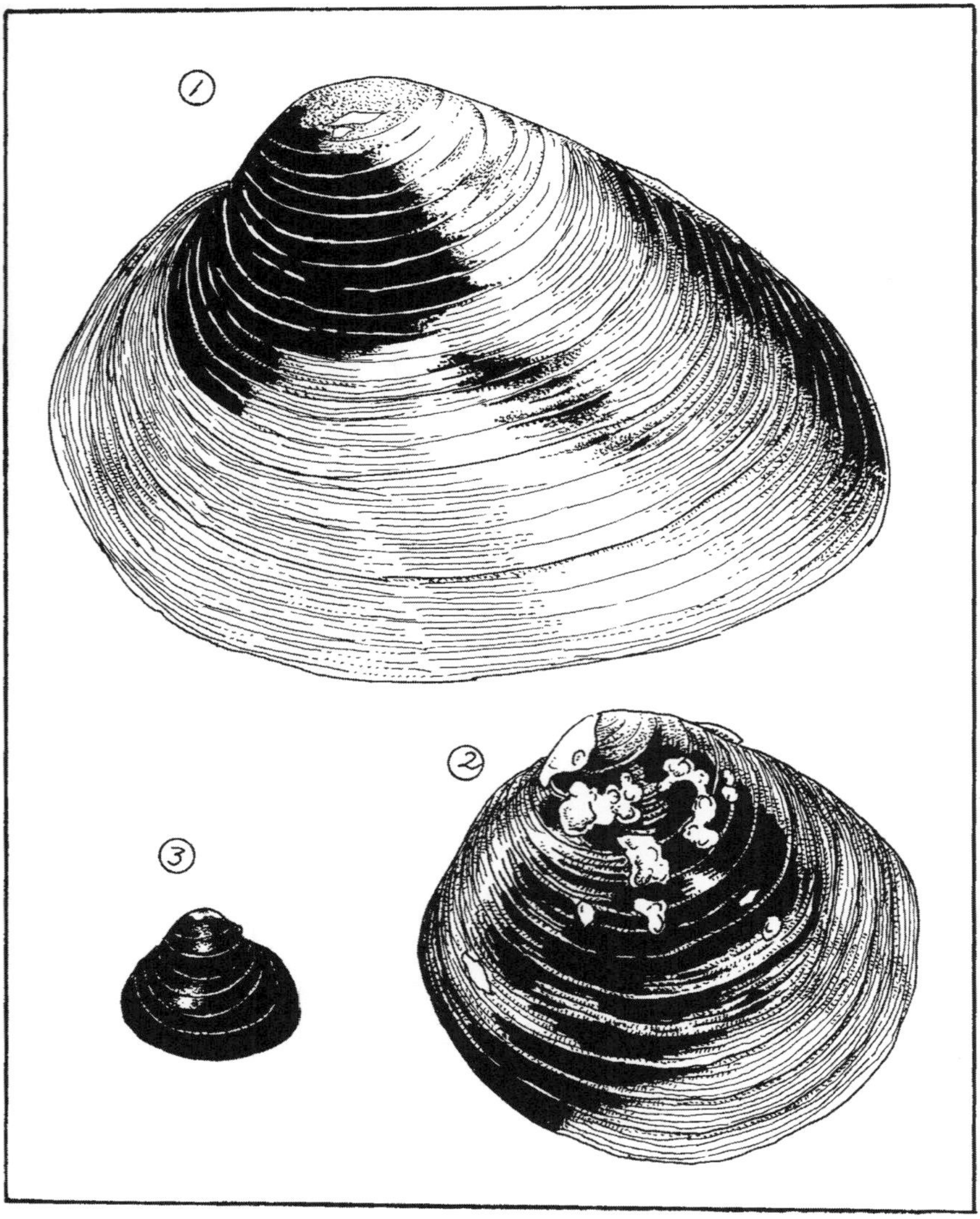


1. ヤエヤマヒルギシジミ
2. リュウキュウヒルギシジミ 3. ヤマトシジミ

しばらくなやんだあげく、海岸から千葉の博物館にいるクロズミさんのところまで、電話をした。

「こんな状態で、大きなシャコガイを見つけたんですけど、これはオオシャコガイのこどもじゃないでしょうか?」

電話口で状況を説明した。

答えは否。

上原の貝塚の中からオオシャコガイが見つかることはないという。

結局、僕の見つけた大きなシャコガイは、ヒレナシシャコガイという種類だった。図鑑を見ると、「稀」と書いてある。ただ、貝塚が作られた数百年前は、今よりヒレナシシャコガイが多かったのだろう、海岸にはいくつもの貝殻が洗い出されて、転がっていた。再び、しばし、悩んだけれど、一つ、ヒレナシシャコガイの貝殻を拾って帰ることにした。一つだけでも、かなりの重さだ。

貝塚の大きなシャコガイは、オオシャコガイではなかった。ところが上原の海岸には、正真正銘のオオシャコガイも落ちていた。

オオシャコガイの貝殻は、沖縄のみやげ物屋の店先に、客寄せによくおいてあるものを見かける。しかし、沖縄の海には現生のオオシャコガイは見られない。みやげ物屋の店先に置かれている、きれいな貝殻のオオシャコガイは、海外から持ち込まれたものである。

海岸に落ちているオオシャコガイの貝殻は、なかなか気づけない。上原の海岸は、それまで、何度も歩いたことのあるはずだったけれど、そのときまで、僕はオオシャコガイの貝殻がその海岸に落ちていることに気づかなかったのだ。オオシャコガイの貝殻に気づかない理由の一点目は、貝殻が浅に気づきにくい第二点目は、長年、海の中に転がっていたせいで、貝殻の一部が欠け、藻も生え、一見、貝殻だとわからない状態になっているためである。

最初にひとつ、これは変な岩だなと思い、よくよく見て、オオシャコガイの貝殻だと気づく。そうなると、次のオオシャコガイの貝殻が目に入る。探してみると、見た範囲だけでも少なくとも12個のオオシャコガイを見つけることができた。こんなにあったのかと、驚いた。

オオシャコガイの貝殻が、「海岸に落ちているもの」という認識は、それまでなかった。落ちている貝殻なら、拾って、持ち帰れる……。「やった」と思う。だって、貝殻を拾うことこそが好きなのだから。けれど、とうてい拾えない。あまりに重くて、持ち上げることさえ出来ないのである。悔しいけれど、どうにもならない。それでも、探し回って、持って帰れるぐらいの小さなカケラを拾い上げて、満足した。

オオシャコガイの生きた姿は、西表島のサンゴ礁でも見ることはできない。現在は、フィリピン近海など、もっと南にいかなければ、姿を見ることはできない貝である。つまり、上原の海岸に転がるオオシャコガイは、「時」を旅してきた貝殻なのだ。その「時」とは、縄文海進期。石垣島で見つかったオオシャコガイの貝殻は、年代測定をしたところ4500年前のものだったという。八重山の海岸で見つかるオオシャコガイの貝殻は、縄文海進期の「温暖種」のひとつなのである（「琉球列島の環境変化を貝類から探る」黒住耐二『考古学ジャーナル』577号）。上原の貝塚はオオシャコガイの生息していた時期よりも、ずっと後に作られたものだ。だから、貝塚の中からは、オオシャコガイの貝

## シャコガイの仲間

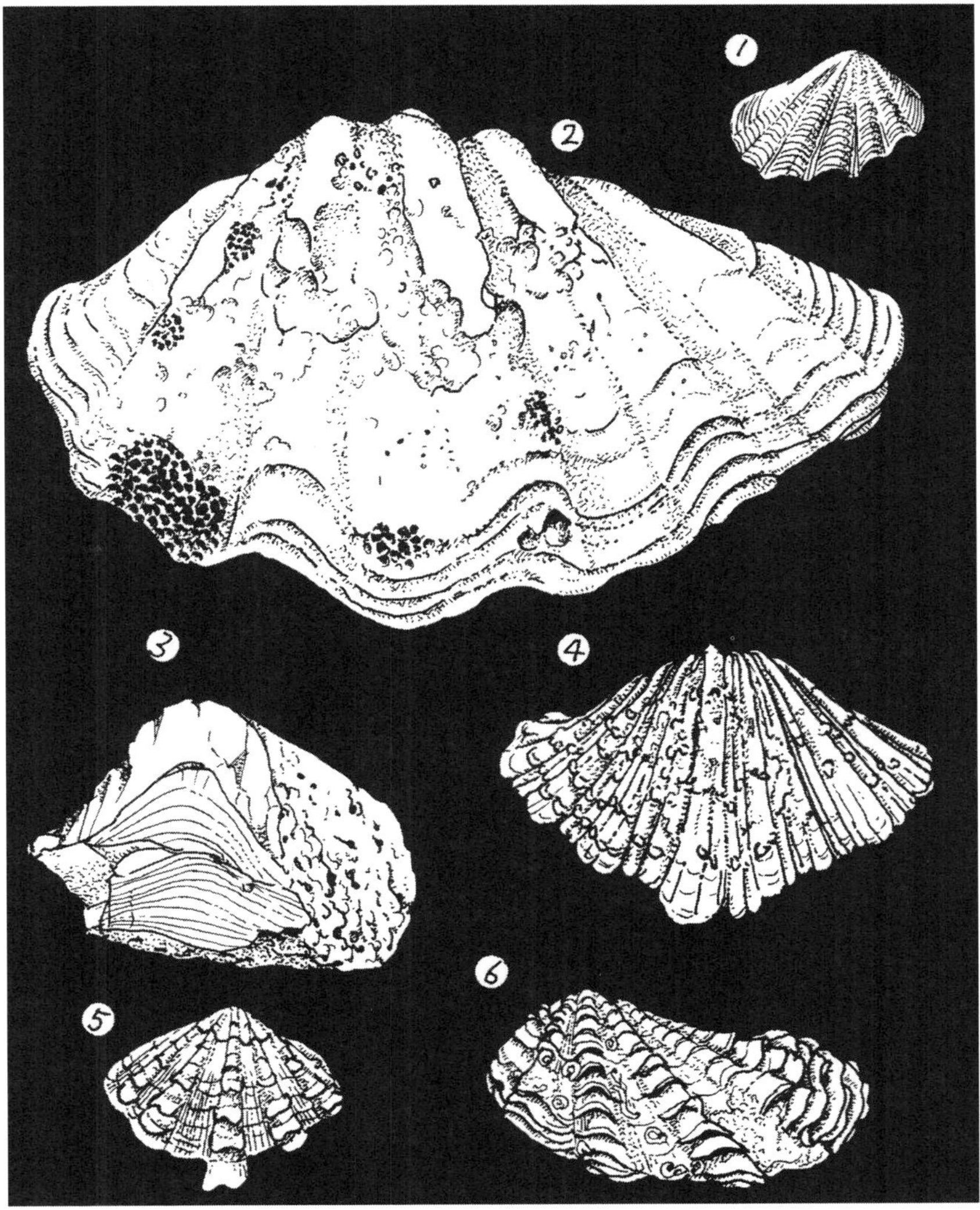


10cm

1. ヒメシャコガイ　2. ヒレナシシャコガイ
3. オオシャコガイ（破片）　4. シャゴウガイ
5. ヒレシャコガイ　6. シラナミガイ

殻は見つからなかったのだ。

上原と並ぶ、西表島の海の玄関口、大原港のほど近くに「もともり工房」という名前のみやげ物屋がある。この店先に、巨大なオオシャコガイの貝殻が左右そろって置かれている。店主のモトモリさんとは顔なじみだったが、上原の海岸にオオシャコガイの貝殻が落ちていることに気づいて、はじめて店先のオオシャコガイの由来を聞いてみることにした。

「これ、おじさんが拾ったの？」

「違うよ。他の人が見つけたやつを買いとったんだよ。古見《こみ》のあたりの海岸で、でたやつだよ。片方の貝殻だけで150キロあまりの重さがあるよ。オオシャコガイの貝殻は、復帰前はいっぱい落ちていたよ」

そんな話を教えてくれる。モトモリさんによると、復帰前はオオシャコガイの貝殻は1つ5ドルで売られていたという。当時、モトモリさんの日当が1日2ドルだったから、今で言えば1万円ぐらいのものではないかという。

「オオシャコガイの貝殻が、5ドルで売れた時代、大阪に持っていったらしい。山積みにしてね。それでどっかで飾られた後、碁石にするといいと言うんで、碁石になったんじゃないかな」

モトモリさんは、そう言った。

「碁石……」

オオシャコガイの貝殻から、すぐに連想できる単語ではなかった。

どこかの家の床の間に、西表島の海岸に転がっていた、縄文海進期から「時」を経てきたオオシャコガイの貝殻で作られた碁石が、それと知られずに置かれていたりするのだろうか。そう思うと、なんとも、不思議な気がした。

## 田んぼの貝殻

縄文海進期、八重山のサンゴ礁には、現在はフィリピン近海で見られるオオシャコガイが棲みついていた。では、縄文海進期の「温暖種」の代表であるハイガイは?

不思議なことに、八重山からはハイガイはまったく見つかっていないと、クロズミさんから送ってもらった資料に書かれている(「琉球列島の環境変化を貝類から探る」前掲)。

縄文海進期に関東地方で「温暖種」が生育できたのは、温度と生育環境との両方に理由があった。オオシャコガイはサンゴ礁の貝である。一方、ハイガイは干潟の貝だ。となると、八重山の島々には当時、干潟がなかったということになるのだろうか。しかし西表島には、仲間川や浦内川のような、大きな河川があり、その河口部にはマングローブの生育している広い干潟がある。そのことからすると、当時の八重山の島々に干潟がなかったというのは考えづらい。いったいどういうことなのだろうか。

貝殻に潜む「時」に気づくまで、僕は干潟で貝殻を拾うという経験がほとんどなかった。西表島には何度もいったことがある。マングローブの生える干潟も歩き回ったことがある。しかし、干潟で貝殻をちゃんと見たことがない。西表島の干潟に貝殻を拾いに行かなくてはと思う。

ちょうど、石垣島に仕事ででかける機会があった。そのついでに西表島に足を延ばす。折悪しく風が強く雨模様の天気ではあったけれど、贅沢は言えない。それに貝殻を拾うのは、雨天でもできる。レンタカーを借りて、島の干潟周辺を回って歩く。古見のマングローブ林で、僕にとっての発見があった。

古見集落は、集落の前後を川にはさまれている。その河口部にはマングローブ林が広がっている。道を走っていて、道脇のマングローブ林の一部が、伐採されているのが目にとまった。伐採された跡地は、泥が見える。

僕が探しているのは、干潟に棲む貝の貝殻だ。それも縄文海進期のもの。となると、場合によっては、地層の中に埋まっていることが考えられる。漫湖のハイガイは、湖底の泥に含まれていた。同じように、西表島の場合も、マングローブ林の泥の中を見てみたら、「時」を越えた貝殻が見つかるのではないだろうかと思っていた。工事のため、伐採されたマングローブ林を見た時、ひょっとしてという思いが僕の中に湧いた。

雨の中、車を降りて、伐採跡地に足を踏み入れる。

マングローブ林周辺に棲む、オキナワアナジャコという甲殻類がいる。一見、エビのようだが、エビとは異なって、スナホリガニやカニダマシ同様、ヤドカリの親戚筋にあたる生き物だ。これまたカニ屋のハセガワさんが大好きな生き物だ（オキナワアナジャコのラジコンが欲しいなどと言いだすしまつ）。このオキナワアナジャコは、泥の中に巣を掘り、泥の中の有機物を食べて暮らしている。そして食べ終わった泥や、トンネルを掘ったときに出る泥は、巣の入り口に塚のように積み上げる。そのため、オキナワアナジャコの塚の表面には、泥の中に埋まっている異物が顔を出す。このことを知っていたので、オキナワアナジャコの塚に注目してみた。

読みが当たる。

塚の周囲に、いくつも二枚貝の貝殻が落ちている。シオヤガイの貝殻だ。今回、西表島に渡るにあたって、拾うことを目標としていた貝殻である。

シオヤガイは干潟に棲む貝である。貝殻の後部のほうが、少しとがった独特な形をしているので、初めて拾っても、すぐにそれとわかる。

その後、大原周辺の田んぼにも行ってみる。西表島の田んぼは、マングローブ林と隣接していることが多い。そのため、田んぼの畦にまで、オキナワアナジャコの塚があって驚かされるのだが、大原の田んぼは、現在はすっかり整備されてしまい、畦にはオキナワアナジャコの塚は見当たらなくなってしまっている。それでも、かつて塚があった名残か、畦を見て歩くと、シオヤガイの貝殻が転がっていた。田んぼの脇の用水路には、オキナワ

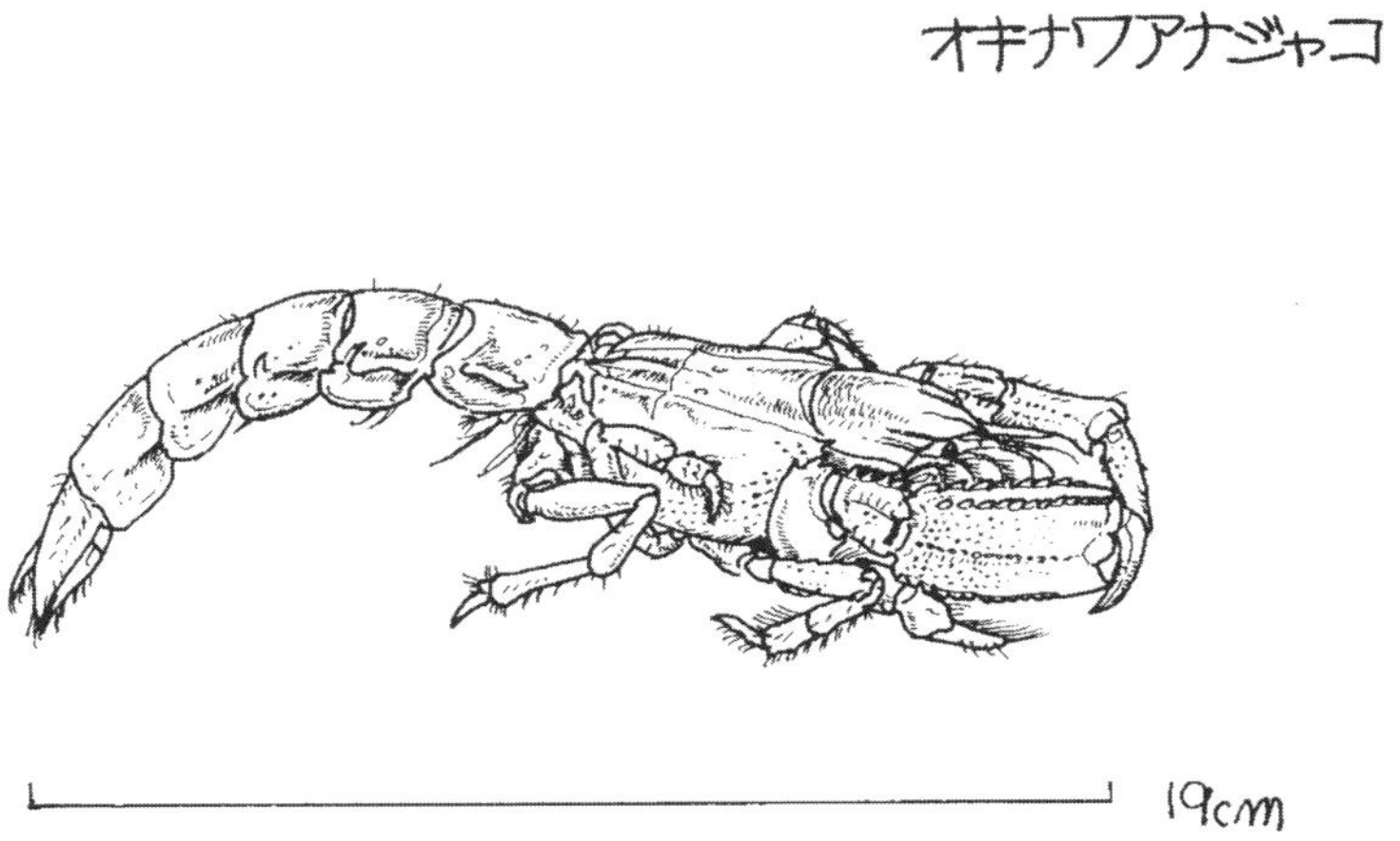

アナジャコが健在で、その塚の周辺には、シオヤガイやコゲツノブエの貝殻が散らばっていた。

シオヤガイを拾うことを目的としていたのは、クロズミさんに送ってもらった資料の中に、「シオヤガイは、西表島東部の各地で完新世と考えられる化石は各所で得られるが、現生個体は宮古・八重山両諸島からも得られていない」（「琉球列島の環境変化を貝類に探る」前掲）とあったからだ。

完新世というのは、1万年前以降、氷河期が終了して現在までつづいている時代のことで、何度も書いているように、その中の約6000年前には、縄文海進期があった。つまり、西表島で見つかるシオヤガイは、オオシャコガイと同じく、縄文海進期の干潟に棲んでいた貝だ。このことから、縄文海進期にも、西表島には干潟があったことがわかる。そうすると、なぜ、西表島を含む、八重山の島々からは、ハイガイの化石が見つからないのだろうか。

先に紹介しているように、このシオヤガイは関東地方の縄文海進期に見つかっている「温暖種」のひとつで、ハイガイ同様、温暖種の中の亜熱帯性種のグループに属している。関東地方では、その後、絶滅してしまうが、九州の宮崎県には、現在もシオヤガイの生息が見られる干潟がある。

おもしろいことに、シオヤガイは、沖縄島では、化石も現生も見つかっていない。

これとは逆に、ハイガイは、八重山の島々からは、化石も現生も見つかっていない。

これは同じ理由の裏返しの現象なのだろう。

どうやら、縄文海進期というのは、単純に南の貝が、北まで分布を延ばしていたということではないようだ。

その謎が解けるまでには、まだしばらく、貝殻拾いが必要だった。

# 6章　消えた貝

## 屋久島の貝殻

仕事で屋久島に行くことになった。それにあわせて、貝殻拾いをしてみようと思う。世界遺産の島、屋久島は縄文杉を抱える深い森の存在で有名だ。僕も、年に一度は屋久島を訪れ、その森の中を歩き回っている。しかし、屋久島で貝殻を拾おうと思ったことがない。さて、屋久島では、どんな貝殻が見つかるのだろう。

沖縄から飛行機に乗って鹿児島へ。ここでさらに飛行機を乗り換え、屋久島へと向かう。屋久島についたのは、すでに夕方であった。

屋久島で民宿を営んでいるサブローさんのところで、貝にまつわる話を聞いてみることにした。屋久島の人々と貝とのあいだに、どんな関わりがあるのだろうか。

縄文時代の昔から、人は貝を採って食べてきた。大森貝塚を作った人々は、当時、東京湾沿岸に発達していた干潟に棲む貝を採って食べていた。が、屋久島には干潟の貝なんて棲んでいなそうである。

「屋久島では、イソモンと呼んでいるトコブシを採るのがメイン」

サブローさんが、そう言う。トコブシはアワビの仲間の貝だ。岩場に棲む貝である。どうやら屋久島では、人々は磯の貝との関係が深いようだ。

「あと、採るのはヤクシマダカラやハナビラダカラ。こうしたタカラガイはウマンコと呼んでいるよ。ヤクシマダカラはクロウマンコ、ハナビラダカラはシロウマンコって言うよ」

「汁にして食べるんですか？」

「汁にして、貝も殻を割って食べる。最近だとニッパーで殻を割っているよ。タカラガイは、身が軟らかくっておいしい。トコブシと違って、素手で採れるしね。ニーシといって苦味のある巻貝も採って食べるよ。苦味があるから、これは大人の味だね」

ニーシと呼ばれているのは、レイシガイの仲間のことである。タカジイと呼ぶのはギンタカハマのこと。また、小型の巻貝は、総称としてミナと呼ばれた。アカミナと呼ぶクボガイ、クロミナと呼ぶクマノコガイ、コメミナと呼ぶイシダタミ、ツメミナと呼ぶアマオブネ類などが代表的なミナである。カサガイの仲間のヨメガカサもミナの中に入れられていて、オッチョンコミナと呼ぶと言う。

「昔、ヤコウガイのことは屋久貝とも書いたらしいですけど、ヤコウガイは採って食べますか？」

「これは深さが10メートルくらいのとこにいるから、専門に採る人がいて、僕はその人から買って刺身で食べるよ」

こうした貝たちは、みな磯で見られる貝である。ためしに、アサリやシジミは食べることがあったか聞いてみた。

「屋久島で貝を採って食べるといったら、主にイソモンかウマンコかミナ。二枚貝は少ないなぁ。ハマグリみたいな白い二枚貝が採れることは採れるけれど、珍しい。二枚貝は主流じゃあなかったね。アサリとかシジミは高校生になるまで、知らなかったなぁ」

屋久島は貝の利用に関しては、巻貝文化であるのだ。

「そういえば」とサブローさんが、言った。

食用にしていた貝で思い出したものがあると言うのである。

「宮之浦川の河口に、コエタンゴミナと呼んでいた貝がいたな。大きさは1センチぐらい。これをゆでて、針で身を取って食べる」

屋久島で一番大きな町、宮之浦は宮之浦川の河口部に位置している。サブローさんの家も、川からほんの数分のところだ。花崗岩質の屋久島を流れ下る川の水は清い。上流に行けば、ど

の川の水もそのまま汲んで飲むことができるし、河口部といえども、透明度は高い。

「コエタンゴミナは川原の砂浜みたいなところにいっぱいいたんだよ。ちょうどそれが、肥を運ぶ桶……コエタンゴを洗う場所に近いところでね。それでコエタンゴミナという名前になったんだ」

そのコエタンゴミナは、まったく姿が見られなくなった貝なのだとサブローさんは話を続けた。

「コエタンゴを川で洗わなくなったから見なくなったという人もいるよ。それはともかく、何百個と採って食べた貝が、見なくなってしまったよ」

それはいつごろのことかとサブローさんに聞いた。

昭和30年代から40年代にかけてのことだろうという返事が返ってきた。

「時」を越えた貝殻を見て歩くと、貝たちの遭遇した二度の大きな環境変化に気づくことになる。一度は縄文海進期から現代にかけての、地球規模の気候変動。もう一度が、高度経済成長期からはじまる、人為による環境変化。屋久島のコエタンゴミナの消失は、後者に原因がありそうに思える。

「コエタンゴミナはカワニナっぽい感じの貝だけど、カワニナとは違う。いっぱいいたのになぁ。すぐに300個、400個と採れるくらい」

サブローさんが懐かしんだ。

カワニナに似ていて、川の河口部に生息するということでいうと、ウミニナの仲間だろうか。それが河口の河畔に作られる干潟に見られたということではないか。ウミニナの仲間なら、何百個も干潟上に群れていることがある。そのウミニナ類が、何らかの環境変化によって、絶滅した?

屋久島で探すべき貝殻が見つかった。それはコエタンゴミナである。

## コエタンゴミナを探して

夜、サブローさんのほかに、屋久島生まれの人々に、貝の話を聞く機会があった。宮之浦近くの楠川集落出身のMさんにコエタンゴミナの話を聞くと、「知らない」という返事が返ってきた。楠川には、宮之浦川のような大きな川がなく、河口部に干潟が作られないので、コエタンゴミナは棲んでいなかったようだ。「あんまり美味しそうな名前の貝じゃないなぁ」とも言うので、笑ってしまった。

同じくFさんも「聞いたことがない」という返事。Fさんは宮之浦出身である。ただし、Fさんは僕よりも若い世代だ。すでにコエタンゴミナが姿を消した時代に育ったため、コエタンゴミナの名を知らなかったのだ。

興味深かったのは、やはり宮之浦出身で、僕よりも上の世代であるSさんも、この貝の名を知らなかったこと。Sさんの家は、一番河口近くの海際にある。ところが、コエタンゴミナが生息していたのは、河口より数百メートル上流部の岸沿いにできた狭い干潟上であったようだ。Sさんの家とはほんの数百メートルしか離れていなかったわけだが、コエタンゴミナを日常的に見、利用するといったことがなかったのである。

こうしてみると、コエタンゴミナは屋久島でも、ごく局所的な利用しかなされていなかった貝であることがわかる。

絶滅というと、ニホンオオカミやトキ、外国の例ではドードーといった生き物の名をつい思い浮かべる。コエタンゴミナの絶滅は、そうした例に比べ、ごくごくささやかな出来事のような印象を受けてしまう。しかし、そうしたささやかな絶滅が起こっているということに、僕は逆にある種の衝撃を受けた。生き物の絶滅は、遠い世界の出来事ではなく、足元の世界で起こっていることなのだと。

「コエタンゴミナ？　あれは黒い貝だった」

「コエタンゴミナは針に5つぐらい串刺しにして食べる。一気にそれぐらい食べないと、食べた味がしない」

「高校生のときは、もう姿を見なかったなぁ。コエタンゴミナ、色も何種類かあったような気がする。コエタンゴミナの棲んでいたあたりには、ツメミナの仲間もおった気がする。汽水域の貝だったと思うよ。いなくなったのは、川に砂がバーッと流れたからじゃないかな。まだどっかにおるのかもしらんけど」

コエタンゴミナを知る人々から、そんな話を聞いた。

翌日、コエタンゴミナの正体を探ってみることにした。

コエタンゴミナの正体とその絶滅に関して、聞いた話から仮説をたててみた。

コエタンゴミナは、ウミニナ類であると考えられる。この貝は宮之浦川の河口干潟に生息していた。河口干潟といっても、屋久島は島であるため、海岸部は波浪が強く、干潟がつくられず、代わりに河口から上流に数百メートル遡った川岸に、小規模な干潟が形成されていた。ところがこの干潟が昭和30～40年代に人為の影響を受ける。恐らくこの頃からチェンソーの導入などにより、木の伐採効率があがり、結果、表土が流され、川に土砂が流れ出したのではないか。河口干潟が土砂に埋まったか、もともと泥質だった干潟に砂が堆積し生息環境が悪化したのではないか。

こんな仮説だ。

宮之浦川からコエタンゴミナが絶滅したとして、屋久島のほかの川にはまだ生き残っていることは無いだろうか。宮之浦のちょうど反対側に栗尾という集落がある。その集落脇を流れる栗尾川は大きな川だ。しかも河口部に、小規模ながらメヒルギ（マングローブの一種）の林がある。マングローブ林があるということは、干潟があるということだ。その干潟にコエタンゴミナは生息していないだろうか。

栗尾川のメヒルギの生える一帯は、干潟状になっていた。ただし、保護のために立ち入り禁止。そこで周囲の干潟を見て回る。

干潟上に、ウミニナ類が群生しているという光景も想像していたのだが、そうした光景は見当たらなかった。今度は、干潟上の転石をめくって、探してみる。すると、小さな巻貝が出てきた。ウミニナの仲間。ただ、こどもの貝で、しかも死殻になっていて、ヤドカリの仲間が棲みついていた。とりあえず、ウミニナ類がいたので、本気になって周囲を探す。結果、10数個（みな、小さなものだった）が見つかったが、生きているものは1個だけ、4個がヤドカリ入りで、残りはみな空の貝殻だった。

宮之浦川でもコエタンゴミナの痕跡を探してみる。

こちらではウミニナ類の死殻も見つからなかった。わずかにイシマキガイが数個見つかっただけだ。これが、話を聞いた人の一人がいっていたコエタンゴミナと一緒に棲んでいたツメミナだろうか。

それでもコエタンゴミナの正体は、おそらくウミニナ類だろうと思う。
人間のくらしの変化で、貝が消える。
その消えた貝を、貝殻から探る。

## ハマグリの正体

大森貝塚から出土する貝殻のリストに、ハイガイとともにハマグリの名がある。千葉県・花見川沿いの自然貝層でも、ハイガイともども、ハマグリの貝殻はよく見られた。明治時代の大森海岸では、「温暖種」のハイガイは絶滅して姿を見ることはなかったが、ハマグリは普通に見ることができたということが、モースの『大森貝塚』の記述にある。

ところが、前章の、花見川沿いの貝殻拾いの項にも書いたように、僕は少年時代、ハマグリを拾ったことがなかった。それどころか、僕は、大人になったある日、ハマグリを拾ったことがないことに「気づい」て、がくぜんとした覚えがある。

まだ、貝殻を拾いなおそうと思うようになる前の話だ。

沖縄の家の近所には、昔ながらの市場がある。その市場の一角に野菜を中心に扱っている食料品屋があるのだけれど、ときどき野菜に混じって、ビニール袋入りの貝が売られていることがある。スーパーではとんと見かけない二枚貝、オキシジミである。シジミとはいっても、シジミの仲間ではないし、海に棲む貝である。

モースによれば、オキシジミの貝殻は大森貝塚の中では稀ではないが、明治期の大森海岸では一般に見られないと『大森貝塚』にある。オキシジミはハイガイと一緒に貝塚に見られるように、やはり泥質の干潟状の環境を好む貝である。そんなオキシジミが、沖縄島の沿岸でも採れる。

この日、オキシジミを、地元の人はなんと呼んでいるのかを知りたくて、店の人に、「これ、何という貝？」と何気なく聞いてみた。

「沖縄ハマグリ」

そんな答えが返ってきて、「うーん」と思う。

「沖縄ハマグリ」というのは、オキシジミをさす沖縄口ではない。別の機会に那覇のお年寄りと話をしていたら、オキシジミだと思われる貝のことを「アファクー」と呼ぶということを教えてもらった。ハイガイの化石が見つかった、漫湖などに生息しており、昔から採って食べていた貝であるという。というわけだから、「沖縄ハマグリ」というのは、近年付けられた、あだ名（商品名がつけられるほど流通していない）のようなものだろう。ともあれ、あだ名として、ハマグリでもない貝に○○ハマグリと付けることがあるのは、それだけハマグリが食用の貝として有名だからだ。

こんなやりとりを交わしたせいで、僕はふと、少年時代に拾い集めた貝殻をいれておいた小箱を開いてみたくなった。

「あれ？」

箱を開いて、目をうたぐった。

箱の中に、ハマグリっぽい貝殻が入っている。

自分が少年時代に、ハマグリを拾った記憶がない。もちろん、ハマグリの名前は知っていたし、夕飯のおかずとして食べたこともあった。が、沖ノ島や北条海岸などで、ハマグリの貝殻を拾った記憶はなかった。そもそも、僕は「いい貝」をめざして海岸をうろついていた。ハマグリなんていう、夕飯にも出てくるような貝を拾いたいと思ったことはなかったのだ。それなのに、少年時代に拾い上げた貝殻を入れた小箱の中に、ハマグリの貝殻が入っている……?

貝殻の内側を見ると、採集データが書き込まれていた。沖ノ島の手前にある鷹ノ島（島とはいっても、土地の隆起や埋め立てで、完全に陸地につながっている）で採集したものとある。日時は1975年・10月19日。まったく記憶にないけれど、僕はハマグリを拾っていたことがあったということになる。

図鑑をひっぱりだしてみる。

ハマグリには、よく似た近縁種がある。それがチョウセンハマグリである。チョウセンハマグリは外洋に面した海岸に生息している。確実にチョウセンハマグリだとわかる貝殻を、外洋に面した、館山の平砂浦や、茨城県の波崎海岸で拾ったことがあるのは覚えていた。そこで波崎産のチョウセンハマグリの貝殻を取り出して比べてみる。鷹ノ島の「ハマグリ」とは違う。特に貝殻の裏側の筋肉や外套膜の痕の形が違う。どうやら鷹ノ島で拾ったものは、本物のハマグリだと思えてきた。

ハマグリに興味がでてきたところで、スーパーの「ハマグリ」を買いに行った。4つ入りパックを買って帰り、汁にして食べる。

貝殻を洗って、スケッチをしたところで、また「おやっ」と思ってしまう。貝殻の大きさはずいぶんと小さいが、形は鷹ノ島のものとよく似ているのだ。

「えっ？　スーパーのも、本物のハマグリ？」

一瞬、そう思ったが、どうも違う。ハマグリの仲間には、もう一種、シナハマグリという種類がある。沖縄のスーパーに売られているのは、おそらく輸入品のシナハマグリだろう。再び本で調べてみると、シナハマグリはハマグリに対して殻高（殻頂から殻の縁までの長さ）が高いとある。そこで貝殻の高さと長さの比を求めてみると、鷹ノ島産とスーパーのものは、ほぼ一緒の値であった。こうなると、両方ともシナハマグリだろうと思えた。

なんだか、がっかり。

最終確認に、クロズミさんに、鷹ノ島の「ハマグリ」を送ってみた。

「確実にシナハマグリです」

手紙に、そうある。

しかし、僕がこの貝殻を拾い上げたのは１９７５年のことだ。すると、そんな「昔」から、もうシナハマグリが輸入されていて、館山あたりでも市販され、その貝殻が海辺に捨てられていたということになる。そのことに、驚く。

少年時代の僕には思いもつかぬことだったし、大人になってからそのことを知っても、どこか現実感がわかなかったのだが、東京湾のハマグリは、じつは「絶滅」をしているのである。

それは、いつ？

資料を探すと、東京湾のハマグリの絶滅の年代について触れてある報告があった。

ハマグリは三浦半島沿岸では、1960年代までは普通に見られたものの、1974年には絶滅し、東京湾でもそのころにはハマグリが見られなくなったとある（「漂着物からみた相模湾の生物相」池田等『どんぶらこ』第5回漂着物学会神奈川・東京大会特集号）。また、クロズミさんの手紙の文中には、「1970年代から、シナハマグリはだいぶ、輸入されるようになっていました」とあった。東京湾のハマグリが絶滅するのと交代するように、シナハマグリが輸入されだしたということになるだろうか。

僕の貝殻拾いで一番古い記録は1972年のものだった。僕の貝殻拾いは、ハマグリをめぐる、そんな時代の変わり目のころに始まっていたのだった。

「今ではすっかり姿を消したハマグリですが、昔は館山あたりでも生きた貝が得られています。かなり小さな川でも河口域に棲んでいたようです」

クロズミさんの手紙には、そうも書かれていた。その「昔」というのは、いつのころのことなのだろう。僕の少年時代、気がつかなかっただけで、ハマグリはまだ生き残っていたのだろうか？

僕にとって、ハマグリは幻の貝だ。だから、東京湾でハマグリが絶滅をしたと聞いても、どこか現実感がないままだ。クロズミさんの手紙の文中にある、「ハマグリが河口域に棲んでいる」という記述も、どうにもイメージがわかないものだった。

現生の野生ハマグリの貝殻を拾い上げてみたい。

僕は貝殻拾いの目標のひとつを、そう定めた。

## 東京湾のハマグリ

上京のおり、千葉県・木更津市の小櫃《おびつ》川河口干潟に向かう。

東京湾岸に残された、貴重な干潟だ。

内房線の岩根駅で下車。コンビニで地図を買い求め、その地図を頼りに小櫃川の河口部を目指して歩く。一度、小櫃川にかかる橋を渡り、それから川沿いの小道を河口まで下ってゆく。

道脇に広がっているのは、田んぼである。

そのあぜや、農道脇に、貝殻が落ちている。巻貝のツメタガイの貝殻である。中には、網袋に、ツメタガイの貝殻ばかりが入っている状態で捨てられているものもあった。ツメタガイは砂泥地に多くみられる丸っこい形をした肉食性の巻貝だ。ツメタガイやこの貝の仲間に襲われた二枚貝の貝殻は、殻頂付近に小さな丸い穴が空けられているので、それでわかる。僕はまだ、一度もこの貝を食べたことはないけれど、木更津あたりでは食用にするのである。モースの『大森貝塚』によると、貝塚から普通に見つかる貝殻のひとつとして、名前があがっている。

やがて道は、笹薮に囲まれ、見通しが利かなくなる。笹薮をぬけて、護岸の上に出ると、眼前に、広々とした葦原が見えた。これが小櫃川の河口干潟だ。葦原が広がる様は、東京湾岸とは思えないほどだ。またしばらく護岸の上を歩き、ようやく干潟に降りれる場所を見つけた。

小さな流れを飛び越え、ずぶずぶと沈みそうになる泥を踏みしめ、干潟の一角へ。

転がっている貝殻は、バカガイ、マテガイ、アサリといった二枚貝と、キサゴやアカニシ、ツメタガイといった巻貝だ。干潟の表面には、生きた貝の姿もある。ホソウミニナだ。

広い干潟は残されているものの、干潟の上に転がっている貝殻の種類は少ないように僕には見えた。その転がっている貝殻の中に、ハマグリの姿はない。

護岸に引返そうとしたとき、小さな流れの際にある土手の中に、白くさらされたようになっている貝殻が沢山入っていることに気がついた。バカガイのほかに、シオフキの貝殻が混じっている。先ほどの干潟表面にはホソウミニナしか見当たらなかったのに、ウミニナやヘナタリといった、干潟を好む他の巻貝の貝殻も含まれている。さらに、ハマグリの貝殻があった。

東京湾のハマグリ。

花見川の川沿いで、６０００年前のハマグリの貝殻を拾い上げた。それが、僕が初めて拾い上げるハマグリの貝殻だった。

人生、２度目のハマグリの貝殻拾いは、これも白くさらされた、過去のハマグリの貝殻だった。ただ、堆積状況から考えて、それほど古いものとは思えなかった。ハマグリが東京湾から姿を消したのが、１９７０年代。おそらく、その少し前ぐらいのものではないかと思われた。

ハマグリは、東京湾に棲んでいた。

僕は、ようやく、そのことを実感できた。

# ウミニナとヘナタリ

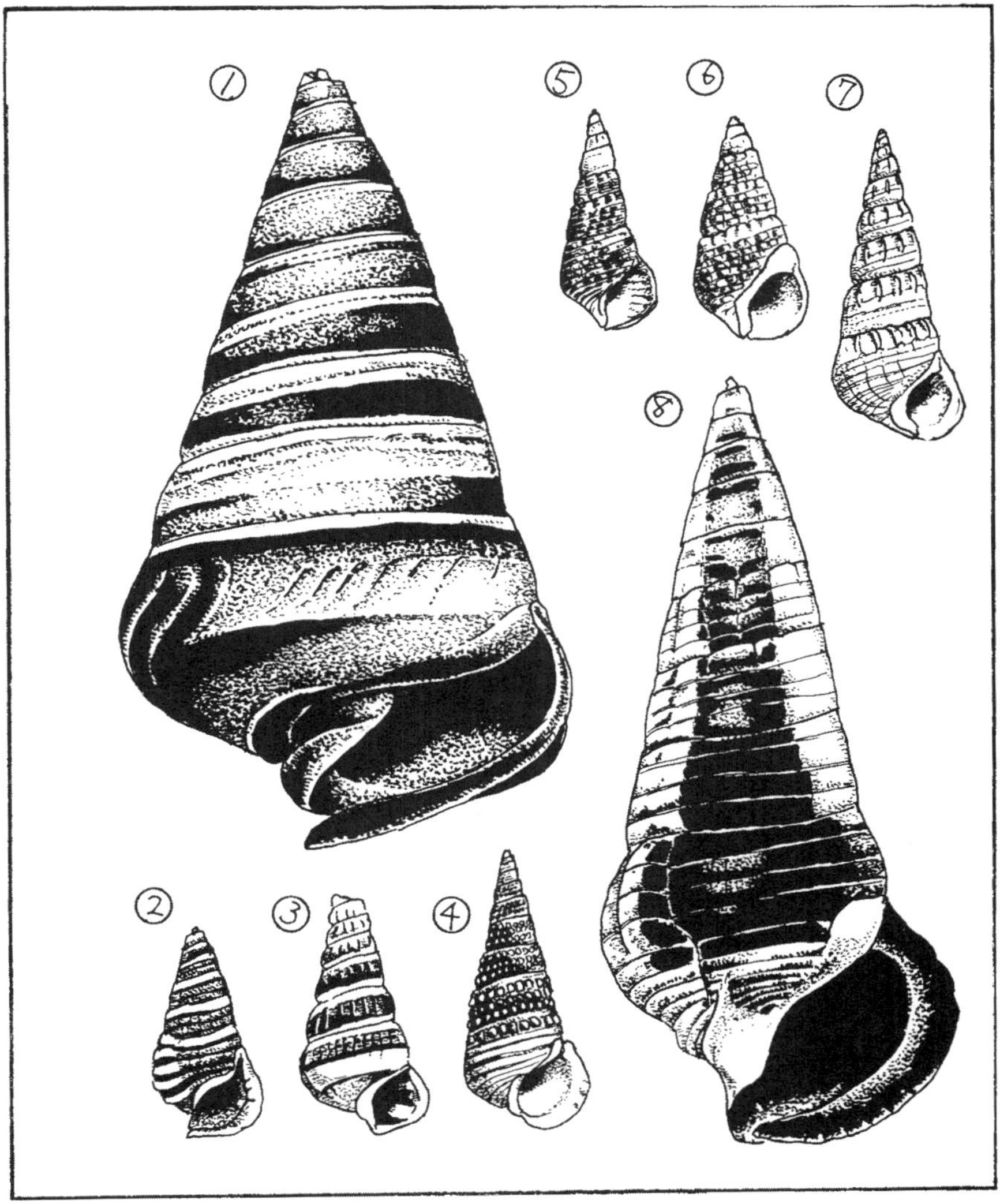


フトヘナタリ科

1. センニンガイ 2. ヘナタリ 3. フトヘナタリ 4. カワアイ

ウミニナ科

5. ホソウミニナ 6. ウミニナ 7. イボウミニナ 8. キバウミニナ

## 三浦半島のハマグリ

東京周辺で、ハマグリの痕跡を、もう少し、探してみることにする。

東京湾の湾奥部は、すっかり埋め立てられてしまっている。そのため、東京湾の湾口部に向かうことにする。

品川から京浜急行の特急に乗って1時間半。三崎口駅で降りて、歩く。1時間ほど歩くと、目的地に到着だ。

三浦半島先端部に、三崎町・小網代湾がある。その湾奥にある浦の川流域は、首都圏内にありつつも、源流部から河口まで、小規模ながらも流域が丸ごと残されているという、貴重な地域である。この流域には、カニだけで30種類強が確認されている。なんとなれば、陸のカニと干潟のカニと岩場のカニが生息できる環境が残されているからだ。河口部には、チゴガニなどの干潟のカニが生息する、広さ3ヘクタールの河口干潟がある（『環境を知るとはどういうことか』岸由二ほか　PHPサイエンス・ワールド新書）。

小網代湾は、細長く陸側に入り込んだ湾だ。湾の中ほどには、ヨットが何席も停泊している。湾奥部にある小さな干潟にたどりついたとき、運のいいことに、潮が引いていた。

小さいとはいっても、護岸がなく、干潟はやがて葦原となり、背後の森へと連なっている。

湾に注ぎ込む川は、せせらぎのように小さく見える。その小川の浅い水底に、点々と貝殻が転がっているのが見える。

小網代湾は、かつて縄文海進期には、おぼれ谷を形成していたはずだ。となると、おぼれ谷の干潟に、ハイガイが生息していた可能性がある。「時」を越えたハイガイの貝殻を探す。

干潟の表面とにらめっこをしているうちに、見つけた貝殻に驚いた。

シオヤガイだ。それも、いくつも転がっている。

西表島のマングローブ林の泥の中で見たものと、同じ種類の貝殻をこうして手にとるのは、なんだか不思議だ。シオヤガイは、海進期に見られた「温暖種」である。この貝殻も、「時」を越えたものなのだ。

ハマグリの貝殻も見つかる。シオヤガイと同じ時期のものかどうかはわからないが、かなり古い貝殻であることは、確かだった。

クロズミさんに送ってもらった資料のひとつに、三浦半島の対岸にある、千葉県のレッドデータリストがある（『千葉県レッドリスト　動物編　２００６年改訂版』千葉県環境生活部自然保護課）。このリストの、貝類の「消息不明・絶滅」の項目中に、ハマグリのほかに、シオヤガイの名前がある。ほかにも、この日、干潟で見つけた貝のうち、千葉県のレッドデータでは絶滅とされているものがある。イチョウシラトリという二枚貝は、花見川の自然貝層の中でも見た貝だが、レッドデータでは絶滅とされている。二枚貝のシラオガイも、レッドデータでは絶滅種として名があがっている種類だ。巻貝の　イボウミニナも、千葉県では絶滅種だ。小網代では、ヤドカリが背負っている貝殻を見た。

潮が満ち始めようとする時、ようやくハイガイの貝殻も一つだけ落ちていることに気がつく。

小網代は、首都圏では珍しい、自然の干潟が残されている貴重な場所だ。

しかし、その干潟では、「時」を越えた貝殻ばかりが目に入った。東京周辺には、かつてハマグリが棲んでいた。しかし、現在、生きたハマグリは、すっかり姿を消してしまっている。

今度は、そのことを実感する。

## 桑名のハマグリ

東京周辺から、生きたハマグリは姿を消してしまった。

では、ハマグリはどこにいる?

たまたま、長野県の高校に、出張授業をする話があった。長野といっても、岐阜県との県境近くの街にある高校であるという。その高校まで行くには、那覇空港から名古屋の中部空港まで飛んで、そこから電車に乗って……とルートを確かめていたら、少しわき道にそれると、桑名に寄れることに気がついた。

桑名といえば、「その手は桑名の焼きハマグリ」と言われるぐらいの、ハマグリの名産地である。桑名に行ったら、ハマグリの姿を見ることはできるだろうか。

中部空港から快速に乗れば、30分で名古屋である。ここで乗り換え、2両編成の鈍行で26分。桑名に着いた。

右も左もわからない街なので、駅を出て案内図を見てみる。駅から1キロメートルほど先に揖斐《いび》川が流れているのがわかったので、とりあえず、川をめざしてみることにした。

駅を降りてすぐ、ハマグリの貝殻がウィンドウに飾られている、一軒のしぐれ煮屋（佃煮のようなもの）があった。総本家貝新新七商店という店である。そのハマグリの貝殻が大きい。これは、本物のハマグリなのか？　と思うが、店の人に声をかける前に、もう少し、街を歩いてみることにした。

道すがら、空き地があると、もぐりこんでみる。ひとつの空き地で、「ハマグリ」の貝殻のカケラを見つけた。ただ、いつのものだろうか？　カケラなので、ハマグリかシナハマグリか、僕には見分けがつかなかった。

揖斐川に近づく。川沿いには水路がある。ちょうど干潮時で、干上がった泥の上に、船が乗っかっている。泥の上にはヤマトシジミの貝殻が沢山落ちている。しばらくうろうろするうちに、ようやく水門のようなところで、水路の底近くに下りることが出来た。そこでヤマトシジミとイソシジミの貝殻を拾う。ただし、ハマグリらしきものの貝殻は落ちていない。やはり、先ほどの店で話を聞くのがよさそうだと思う。

店まで戻って、店員さんにかくかくしかじか……と事情を話してみた。すると店長さんが顔をだしてくれた。僕と同年代くらいの人である。

最初、店長さんは、僕が本物のハマグリを食べたがっているのだと勘違いをしていた。「いえ、貝殻が欲しいんです」と、僕は店内にも置かれているハマグリの貝殻を指差した。そこで、僕も勘違いをしていたことを知った。

ウィンドウに飾られていた大きなハマグリは、シナハマグリだというのだ。

## ハマグリ談義

「こっちがハマグリです」

店長さんが棚から取り出した貝殻を見て、「あっ」と思う。シナハマグリとは色彩が全然違っていた。より、つやもある。一口で言うと、ずっときれいだ。それまで、「時」を経たハマグリの貝殻しか見ていなかったから、色艶まではわからなかったのである。

「厚みも違うでしょう。形も、地のハマグリは、扇形をしているんです」

店長さんが解説をしてくれた。

しかし、桑名に来れば、ハマグリがごろごろあると思っていたら、そうではなかった。

「二十年ほど前に、ハマグリが、本当にいなくなってしまいました。水の汚れとか、河川の改修も影響して、ハマグリが急減したんです。まぁ、完全に絶滅したわけではないんですが。最近は、その頃に比べ、少しずつ増えてきました」

桑名でも、今やハマグリは貴重品なのだ。それでも、ようやく色彩の残るハマグリの貝殻を手にすることができたし、店長さんの好意で、いくつかの貝殻を分けてもらうこともできた。

「地のハマグリとシナハマグリの一番の違いは、身の厚みです。ハマグリはシナハマグリよりも身が厚くて、それにおいしいですよ」

店長さんは、さらに昔語る。

「私が小学生のときのころですから、今から30～40年前のことになりますが、その頃は大きなハマグリが採れました。私がこどものころの揖斐川は、蛇行していて、あちこちに砂州と泥地がありました。今は流れが直線的に改修されてしまいましたし、護岸からいきなり深くなってしまいました。これでは、ハマグリは棲めません。昔はヨシもいっぱい生えていました。ヨシ山と呼んでいましたが、そのヨシ山がなくなってしまいました」

店長さんは、「この貝を知っていますか?」といって、今度はイソシジミの貝殻を手にした。

「このあたりでは、シシビといいます。クロダイ釣りの餌にしますが、食用にもなります。しぐれ煮にもしましたが、甘味噌であえても最高です。牡蠣鍋みたいに味噌仕立ての鍋にしてもおいしいです。このあたりで二枚貝といったら、ハマグリ、シジミ、アサリ、シシビ、それにアオヤギ（バカガイ）ですね。シシビは砂地の干潟に棲んでいます。買うと高いんですよ。なかなか店頭にはありませんが、独特の風味があります」

店長さんは、二枚貝とその二枚貝の棲む揖斐川の水辺をこよなく愛している人と思えた。飛び込みで取材をしたのに、熱心にいろいろな話を教えてくれた。それにしても、貝と人とのつきあいは、本当は地域、地域それぞれであったのだ。それがどこでも「スーパーの貝」に収斂されてしまいつつあるのが、現状だ。

ところで、店長さんに、「この会社は何代続いているのですか?」と聞いてみた。

「創業321年目。8代目です」

さっと答えが返ってくる。

「桑名はおもしろいところですよ。歴史がありますから」

そんな一言も付け加わった。

歴史、それは「時」の堆積物だ。その堆積物の中に、埋もれ、忘れ去られつつあるものがある。東京湾にハマグリが存在していたことも、忘れられつつある。

「東京湾のハマグリは絶滅してしまったんですか？　桑名のハマグリも減ってしまったし。それなら、ハマグリは日本のどこにいるんですか？」

店長さんが、僕に問うた。

僕は答えを知らなかった。

沖縄に帰ってから調べてみると、桑名のハマグリの減少についてふれてある文献を読むことが出来た。これによると、桑名は「揖斐川・長良川・木曽川の三大河川河口に位置するため、広大な干潟とハマグリに最適の汽水に恵まれ、美味良質のハマグリを多産し」、1965年から1974年までの間、ハマグリの漁獲量は日本全国の45パーセントを占めていたという。ところが1974年に2500トンあった漁獲量は1975年には900トン、1978年には100トンと急減し、1995年にはついに1トン未満にまで落ち込んでしまう。この急減の理由には、ハマグリ資源の乱獲や、水質汚染、河川改修に伴う浚渫《しゅんせつ》、さらには河口周辺の地盤沈下（工業地帯の成長による、地下水のくみ上げが原因）なども影響したが、一番の原因は漁場の埋め立てであった。1966年にはじまった干拓事業がハマグリの良好な漁場を埋め立ててしまったのだ。

干拓は農地開発が目的だったが、完成したときには「農業情勢がすでに変わってしまったため、初期の目的はその必要性を失い、４４３ヘクタールもの広大な干拓地は雑草の生い茂る荒地となった」とある（「桑名蛤の激減と漁協の対応」張淑芳『地誌研年報』11号）。

桑名のハマグリは、１９７０年代半ば以降、急減している。先に触れたように、東京湾のハマグリが絶滅したのは、１９７４年ごろだという。それからすると、東京湾のハマグリの減少のほうが、若干早く起こり、また東京湾のハマグリの場合、完全に絶滅してしまったわけだが、高度経済成長の時代とともに、ハマグリが姿を消していったという流れは一緒だろう。

そうした状況を知るにつれ、僕の中で、有明海に行きたいという思いが強くなってきた。

## あこがれの貝

海岸に転がる貝殻の中には、「時」を経てそこに存在するものがある。

そうした「時」を経て、僕たちに何かを教えてくれる貝殻のうち、もっとも多くのことを語りかけてくれたのが、ハイガイやシオヤガイ、それにハマグリといった干潟に棲む貝の貝殻だった。

有明海。

長崎・佐賀・福岡・熊本の四県に囲まれる、九州最大の内湾であり、その面積は１７００平方キロで、東京湾よりも広い。平均水深は20メートルで、これは東京湾の平均水深の半分以下である。また、有明海は潮の干満の差が大きいこともあって、沿岸部に広大な干潟を形成する。近年、日本の干潟は埋め立てによって急速に減少し、もともと存在した干潟の半分程度しか残っていない。そのうちの約40パーセントが有明海に存在する干潟である(「有明海の生物相と環境」佐藤正典ほか『有明海の生きものたち』佐藤正典編　海遊舎)。「時」を経た貝殻たちを追ううちに、序々に干潟の貝に魅せられる。やがて、日本最大の干潟を残す有明海に惹かれる様になったのは、当然の成り行きだった。

山口県での仕事の予定が入る。沖縄から山口に行くには、福岡まで飛行機で飛び、その後、新幹線に乗り換える必要がある。福岡から足を伸ばせば、有明海の沿岸にたどりつけそうだ。半日だけの余裕しかなかったが、それでも僕は、有明海に向かうことにした。

福岡空港から地下鉄で博多に出た後、西鉄に乗り換える。西鉄の天神から特急で45分、柳川駅に降り立つことが出来た。

いつものごとく、ほとんど下調べも何もなしにやってきてしまった。とにかく歩いてみることにする。商店街を抜けると、やがて沖端《おきはた》川の堤防が見えた。堤防のある周囲の畑には貝殻が散らばっている。ハイガイの貝殻がある。カワアイやヘナタリという巻貝の貝殻も見つかる。カワアイやヘナタリも干潟に棲む貝だ。干潟の貝たちの貝殻が畑に散らばっているわけだが、これは縄文海進期といった古い時代の貝殻ではなく、このあたりが干拓され、畑になった時代のもののよう。つまりは近代になってからの貝殻だろう。関東地方や沖縄島からは絶滅してしまっているハイガイであるけれど、有明海は現代までハイガイが生き残ったのだ。ハイガイだけでなく、有明海にはハマグリも現生していると

# 有明海の貝（柳川）

1. ツキヒガイ　2. サキグロタマツメタ　3. ヒラタヌマコダキガイ

4. カワアイ　5. オカミミガイ　6. ハイガイ　7. アゲマキガイ

8. コケガラス　（1.と7.は人が食べたあと、捨てたもの）

いう。だからこそ、僕は有明海に特別に惹かれた。

曇天の下。川沿いには葦原が広がっていた。

ちょうど、引き潮時。川面は低く、川の中央部を流れる水の両脇には、これぞ「泥」とでもいうべき質感の川底が、広々と顔を見せていた。岸寄りの川底には、高い柱が何本も突き立てられ、その柱の間に、船底を泥に付けた漁船が、何艘も鎮座していた。見慣れない者の目には、奇異に映る「漁港」だ。

漁港周辺で貝殻拾いを試みる。

サルボウ、ハイガイ、アサリ、マガキ、タイラギ、アカニシといった貝殻が散乱している。漁港周辺に散らばるハイガイは、「今」の貝殻なのだと思うと、感慨が深い。しかし、残念ながら、ハマグリの貝殻は見当たらなかった。

ここで、有明海沿岸なら、オカミミガイが見つかるかもしれないと思いついた。オカミミガイは、有肺類に属する巻貝だ。有肺類はカタツムリが属しているグループだが、ウミマイマイのように、海性の種類も含まれている。オカミミガイ類は、河口部などに生息している貝だ。沖縄のマングローブ林周辺では、何種類ものオカミミガイの仲間を見ることができる。ただし、沖縄島には、オカミミガイという種類は生息していない。オカミミガイは、本土で見られる貝であるが、千葉県のレッドデータでは絶滅種にあがっている貝だ。全国的に見ても、オカミミガイの生息地は減少している。オカミミガイの生息する、河口部の葦原は開発の影響を受けやすいからだ。

あまり期待しないで探してみたのだが、漁港周辺でオカミミガイの貝殻が見つかった。探してみると、生貝もいる。オカミミガイは河口部に見られる貝といっても、岸辺の葦原の中の、ゴミの下などに潜んでいる。カタツムリほど陸に適応できてはいないが、半ば陸生化している貝である。オカミミガイの貝殻を拾って、一人、「わーい」と声をあげる。オカミミガイは、日本産のオカミミガイ類の中で、ダントツに大きく、3センチメートルあまりもある。オカミミガイは、オカミミガイ類の中での「はずれ者」。つまりは「いい貝」なのだ。

漁港周辺に、現代の貝塚があった。

食用にされた貝たちの殻が、それこそ山積みになっている。

少年時代、干潟の貝殻は縁が遠かった。夕飯のおかずにもでてくるハマグリは貴重なものだという認識はなかったけれど、すし屋の店先に置かれていたタイラギという大きな二枚貝の貝殻にはあこがれた（結果、すし屋の店先からひとつ、失敬してしまったという暗い過去がある）。そんな少年時代の思い出があるタイラギの貝殻も、無造作にいくつも貝の山の中に捨てられている。

この漁港めぐりでほぼ、時間いっぱいになってしまったけれど、有明海沿岸の貝の豊かさを覗き見できた思いがした。

## ハイガイの野原

年末、少年時代に拾い集めた貝殻の中から、ハイガイを見つけ出してから、半年ほどが過ぎようとしていた。

5月の連休に、すこしばかり、自分の時間がとれそうだった。もう一度、有明海に行ってみようと思い立つ。今度は長崎県の諫早にまで足を伸ばすことにする。諫早湾の干拓地を見ようと思ったのだ。

それまで、諫早湾の干拓に関するニュースはテレビで見ていた。干拓によって、多くの干潟の生き物が死滅する様を知り、なんと「もったいない」ことをするのかと思っていた。それでも、正直なところ、諫早湾の干拓は、どこか自分とは遠い世界と思ってしまっていた。

環境問題は、そのことを、自分のことに結びつける想像力が必要とされる。しかし、僕には諫早湾の干拓を、自分のことと結びつける想像力の源を欠いていたのだ。

貝殻を拾いなおし始めて、ようやく有明海に興味の目が向く。そこであらためて諫早湾の干拓に関わる記事を読んで、がくぜんとする。干拓後の干出した干潟の表面に、多数の死んだカニや貝が散らばる写真を見たことがあった。しかし、それまで、その干潟表面を白く覆うほど死殻をさらした貝の正体に思いを至らすことがなかった。その貝こそ、ハイガイだったのだ。諫早湾は、日本に残る、最大のハイガイの生息地であったのである。諫早湾干拓事業の潮止めは１９９７年に行われた。気がつけば、すでに10年以上の年月がたとうとしている。それでも、潮止めされた干拓地に行かなければと、僕は思った。

朝７時半の飛行機に乗って福岡空港へ。続いてＪＲ福岡駅10時発の特急「かもめ」に乗車すれば、12時少し前には長崎県・諫早に到着する。駅前でレンタカーを借りて、干拓地に向かった。土地勘がない。

おおよそ干拓地に向かいそうである道路にあたりをつけて車を走らせる。方向音痴のクセに、勝手に見当をつけて走っていたら、やがて麦畑の中を走る道路は行き止まりになってしまった。しまった。

それでも、車から周囲を見渡すと、畑の脇に、灰色をした乾いた泥が見える。用水路の浚渫泥ではないだろうか。花見川のハイガイを拾ったときのことを思い出して、その泥を見てみることにした。近寄ってみると、泥の中には、貝殻が入っているようだった。

天気はいい。陽気は暖か。天にはヒバリの声。足元にはヌマガエルやナナホシテントウの姿。どうも貝殻を拾うという雰囲気ではないのだけれど。

泥の前にかがみこんですぐ、ハイガイが入っているのに気がついた。よし、しばらくこの泥とにらめっこをすることにしようと決めた。何が幸いするかわからないものだ。方向音痴だからこそ、たどりついた場所であるわけだから。

泥の中にはタニシ類の殻も混じっていた。干拓された後、淡水化された用水に棲んでいた貝の貝殻も混じっているのである。スクミリンゴガイ（ジャンボタニシ）といった、移入種の貝殻もある。

泥の貝殻を見ていくと、サクラガイの仲間の貝殻も見つかった。テリザクラだ。貝殻の色は、サクラガイよりも、淡い色合いをしている。日本では房総半島以南の内湾、特に瀬戸内海と有明海の干潟に生息していたが、最近は数が少なくなった貝であるという（「二枚貝類 ― 特に諫早湾について」佐藤慎一『有明海の生きものたち』佐藤正典編）。

と、泥の表面に小さな丸っこい形をした巻貝がへばりついているのが目に入った。殻長は６ミリいる。

ほどしかない。最初はツメタガイの仲間（タマガイ類）のこどもかと思ったけれど、それにしては貝殻が薄い。しかも、いくつもの個体がかたまって泥の中に入っている。

これは……と思った。

確か、ウミマイマイは干潟上にかたまって生息していると、その生態について書かれた報告にあったはずだ。となると、目の前の貝殻は、ウミマイマイのものではないだろうか。

諫早に向かうにあたって、ウミマイマイの貝殻は目標のひとつだった。しかし、その生態の解説を読むと、ウミマイマイの生息しているのは、きわめて柔らかい泥の表面とあった。はたしてそんなところにたどりつけるかと、不安を抱えていた。そんなウミマイマイの貝殻が、麦畑の脇に転がっていたとは。

雨に洗い出されて、泥の表面に浮き出ているウミマイマイの貝殻を、壊さぬように、拾い集めていく。この泥には、ハイガイの貝殻はほとんど入っていなかっ

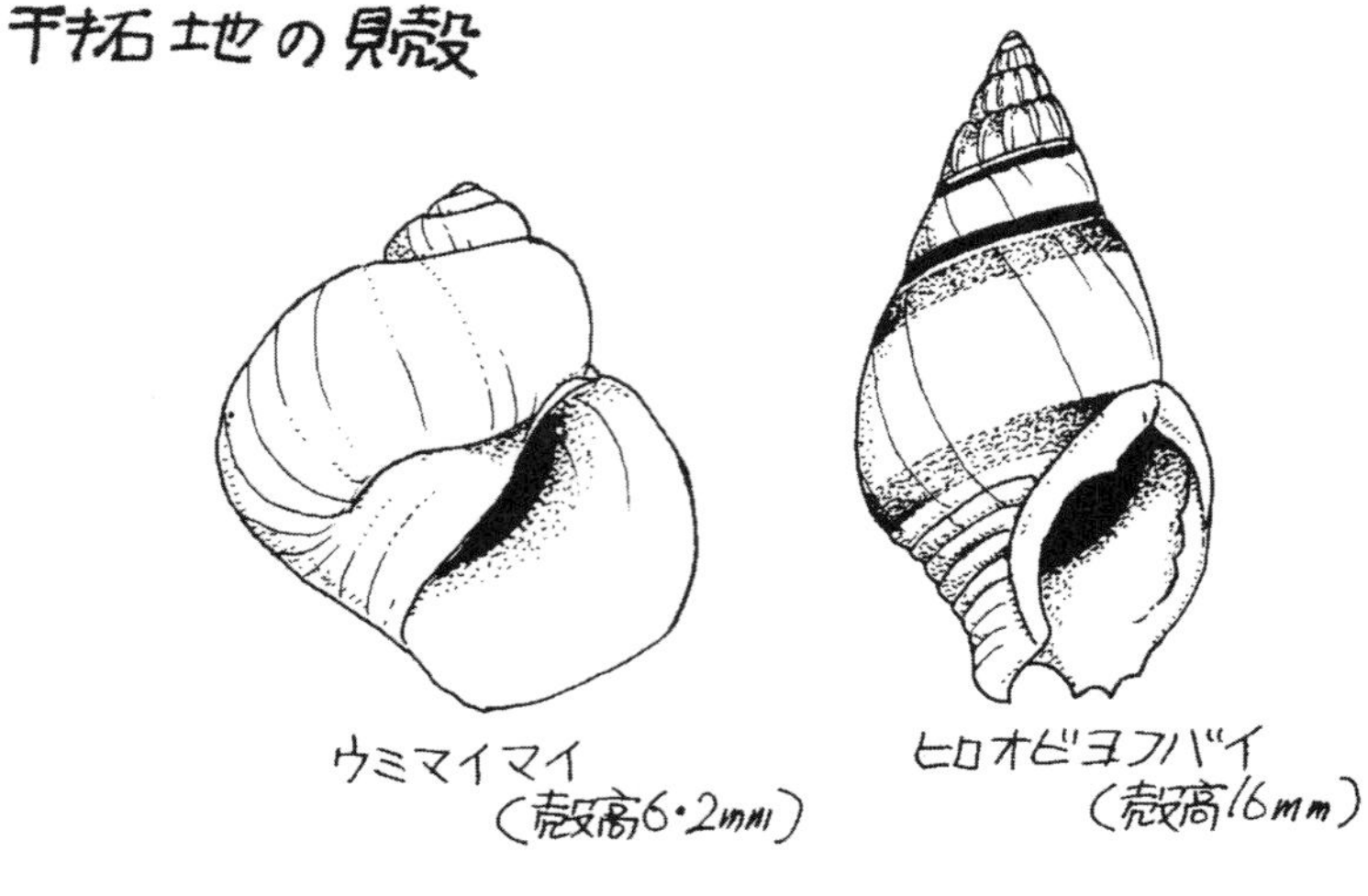

た。とすると、同じ有明海の干潟といっても、ウミマイマイとハイガイでは、生息域が異なっているということだろう。また、1992年に柳川の沖端川の船着場で初めて貝殻が見つかり、その後、急速に有明海全域に見られるようになったヒラタヌマコダキガイという二枚貝がいるのだが（外来種だと考えられている）、この貝の貝殻が泥の中にまったくみられなかったことから、この浚渫泥中の貝殻たちは、1992年以前のものではないかと考えられた。

浚渫泥の貝殻拾いに一区切りをつけたところで、麦畑の中も見て歩いてみることにした。麦畑の表土には、やはり貝殻が散らばっている。その中で、僕の目を引いたのは、イボウミニナの貝殻だった。

干潟で見られる巻貝の代表に、ウミニナの仲間がある。本土の干潟で見られるウミニナの仲間には、ウミニナ、ホソウミニナ、イボウミニナの3種があり、これらはかつて、いずれも普通種であった。実際、麦畑の表面には、イボウミニナがごろごろと転がっている。ところが現在、イボウミニナとウミニナは絶滅寸前状態まで、追いやられている。

千葉県のレッドデータでも、イボウミニナは絶滅種とされ、神奈川の小網代の干潟においても、イボウミニナはヤドカリが背負った貝殻しか見ることが出来なかった（千葉県のレッドデータでは、ウミニナは最重要保護生物に指定されている）。ただし、3種のうち、ホソウミニナはまだ健在で、小櫃川河口干潟に貝殻を拾いに行ったときも、この種だけは干潟の上を這い回っている様を見ることができた。有明海でもホソウミニナ以外の、ウミニナとイボウミニナは絶滅に近い状態にあり、1994年の調査では、イボウミニナは1か所も、生きた姿が見つからなかったという（「巻貝類

Ⅰ――総論」福田宏『有明海の生きものたち』佐藤正典)。

麦畑を離れ、少し歩き回ってみる。畑の向こうに、堤防が見えた。堤防の上に上ってみると、堤防の向こうにも、畑がえんえんと連なっている。僕が登ったのは、「旧」堤防であったのだ。ウミマイマイが入っていた浚渫泥や、イボウミニナが転がる麦畑は古い干拓地だ。そして、「旧」堤防の向こうは、10年余り前は、干潟であったところだ。それが見事に干拓され、畑となっている。その、はるかむこうに、潮受け堤防がのぞめた。1997年に諫早湾を締め切った堤防である。

潮受け堤防によって、諫早湾に注いでいた本明川は、潮の干満の影響を受けなくなった。本明川の川原に降り立ってみる。川原には、広く乾いた泥が露出している。泥の表面には、貝殻が散乱している。ヘナタリ類やハイガイの貝殻に混じって、真っ白くなったオカミミガイの貝殻が落ちていた。オカミミガイは、水の中ではなく、湿った葦原に棲んでいる貝である。が、潮の影響がまったくなくなってしまうと、生きていくことはできない。

潮の影響がなくなった川沿いでは、葦原も衰退してきている。

「葦原を復元するために、こんな復元工事を始めています」という説明の看板が、川原の一角に、麗々しく掲げられていた。

それが、いかにもむなしい。

旧堤防の向こう側、新干拓地に延びる道路に、ようやくたどり着く。

まっすぐな道。車でその道を走ると、道脇のタマネギ畑に、白い貝殻が落ちているのが目に入る。車を止めて、タマネギ畑に近づいてみる。貝殻はハイガイだった。それも、いくつも落ちている。まだ、貝殻が、左右であわさっている状態のものも見つかった。

まっすぐな道の突き当たりには駐車場がある。駐車場から土手に上ると、眼下に広がるのは、干陸地。一面のぼうぼうたるアシやススキの原だ。その先に淡水化された調整池があり、さらに向こうに、諫早湾を締め切った潮受け堤防が見える。

駐車場脇の用水路付近を歩き回る。ハイガイに混じって、ヒロオビヨフバイやタマガイ類のゴマフダマといった巻貝の貝殻が落ちていた。ヒロオビヨフバイは瀬戸内海以南に分布するとされるが、実際の産地は少なく、さらに沿岸部の護岸や埋め立てなどで生息域が狭まっている貝であるという。ゴマフダマは東京湾以南からの記録はあるものの、古い死殻はときおり見つかるが、生息が確認されているのは、有明海～八代海と、瀬戸内海のみであるという（「巻貝類Ｉ――総論」前掲）。そんな貝たちの棲む干潟が、こうして干拓されてしまった。

夕暮れが近づいてきた。

来た道を戻る。

途中、牧草畑の脇で停車。

畑の表土に、おびただしい数のハイガイの貝殻が転がっていて、息を呑む。

この場所が、干潟の真ん中にあったことを、突如、実感した。

それが、一面の草の原になっている。

なんということをしたのかと思った。

この場所が干潟だったとき、そこはどのくらい豊かであったのか。

諫早湾の干拓直後の調査では、旧堤防の地先、1～2キロの範囲に、おびただしいハイガイの貝殻が見られた地帯があったとある。その密度は1平方メートルあたり30～40個体にものぼり、そのハイガイの高密度帯が全長3キロ、幅1キロの一帯に広がっており、その中に生息していたハイガイは、およそ1億個体と見積もられたという（「二枚貝類―特に諫早湾について」前掲）。はるかに、山並みが見える。干潟であったとき、夕暮れに染まるその山並みは、どんなふうに見えたのだろうか。一度も見たことはなく、これからも見ることはかなわない光景を思う。

## ハイガイの味

諫早を後にし、この日は佐賀県の鹿島に泊まる。

翌朝、潮が引く時間にあわせ、佐賀・七浦の干潟に行ってみる。曇天。にび色の空と、同じような色合いの泥の海が、眼前からはるかかなたまで広がる。潮の引いた干潟を前にして、その圧倒的な存在感に心が騒ぐ。

小さな漁港があった。その漁港のコンクリートのスロープを降りてゆく。そんな僕の姿を認め、泥上のムツゴロウやカニたちが、一斉に動く。

コンクリートの終わりから、干潟は唐突に始まっていた。その境界線には貝殻が山をなしている。食用とされ、捨てられた貝殻だ。サルボウの貝殻ばかりが落ちている一角がある。タイラギの貝殻が目立つ一角もある。ハイガイの貝殻だらけの一角もあった。

諫早一帯では、ハイガイをシシガイと呼んで食用にする。

『聞き書き　長崎県の食事』（農文協）の諫早地方の食の記録に、ハイガイが登場する。

「はい貝（灰貝）は、小ぶりな赤貝に似ていて、しし貝といっている。昔はこれを焼いて石灰をつくったという。自分でもとれるが、たいていは専門の人がとって売りにくるのを買う。そのままゆでて食べてもよいが、ゆでてから身をとり出し、油で炒め、砂糖少しと醤油で煮ておくと長くもつ。弾力があり、かみしめればかみしめるほど、中の身がおいしい。また、殻をよく洗って味噌汁にすることも多い」

こんな調理法が紹介されている。

ハイガイは、日本以外の韓国や中国の沿岸部、東南アジア、東インドなどにも分布している。そうした海外においても、ハイガイは食用とされているところがある。例えば、中国の上海でのハイガイの食べ方は、次のようであるという。

「殻のままよく洗い、どんぶりなどにいれ、熱湯を注ぎ、殻の口からぶつぶつ泡がでてきたところで、湯を棄て貝をとりだし、殻を開けて、生煮えのところへ醤油をたらして食べる」

これとは別の料理法もある。

「よく洗ったのを、殻ごと油でいため、殻の口が開いたら、醤油と酒で味をつける。いためすぎないこと」（『有明海　自然・生物・観察ガイド』菅野徹　東海大学出版会）

この食べ方を紹介している本の著者は、実際にためしてみた感想を、「その精妙な味のハーモニーは貝の中でも、これはもっともうまい貝ではなかろうか、という印象を抱かせるほどであった」と書いている。

縄文時代、関東地方にも分布し、大森貝塚でも多数の貝殻が出土したハイガイは、昭和10年ごろまでは、西日本各地の内湾（伊勢湾、三河湾など）で見られたが、干拓などの影響で急速に分布を狭め、ついには有明海と瀬戸内海の一部のみでしか、見ることができなくなり、さらに有明海でも諫早湾のハイガイは全滅してしまった（「二枚貝類―特に諫早湾について」）。諫早湾が干拓されたことで、日本からハイガイが絶滅した可能性が高いと書いてある本もある（『日本の渚』前掲）。

これはなんとも、もったいないことではないだろうか。

僕は、ハイガイをそれと気づかずに、一度だけ、口にしたことがある。それは、ずっと以前に旅をした、マレーシアのボルネオでのことだ。今や、日本ではハイガイを口にすることは夢幻になってしまった。

七浦の港で、干潟の縁に陣取り、さらに落ちている貝殻に目を向ける。

イチョウシラトリの貝殻が落ちていた。

イチョウシラトリの場合は、食用にされたものではなく、自然に死んだ貝殻だろう。この貝は、北海道をはじめ、東京湾や伊勢湾などで、普通に見られた貝であったものが、1990年以降に生息が確認されたのは、有明海、周防灘沿岸、沖縄の一部であって、「絶滅寸前」とされる貝なのだという（「二枚貝類―特に諫早湾について」前掲）。

僕は、花見川の縄文海進期の自然貝層で、ハイガイやハマグリの貝殻と一緒に、この貝の貝殻を拾い上げている。また、いつの時代のものかはわからないけれど、三浦半島の小網代の干潟にも、ハイガイ、ハマグリ、シオヤガイの貝殻と一緒に、この貝の貝殻が見つかった。ハイガイやイチョウシラトリといった貝たちは、「時」を越える貝殻セットのようなものだ。だから、有明海の干潟で、これらの新鮮な貝殻を拾い上げつつ、思ったことがある。

有明海は、縄文時代を色濃く感じさせる海だと。

あちこちで、「時」を越える貝殻を拾い集めて行き着いたところが、有明海であったのだ。有明海は、縄文海進期の日本を覗く、「窓」のようなものということもできるかもしれない。

僕たちは、そんな「窓」を壊し続けていることをはたして自覚しているのだろうか。

## シャミセンガイの味

七浦の干潟を後にし、電車に乗って、福岡県の柳川を再訪することにした。2時間ほどの旅程である。以前訪れた時と同じく、沖端川の漁港を目指す。漁港近辺でオカミミガイの生息状況を調べた後、白秋記念館周辺に立ち並ぶ魚屋を見て回ることにした。

柳川の魚屋の店頭には、ムツゴロウや、ワラスボというヘビのような奇妙な姿をしたハゼといった独特の魚たちのほか、柳川でワケと呼ばれるイソギンチャクも売られていたりするので、「生き物屋」にとっては目がはなせない。貝の仲間もいろいろある。メカジャと呼ばれるミドリシャミセンガイも売られている。ミドリシャミセンガイは、腕足貝であって、本当の貝の仲間でないことは、先に紹介した。モースが日本にやってきた目的が、この仲間の観察であったことにも触れた。かつては江ノ島周辺でも多数のミドリシャミセンガイが見つかったことをモースは書き残しているが、おそらく現在は見ることができないだろう。そのミドリシャミセンガイが、魚屋の店先で売られている。

モースは日本に滞在中、九州地方に旅をした。その中で肥後（熊本）に立ち寄ったときのことを、『日本その日その日2』の中に、次のように書いている。

「海に出たが、満潮だったので、漁夫の小家に近い貝殻の堆積の間から採集をし、完全な状態にある見事な標本を多く得た。ごみすてば塵芥堆の一つの内に、大型な緑色サミセンガイの貝殻を大多数発見した時、私は如何に驚いたであろう！　この動物は食料に使用されたので、私は狂人のように走り廻りながら、どこで此等の貝を掘り出したのか、話してくれることの出来る人をさがし求めた」

モースはシャミセンガイを食料にしていることにも驚いたに違いないが、シャミセンガイが食料にできるほど大量に生息していることに、もっと驚いたのだろう。続けてモースは、次のように書いた。

「一瞬間、私はすべてを放擲して、私の全注意心をこの古代の虫に集中しようかと思った」

モースがシャミセンガイのことを「虫」と表現しているのは、モースはこの生き物を研究した結果、ゴカイなどの「ワーム」に近い生き物であろうという研究結果を得たからだ（現在では腕足貝は、独自の腕足動物門に分類されているということは、先に書いたとおりである）。

現代に話を戻すと、販売されていたミドリシャミセンガイは、100グラム700円だった。そこで、200グラム、買い入れる。他には、一袋だけ網袋入りのウミニナ（先に書いたように全国的に絶滅寸前）や、バイ（かつてはごく普通種であった貝だが、現在は全国的に減少中。千葉県のレッドデータでは、重要保護生物に指定）も店先に並んでいた。アカニシも沢山並んでいたが、アカニシの貝殻の上には、移入種のシマメノウフネガイが沢山くっついていた。

魚屋のおばさんに話を聞く。アカニシはマルゲー（丸貝）と呼び、酢味噌和えや甘辛くたいて食べるという。テングニシはコウケ。こちらは刺身で食べるという。いずれも、千葉生まれの僕にとっては、貝殻は拾ったことがあっても、「食べる貝」というイメージを持っていなかった貝である。

二枚貝は、アカガイという名でサルボウが沢山売られている。シシガイ（ハイガイ）はありませんか？　と聞いてみたところ、シシガイはアカガイと一緒じゃないのか？　と聞き返された。有明海でもハイガイが多産するところでのみ、ハイガイを利用する文化が育ったということなのだろう。

一泊二日の日程を終え、沖縄に戻る。さっそくミドリシャミセンガイで味噌汁を作ってみた。ミドリシャミセンガイは薄い二枚の貝殻の後ろに、肉質の柄を伸ばしているのだが、持ち帰るまでに、その柄はほとんどの個体で自切してしまっていた。

味は、何だろう？　貝殻をはずして中身を口にいれると、しゃきしゃきした食感がある。この食感はアサリやハマグリとはずいぶん異質だ。一方で、汁はシジミ汁のような風味。そんな感じだ。柄のほうは、弾力が強くて、噛み切れない。せいぜい、だし汁の素というところだろうか。しかし、この

ミドリシャミセンガイも、いつまで味わうことが可能なのだろうと思う。
屋久島、東京湾、桑名、有明海と貝殻を求めて旅をした。
それでもまだ僕は、「今」を生きるハマグリの貝殻を拾えずにいた。

# 7章　幻のハマグリ

## 沖縄島のハマグリ

時間が少しとれたので、海に向かう。

曇天。おまけに潮も悪いが、贅沢は言えない。

最初に足を向けた海岸で、思うように貝殻が拾えなかったので、沖縄島中部・中城の照間海岸に行ってみる。ハセガワさんらが来たとき、ハイガイの貝殻を一つ見つけた海岸だ。もう一度、ハイガイの貝殻が落ちていないか見に行くことにしたのだ。

海岸をうろうろして、落ちている貝殻に目をこらす。しばらくして、ようやくハイガイの貝殻を見つけた。かなり磨り減って、色も黒ずんだものだ。結局、この日は3個のハイガイの貝殻を見つけた。ハイガイは、沖縄島では絶滅した貝だ。少なくとも、1000年ほどはたった貝殻ということになる。ハイガイに目をこらしていたおかげで、落ちていることが「見えてきた」貝殻が他にもある。そのひとつがベニエガイの貝殻だ。

二枚貝のベニエガイの貝殻には、これといった著しい特徴がない。照間海岸には、このベニエガイの貝殻が沢山落ちている。しかし、このときまで僕は、これほど落ちているということにまったく気づいていなかった。僕がベニエガイの貝殻に気がついたのは、この貝が沼のサンゴ礁から、化石としてよく見つかる貝であることを意識したせいだ。ベニエガイは6000年前、僕の実家のある館山の海岸に多数、生息していた。そのベニエガイは、沖縄島の照間海岸で普通の貝だ。縄文時代の東京湾は、有明海に一部、その姿をとどめている。縄文時代の館山湾の姿は、沖縄島の海岸で、垣間見られる……ということになるだろうか。

海岸に転がる貝殻は、現生のものから化石まで、さまざまな「時」を経た貝殻たちのグラディエーションで構成されている。

照間海岸に見られる貝殻も、現生のベニエガイ、1000年以上前のハイガイのほかに、まだいくつかの時代の貝殻が混じっている。

二枚貝のカケラを拾った。ホタテガイの仲間だ。その貝殻のカケラには、砂岩のかけらもこびりついていた。二枚貝のカケラは、化石なのだ。それも、100数十万年前のものである。ハセガワさんが来たときに見つけた、リンボウガイの化石とほぼ同じ年代のものであり、ハイガイの貝殻より、ずっと古い時代のものだ。地層中に堆積した化石が、波の作用で洗い出され、干潟の転石の間に転がっていたりするのである。貝殻の化石はあまり見ないが（見分けられていないだけかもしれないが）、貝殻よりさらに丈夫なサメの歯の化石は、しばしばみつかる。

さらにまだ別の時代の貝殻がある。キバウミニナやセンニンガイの貝殻が、この海岸から見つかるのである。

キバウミニナやセンニンガイは、ともにマングローブ干潟に見られる巻貝の仲間だ。キバウミニナはヘナタリと同じ仲間（フトヘナタリ科）の巨大種、センニンガイはウミニナと同じ仲間（ウミニナ科）の巨大種である。

西表島のマングローブ林に行ったことのある人なら、ヤエヤマヒルギの木の下で、落ち葉を食べている大きな巻貝を見たことがあるかもしれない。これがキバウミニナだ。沖縄島から1996年に1個だけキバウミニナが見つかったことがあるが、これが人為によるものか、海流に乗って幼生が流れてきたものか、わかっていない（「沖縄島北部で発見されたキバウミニナの生貝」久保弘文『ちりぼたん』26巻3・4号）。ともあれ、現在は、キバウミニナの分布は八重山までで、沖縄島ではキバウミニナの生貝は見られない。しかし、そのキバウミニナの貝殻が照間海岸から見つかるのである。また、センニンガイは八重山でも生貝を見ることは無いのだけれど、八重山や沖縄島で、その貝殻を拾うことがある。

クロズミさんは、これらの貝についても調べていて、その資料を送ってくれた。

沖縄島からセンニンガイやキバウミニナが、また八重山からセンニンガイが絶滅した理由として、二つの理由が考えられているという。

①数百年前、地球規模で寒冷化した時期があり、この時に絶滅した

②人間の影響（すみ場所の破壊等）

このうち、クロズミさんは、貝塚から出土する貝殻の研究から、センニンガイやキバウミニナの絶

滅は、②が原因ではないかと考えているという（「マングローブと河口干潟の貝類」黒住耐二『中央博物館だより』63・64号）。

貝塚からこれらの貝が出土するのは、僕も西表島で見ている。

西表島・東部の港、大原のすぐ脇を流れる川が、仲間川だ。この川の河口部にはマングローブ林が広がっているが、その河口部の橋のたもとに、仲間第一貝塚の碑が建っている。碑文を読むと、新石器時代のおよそ1000〜1200年前の遺跡であると書かれている。その碑の脇から河口干潟におりると、貝塚に含まれていた貝殻が、洗い出され、干潟の周囲に散らばっているのが目に入る。その貝殻を見るとセンニンガイとヒルギシジミの仲間が多い。センニンガイは西表島に現生していないのだけれど、貝塚から見つかる貝殻では、優先種といっていいほどだ。散らばっている貝殻を見てみると、センニンガイばかりが目につき、現生で見られるキバウミニナのほうは、ほんのわずかだった。

西表島・干立出身のおばあさんに話を聞くと、キバウミニナは食用として利用していたということだった。

「キバウミニナはチンボーラーと呼ぶ。昔はゆでて売っておる人もいたのに、今は採りに行こうと言っても、行く人がおらん。この前、採ってきて食べたら、身が柔らかくて、とってもおいしかった」

そんな話である（先に書いたように、ヒルギシジミ類もキゾーと呼んで、食用とする）。僕も一度、キバウミニナを食べてみたことがある。足の肉は普通に貝の味がする。すごくおいしいというものでもない。問題は、肉の量が殻に比べ少ないこと。仲間川の貝塚からあまりキバウミニナの貝殻が出土しないのは、これが関係しているのかもしれないと思う。まだセンニンガイを食べたことが無いので比較できないが、ひょっとするとセンニンガイのほうを選択的に採取していたのかもしれないと思うのである。

クロズミさんらは、貝塚の貝殻の研究から、次のような結果を報告している（「琉球列島と台湾における センニンガイ属とマドモチウミニナ属の歴史的衰退：貝塚からの証拠〈英文〉」Ohgaki,S and T.Kurozumi, *Asian Mar. Biol.*)。

「沖縄島では、センニンガイは12世紀以降、キバウミニナは17世紀以降消滅した」

「八重山では、センニンガイは17世紀以降に衰退、消滅した」

つまり、照間海岸でキバウミニナの貝殻を拾うと、それは４００年ほどの「時」を経たものであるわけだし、センニンガイの貝殻なら、少なくとも９００年ほどの「時」を経ているというわけである。

ここで、照間海岸に落ちている貝殻の年代について、まとめてみよう。

照間海岸からは、次のような貝殻が見つかった。

１００数十万年前　ホタテガイの仲間など
１０００年以上前　ハイガイ
９００年以上前　センニンガイ
４００年以上前　キバウミニナ
現生　ベニエガイなど

さらに、この日、あらたに気がついた貝殻がある。それが「ハマグリ」の仲間の貝殻だった。

死んでから時間のたった貝殻らしく、「ハマグリ」の貝殻はバラバラになったもので、貝殻の表面のつやもなくなっていた。一方で、まだ貝殻には色が残っていた。貝殻は厚めである。その点は、本土のチョウセンハマグリに似ているかんじだ。以前、沖縄のカニや貝を紹介している本で、沖縄島の中城湾ではチョウセンハマグリの養殖がなされたことがあったという解説を読んだことがあった（『沖縄の貝・カニ・エビ』平田義浩ほか　風土記社）。これが、その養殖したチョウセンハマグリの名残だろうか。いずれにせよ、現生のものではなさそうだ。数十年前の貝殻といったところだろうかと、この時僕は思った。

## 身近な貝

「貝といったら、何を思い浮かべるか？」

沖縄出身の大学生にアンケートをとったら、アサリやシジミの名前が上位にあがった。しかし、それは消費社会の発達のもたらした結果だ。もともと沖縄と本土の自然は異なっている。では、もともとの沖縄の人々にとって、身近な貝というのは何だったのだろう。これも、屋久島の例で見たように、島ごとではなく、集落単位で、身近な貝の種類が異なったりするのが本来の姿だ。

照間海岸付近では、どんな貝が身近だったのだろうと思う。身近と思う貝に、「養殖のハマグリ」は含まれたのだろうか？　ただ、照間出身の知り合いがいない。代わりに、沖縄島南部・佐敷町出身の知り合いがいる。佐敷の海岸は、広い干潟があったのだが、現在は埋め立てなどで、だいぶ様子が変わってしまっている。その佐敷干潟の貝の話を聞いた時、「養殖のハマグリ」の話が出たことを思い出した。

身近な貝についての話を聞かせてくれたのは、僕が関わっているフリースクールの講師の一人、タケシゲさんだ。佐敷出身のタケシゲさんは、僕より数歳、年長である。

「身近な貝といったら？」という僕の問いに、タケシゲさんは「シチダンだな」と即答した。

シチダンというのは、佐敷でカンギクのことを呼ぶ名だ（地域によっては、カンギクのことをチンボーラーと呼ぶこともある）。カンギクは、丸っこい形をした巻貝で、潮の引いた干潟で探すと、転石の裏などに潜んでいる。カンギクの蓋は厚い石灰質で、同じような蓋を持っていることからもわかるようにサザエの仲間（サザエ科）の貝だ。このカンギクにごく近い種類が、大森貝塚から貝殻が出土したスガイである。カンギクは、ゆでてそのまま中身を針などを使って取り出して食べるか、取り出した中身をアンダンスー（油味噌）に加工して食べるという。

「チビタッチューやキグヤーと呼んでいる貝も食べた。食

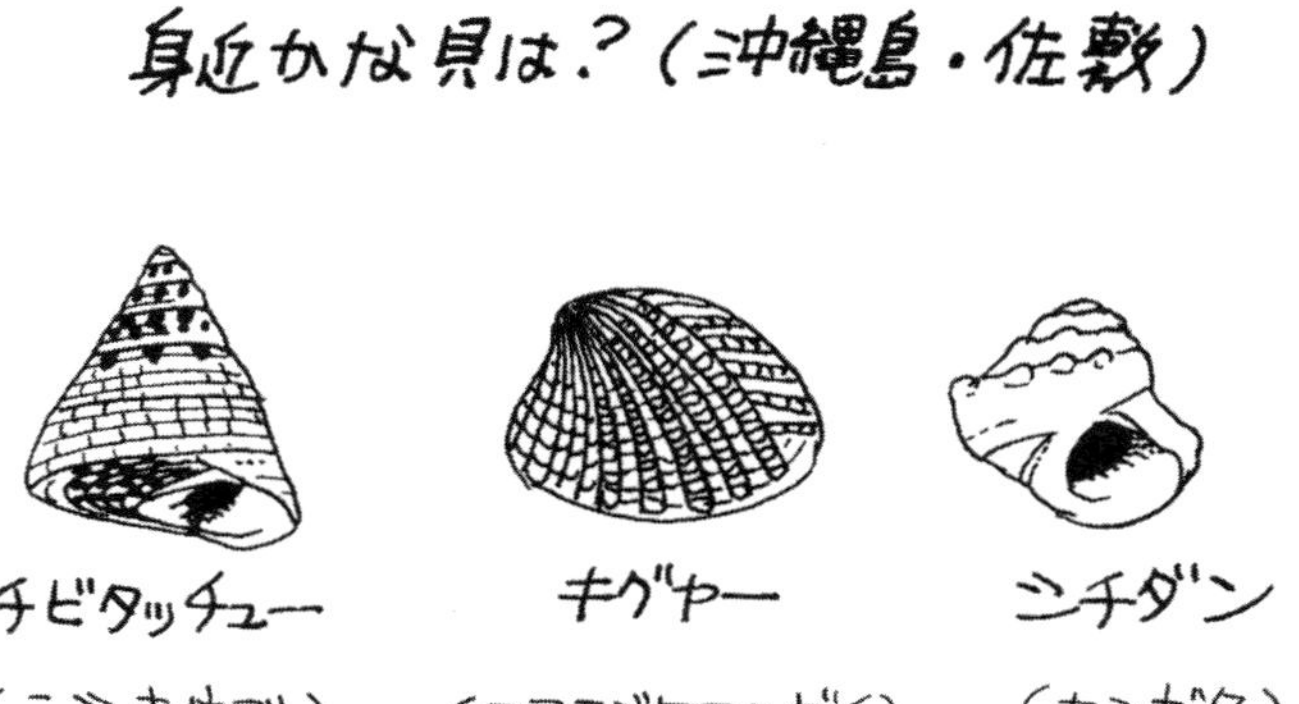

べられないのはクスンダー。中に泥が詰まっているから。これはンチューやチヌといった魚釣りの餌にした。あと、養殖した残りで、ハマグリもいた」

こんな話が続く。チビタッチューというのは、「尻がとがっている」という意味。タケシゲさんのお母さんにもお話をうかがったのだが、そのとき見せた貝殻の中で、ニシキウズの貝殻を指して「これがチビタッチュー」と言われた。また、キグヤーは、アラスジケマンガイのこと。干潟でよく見られる二枚貝で、汁にするとおいしい貝だ。

タケシゲさんの話にも「養殖ハマグリ」が出てきたが、タケシゲさんのお母さんは、もう少し詳しく、「養殖ハマグリ」について教えてくれた。

「戦後、みんな埋め立てられてしまったけれど、昔はきれいな浜がありました。地引網もその頃はあって、ハマグリもいて、あれは大きかったですね。ハマグリは内地の人が植えてから、広がりました。昔は管理人さんもいましたよ。地引網をしながら、足で砂をかきまわして採りました」

こんな話だった。

沖縄にはハマグリはいない。一時的に本土から「ハマグリ」を持ってきて、養殖したことがある。それも今は絶えてしまっている。その「ハマグリ」の貝殻が、今もときに見つかる。だから照間海岸で見つかる「ハマグリ」の貝殻は、そうした数十年前ほどに消滅した「養殖ハマグリ」のもの……と、僕は思っていた。

## 沖縄島のハマグリ

沖縄の「ハマグリ」の正体を教えてくれたのは、クロズミさん同様の怪（貝）人だった。ただし、クロズミさんのように、貝の話が怒涛のごとくとまらないのではなく、貝についてたずねると、ぽつりぽつりと、答えてくれる。怪（貝）人というよりは、貝の精というほうが、あっているかもしれないと思える人だ。

友人の紹介で、そんな貝の精、ナワさんに会う。

ナワさんは大阪出身だという。少年時代から、貝に興味を持ち、その後、琉球大学に進学し、貝の研究に手を染める。およそ、沖縄の貝について、何を聞いても答えが返ってくる人である。かの、中城湾の浚渫泥からウミマイマイの一種を報告しているのも、ナワさんなのだ。

ナワさんは、僕より7歳ほど年下だ。しかし、貝とのつきあいは半端ではなく、僕なんかはとうてい足元にも及ばない。

例えば、自分で採集した貝で、一番古い記録が残っているものはなんですか？　と、聞いてみたときのこと。

「4歳のときに拾ったオキアサリです」

ナワさんが、さらりと答えた、その答えに驚く。

4歳！　僕の採集した貝殻で、最も古い記録のあるものは、小学4年であったのに……。

「その貝殻のデータはこれです」

さらに驚いたのが、つづいての、その一言だった。

ナワさんは、おもむろにカバンの中から一冊の本を取り出すと、その中のあるページを指し示したのだ。

「オキアサリ　日本京都府網野街木津川河口　1973年7月　J・N」

本のページには、そんなデータが書き込まれている。最後のイニシャルは、ナワさんが採集したという意味だ。これは『琉球大学資料館（風樹館）二枚貝類標本目録』（琉球大学資料館）という本の内容である。つまり、ナワさんは4歳のときに拾い上げたオキアサリの貝殻をまだ持っていただけでなく、それを琉球大学の資料館に標本として寄贈しているということなのだ。この4歳のときのオキアサリに限らず、ナワさんは所蔵していた貝の標本をすべて琉球大学の資料館に寄贈したのだという。

「この前、諫早に行きました。そこで初めて、ウミマイマイの貝殻を拾ったんです」

おずおずと、そんな話をしてみる。

「諫早のウミマイマイは、有明海の中でもちょっと大きいですね。諫早ではハイガイもぬくぬく育っているのが大成します、でも、もういませんが」

ナワさんは、静かに静かに言葉をつむいだ。

ナワさんも、少年時代は巻貝が好きだったのだそうだ。しかし、琉球大学に入学と同時にやってきた沖縄で干潟の貝に出合ってから、干潟の二枚貝にひかれ、やがて専門的に研究することになった。

まさに、「時」を越える貝たちを追跡してきた僕が、会うべき人であった。

ナワさんは、琉球列島の干潟の貝をあちこち調べて回っている。その結果、琉球列島の干潟の中では、沖縄島の干潟がダントツに貝の多様性が高いことがわかったという。ナワさんの調査結果によれば、沖縄島から八重山にかけての25箇所の干潟で貝の調査をしたところ、沖縄島からは524種、宮古諸島からは201種、八重山諸島からは281種の貝が見つかった（「琉球列島の干潟貝類相　2・沖縄および宮古・八重山諸島」名和純『西宮市貝類館研究報告』6号）。

少し、意外な気がした。八重山、例えば西表島には、広大なマングローブ干潟があるし、沖縄島より、さらに南に位置しているから、貝の多様性も高いのではないかと思ったのだ。

「それは地史のなせるわざです」

ナワさんが、静かな口調で説明をしてくれる。

「沖縄島の中城湾に見られる干潟は、大陸の出先のようなところがあるんです」

そう言う。

沖縄島の干潟が「大陸の出先」であるということを理解するには、縄文海進よりさらに前の時代に遡る必要がある。

過去、70万年の間、地球は、氷河期と間氷期を何度も繰り返してきた。氷河期には海面が低下し、日本列島は大陸と陸続きになり、その逆に、間氷期には海面が上昇し、島々は切り離された。干潟に棲む貝は、そうした地史の影響を強く受けている。有明海には特有の生物が沢山生息しているが、その多くは現在の東シナ海や黄海の沿岸で見られる生物と共通しているため、有明海で見られる生き物は、「大陸系強内湾性種群」と呼べるという（「有明海の地史と特産種の成立」下山正一『有明海の生きものたち』前掲）。

氷河期、海面が低下すると東シナ海の大部分が陸化し、さらには朝鮮半島から九州までがひとつながりとなった。この時代、黄河の河口は済州島あたりにあったと考えられている。そのため済州島から対馬、九州西岸の五島列島近辺は、当時、淡水の影響を強く受ける、強内湾性の広大な干潟が形成された。

その後、海進とともに、この干潟は水没していくが、今度は陸化していた有明海一帯に海が入り込むのと同時に、大陸系強内湾性種群は、有明海に移り住んだ……というわけである（「有明海の地史と特産種の成立」）。沖縄島の干潟に生息している貝にも、そんな大陸系強内湾性種群との関連が見られるというのだ。

大陸系強内湾性種群のひとつがハイガイなのである。

琉球列島のハイガイの分布には、謎があった。過去、沖縄島にはハイガイが生息していたのに、

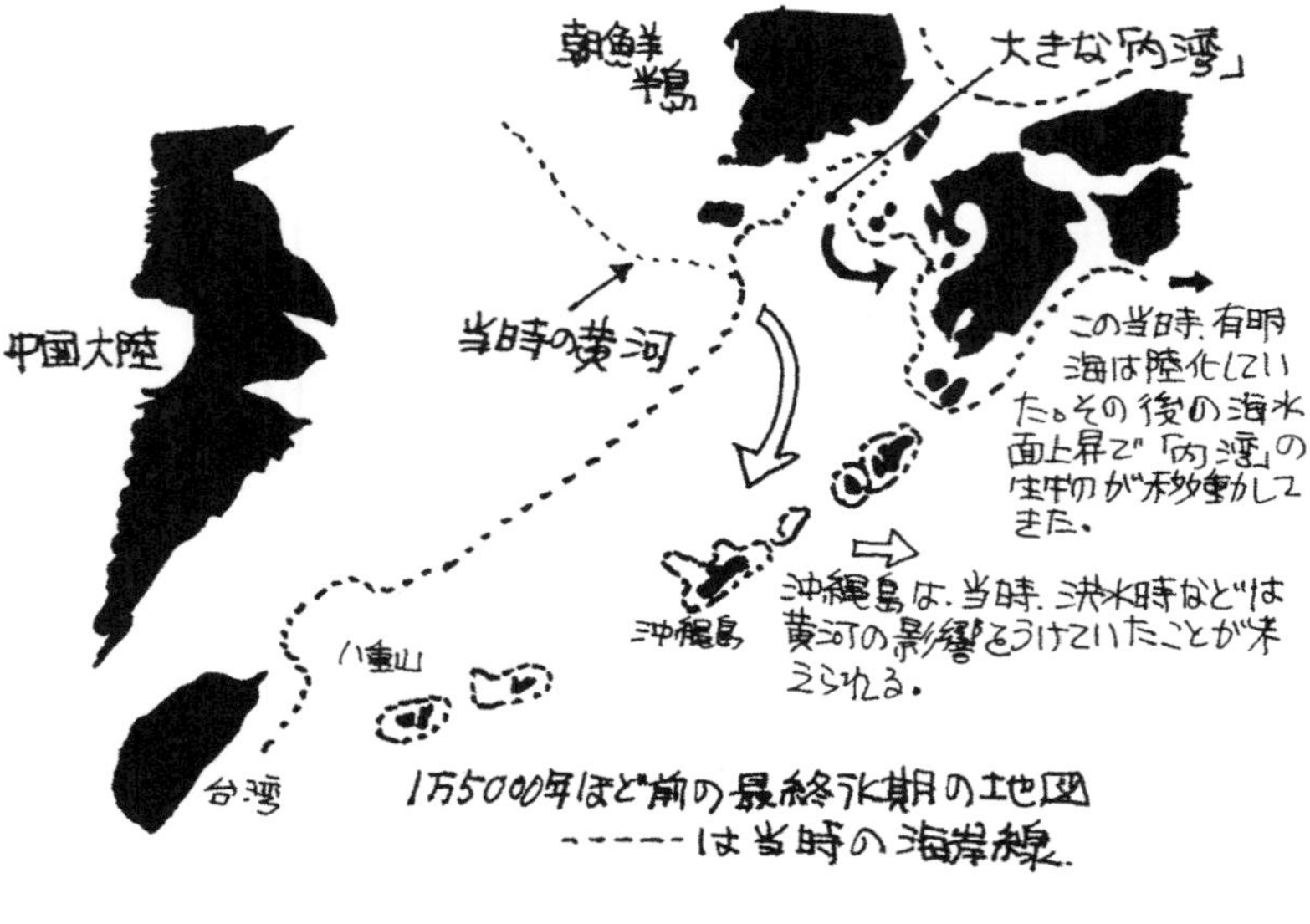

八重山からは過去も現在もハイガイの生息していた様子がないのだ。

その謎が、ナワさんの話を聞いて、解けていく。

沖縄島の干潟にハイガイが見られたのは、大陸の干潟の影響だったのだ。大陸の干潟に棲んでいたハイガイは、海進と供に有明海から瀬戸内海、一部は東京湾まで（最盛期には東北まで）勢力を伸ばし、一方では九州から沖縄島まで生息域を広げた。しかし、八重山までには到達しなかった。

八重山と本土で、シオヤガイが見られたのに、沖縄島にシオヤガイが見られないのも、同じ理由だと思われる。

シオヤガイの場合は、大陸から本土に分布を延ばしたが、沖縄島にはいたらなかった。それとは別ルートの、東南アジアから直接続くルートで、八重山にはシオヤガイが入り込んだのだろう。

つまり、こうしてみると日本の干潟の貝には、二つの出自ルートがあることがわかる。

ひとつは大陸から九州、本州と入るルート（その分流が沖縄島まで到達する場合もある）。

もうひとつは東南アジアから八重山に入るルート（そのまま沖縄島、九州、本州と北上する場合がある）。

沖縄島の場合、この二つのルートの貝が、入り混じっているため、干潟の貝の多様性が高くなっているのだ。

「沖縄島の干潟で貝の多様性が高いのは、歴史の厚みでしょうね。いろんな由来のものが重層的になっているのだと思います」

ナワさんは、こんなふうに表現をした。

そうした沖縄島の干潟で、大陸ルートでやってきたと考えられるハイガイが絶滅したわけはなぜでしょう？　と聞いた。

「ハイガイが絶滅したのは、歴史的には最近といえるほどの時代のことです。海面上昇の結果、島嶼化が進んで、干潟環境が小さくなって絶滅したんだと思います」

では、大陸系の種類で、今も沖縄島の干潟で見られる貝はありますか？　とも聞いてみた。

「オキシジミもそのひとつです」という、ナワさんの答えに驚く。

「オキシジミは中城湾のほかに、羽地にもいますが、琉球列島では、沖縄島の干潟にしかいません」

そう言うのだ。

オキシジミは『大森貝塚』の中に、貝塚中に普通と書かれていた、縄文海進期に、ハイガイと共に東京湾の干潟に生息していた貝のひとつなのだ。しかし、オキシジミは沖縄の市場で売られているような貝だから、「ごくあたりまえの貝」だと、勝手に思い込んでいた。

干潟で見られる貝の謎を解きほぐしてくれたナワさんに、照間海岸で拾った「ハマグリ」についても聞いてみることにした。「これは養殖したもののなごりなのでしょうか？」と。

「チョウセンハマグリに一番近いものですが、別種です。まだ記載されていないものです」

ナワさんは、さらりと言った。

「えっ？」

驚く。

照間海岸で拾った「ハマグリ」はハマグリでもシナハマグリでもチョウセンハマグリでもなく、別の種類のハマグリだという。しかも、まだ正式な名前がついていない種類なのだそうだ。その「ハマグリの一種」は、名前が正式に付けられる前に、絶滅してしまったものである。

## キルン

「養殖ハマグリ」の名残と思っていた貝殻は、沖縄島固有のハマグリの一種で、さらに絶滅種だった。

さらに調べてみると、この「ハマグリ」にはキルンという沖縄口があることを知る。

沖縄県版のレッドデータブック（『改定　沖縄県の絶滅のおそれのある野生生物　動物編』）を開いてみる。

「沖縄島にも、かつてハマグリ属の一種が生息していた。この種は外套《がいとう》線湾入の形状などからチョウセンハマグリに近い種と考えられ、１９４０年代まで中城《なかぐすく》湾佐敷《さしき》干潟と与那原《よなばる》海岸に生息していることが知られている、このハマグリ属の一種は、金武湾沿岸の貝塚群からも殻が大量に出土している」

このような記述があった。

中城湾佐敷干潟に生息していたとある。では、タケシゲさんや、タケシゲさんのお母さんが話をした「養殖のハマグリ」とは、どういうことなのだろうか。

この点に関しては、『佐敷町史　二　民俗』を見る。

漁業の貝の項目に、「チョウセンハマグリ」が紹介されていた。

この「チョウセンハマグリ」を「キルン」と呼んでいたともある。

「かつて佐敷の海浜は貝類も豊富で、天然のキルンも多かったようであるが、潮流関係と思われる海の異変により、天然のキルンは死滅し、殆ど絶滅状態になった。そのとき馬天《ばてん》ナガンジュの貝場は、殻を開けて浮いたキルンの死殻で、一面白く覆われたほどであった」

「村当局は、キルンの絶滅を防ぐため、昭和初期に本土から移入し、養殖を試みた。（中略）しかし、夜間しばしば盗難にあい、この方法による養殖は、失敗に終わった」

その後、あらたに本土から移入、養殖は成功したのだという。

「馬天の浜で採れた在来のキルンは、馬蹄ほどの大きさもあったと表現されるほど大型のものであった。王府時代には、首里王府からキルン納入の御用が達せられ、上納したほどのものであり、このことをキルン御用（グユー）といっていたという。天然のキルンは養殖キルンに追われるように少なくなり、絶滅したという。養殖キルンは、有明海から取り寄せたともいわれる」

また、キルンの採り方は、砂上のキルンの出入水管で出来た穴を見つけ、鎌でかきとるようにして採ったという。カチッという音と、手ごたえでキルンが潜っていることがわかったと書かれている。

これらの内容を整理してみる。

もともと、中城湾から金武《きん》湾にかけて、キルンと呼ばれる在来のハマグリの一種が生息していた。このキルンは貝殻内部の外套線などから、チョウセンハマグリに近い種類だと考えられている。また、「金武湾沿いの貝塚からキルンが出土し」とあるので、金武湾沿いの照間海岸のものは、数十年前ではなく、もっと古い時代の貝殻の可能性が高い。キルンが最後まで生き残っていたのは「中城湾沿岸の佐敷干潟と与那原干潟」で、それも１９４０年ごろには絶滅したものらしい。また、キルンの減少に伴って、昭和初期から、養殖用に本土から「ハマグリ」が持ち込まれたが、これが有明海産のものだとすると、チョウセンハマグリではなく、ハマグリだと考えられる。この養殖ハマグリは、佐敷生まれの50歳ぐらいの方なら、まだ実物を見た記憶が残っている……。

キルンの生息地だった干潟のうち、与那原干潟は埋め立てられてしまった。残る佐敷干潟に出向くことにする。この干潟も埋め立てにより、昔日より規模が小さくなっている。

佐敷干潟は中城湾沿いの約80ヘクタールの内湾干潟である。佐敷干潟の陸域は、キビ畑が広がっている。そのため、干潟に流れ込む河川からは、畑地からの土砂が雨のたびに流れ込む。また、１９５０年に米軍によって持ち込まれた浚渫土砂が干潟内に砂州を作っているが、これらの土砂が干潟の底質環境を悪化させていると、報告書にはある（「琉球列島の干潟貝類相２　沖縄および宮古・八重山諸島」前掲）。

干潮時、干潟に足を踏み入れる。

干潮時だというのに、僕以外、誰も干潟に降りていない。

報告書にあるように、佐敷干潟の底質は悪化している。流れ込む水の水質も悪化し、流れ込むゴミも多い。そのため、かつてに比べ、貝などの生物相が少なく、潮干狩りをする人の姿がない。

干潟上には、貝殻が多数、散らばっている。

タイワンシラオガイという二枚貝や、厚い貝殻のスイショウガイの貝殻が目立つ。しかし、いずれも古い貝殻だ。スイショウガイの貝殻は、ほとんどヤドカリの住居となっている。ホネガイの仲間の貝殻も落ちていた。ホネガイの仲間の貝殻を海岸で拾うと、まだびっくりしてしまう。この貝殻も、棘はしっかりと残っていたけれど、貝殻の色は黒っぽくなっており、ずいぶんと古い貝殻のよう。「貝殻は丈夫」である。今、生きている貝がいなくとも、貝殻は残り続けるのだ。

オキシジミの貝殻も見つかった。ナワさんの話を聞いた後なので、普通種と思っていたオキシジミが、貴重に思える。オキシジミは汚染に強いのか、生き残っている貝がいるようだ。オキシジミは、二枚の貝殻があわさったものが見つかった。

泥にはまらないように注意しながら貝殻を拾い集めていくうちに、キルンの貝殻を見つけた。この日見つけたキルンは、総計6個。うち、全形が残っているのは半数。全形の残っているものの中で一番大きな貝殻は、殻長が9センチメートルあった。貝殻には色も残っておらず、

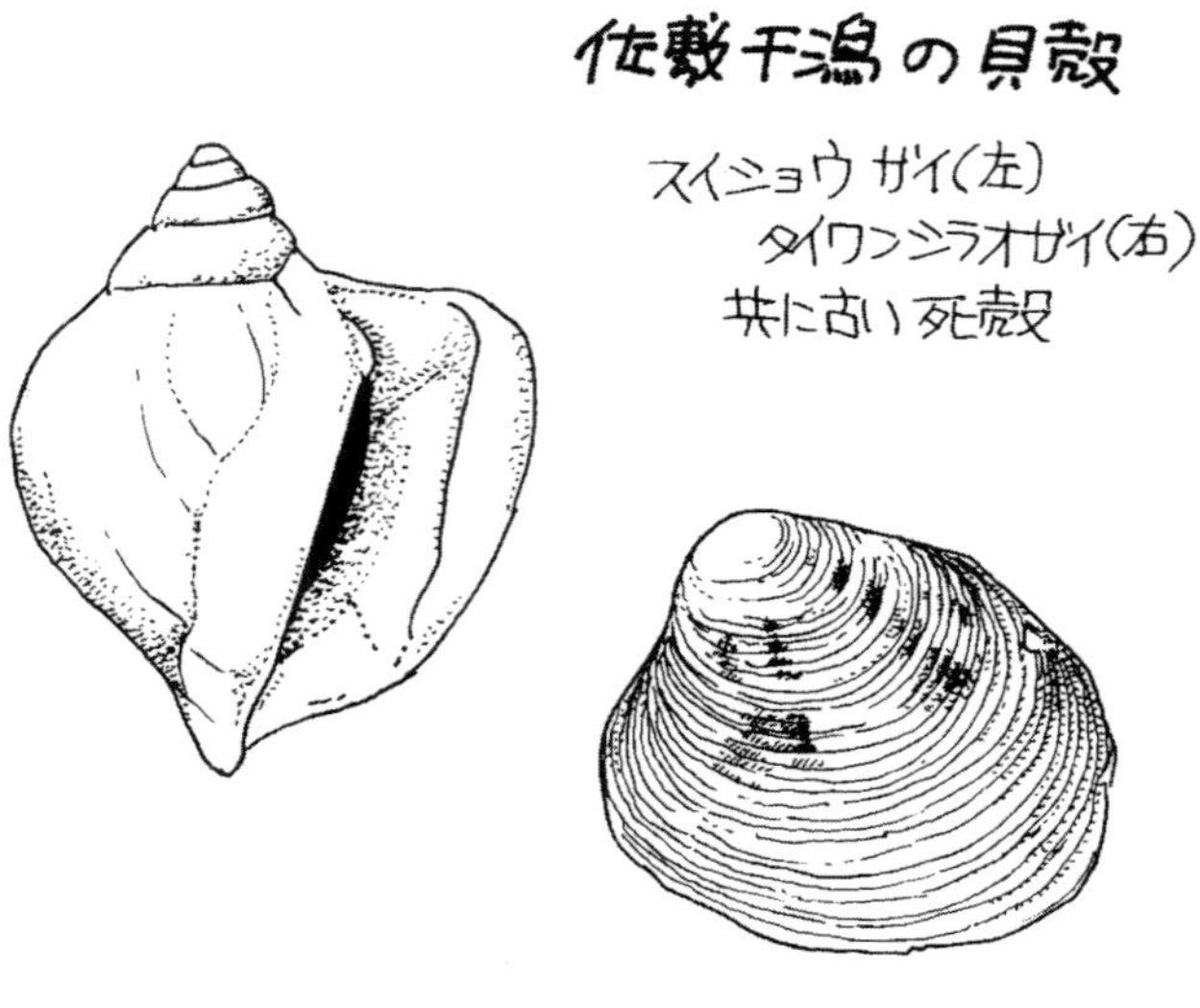

かなり磨耗をしているものだったけれど、「馬の蹄ほど」とも言われた大型のハマグリ類が生息していたことは、確かに実感できた。

真夏の昼下がりだった。

くらくらするような熱気の下、古びたキルンの貝殻を見つめていると、在りし日の干潟が蜃気楼のように立ち現れてくる気がした。

## 碁石のハマグリ

沖縄島のキルンは、幻のハマグリである。

すでに絶滅してしまったキルンは、古びた貝殻を拾うことしかできない。

では、本土に見られるハマグリは、幻になっていないのだろうか。

調べてみると、宮崎や大分には、まだハマグリの生息する干潟があると本には書かれていた。ちょうど大分で仕事の話が入る。貝殻拾いをしながら、宮崎と大分を回ることにした。

宮崎でまず見てみたいと思ったのは、碁石用の「ハマグリ」の産地である。

碁石には白と黒がある。黒は石なのだが、白の素材は貝殻なのだ。この白い碁石の素材となっている（た）のが、宮崎・日向《ひゅうが》産の大型のチョウセンハマグリの貝殻だ。

日向のチョウセンハマグリの貝殻が碁石の原料に使われるようになったのは、1863年からだという。それまで、チョウセンハマグリの貝殻は、地元の人々にとって、「浜の石に等しいもので誰ひとり拾おうともしなかった」という。

ところが日向産のチョウセンハマグリの貝殻は他の地域のものより大型で貝殻が厚かったため、碁石の素材として適していた。この碁石の素材として使われたのは、生きたチョウセンハマグリではなく、死んで海岸に打ち上げられたり、海底に堆積している、「時」を経た貝殻であった。最初は海岸に打ち上げられたものをただ拾い集めるだけであったものが、しだいに海底に潜って採取したりする方法がとられるようになり、1952年には、船に載せたポンプで海底の砂ごと吸い上げる方式までとられるようになった……(「非日常的資源利用のための戦略 ― 日向灘ハマグリ碁石を事例に ―」李善愛『宮崎公立大学人文学部紀要』9巻1号)。

こうして使用されるチョウセンハマグリの貝殻が、どのくらい「時」を経たものであるかというと、「普通には数十年、数百年前に枯死した大型殻」であるという(「日本最高級品囲碁日向はまぐり談 ― 延岡市理学博士宿屋寿先生をしのんで ―」鈴間愛作『福井市立郷土自然科学博物館研究報告』38号)。

日向市にある、「はまぐり碁石の里」を訪れる。

みやげ物屋やレストランも併設しているが、ここは今でも職人さんたちが貝殻から碁石を製造している現場である。

碁石の素材となる貝殻の取材に来ましたと事情を話すと、製作部門の課長補佐をしているイイダさんが対応をしてくれることになった。

碁石の素材となる貝殻にも、上等のものとそうじゃないものがあると、イイダさんが言う。例えばシャコガイの貝殻は厚いけれど、碁石にするとヒビが入りやすく、よくないのだそう。

西表島で、縄文海進期のオオシャコガイが、碁石にされたという話を聞いたことを思い出した。オオシャコガイから作られた碁石は安物だったということか。はたまた試作されたものの、量産されなかったということか。

碁石作りの工程も見せていただいた。

まず、貝殻から丸い原型をくりぬく。くりぬくには、ダイヤモンドの刃を使った機械を使う。この貝殻に、大型のチョウセンハマグリを使っていたのだが、海底からサンドポンプを使ってまで採取したため、日向一帯の海岸に見られた「時」を経たチョウセンハマグリの貝殻（枯貝と呼ぶ）は枯渇してしまい、以後、メキシコ産のメキシコハマグリ（ハマグリとは別の属の貝）の貝殻が使われている。現在では現地でくりぬかれた貝殻を輸入しているのだそうだ。こうしてくりぬかれた貝

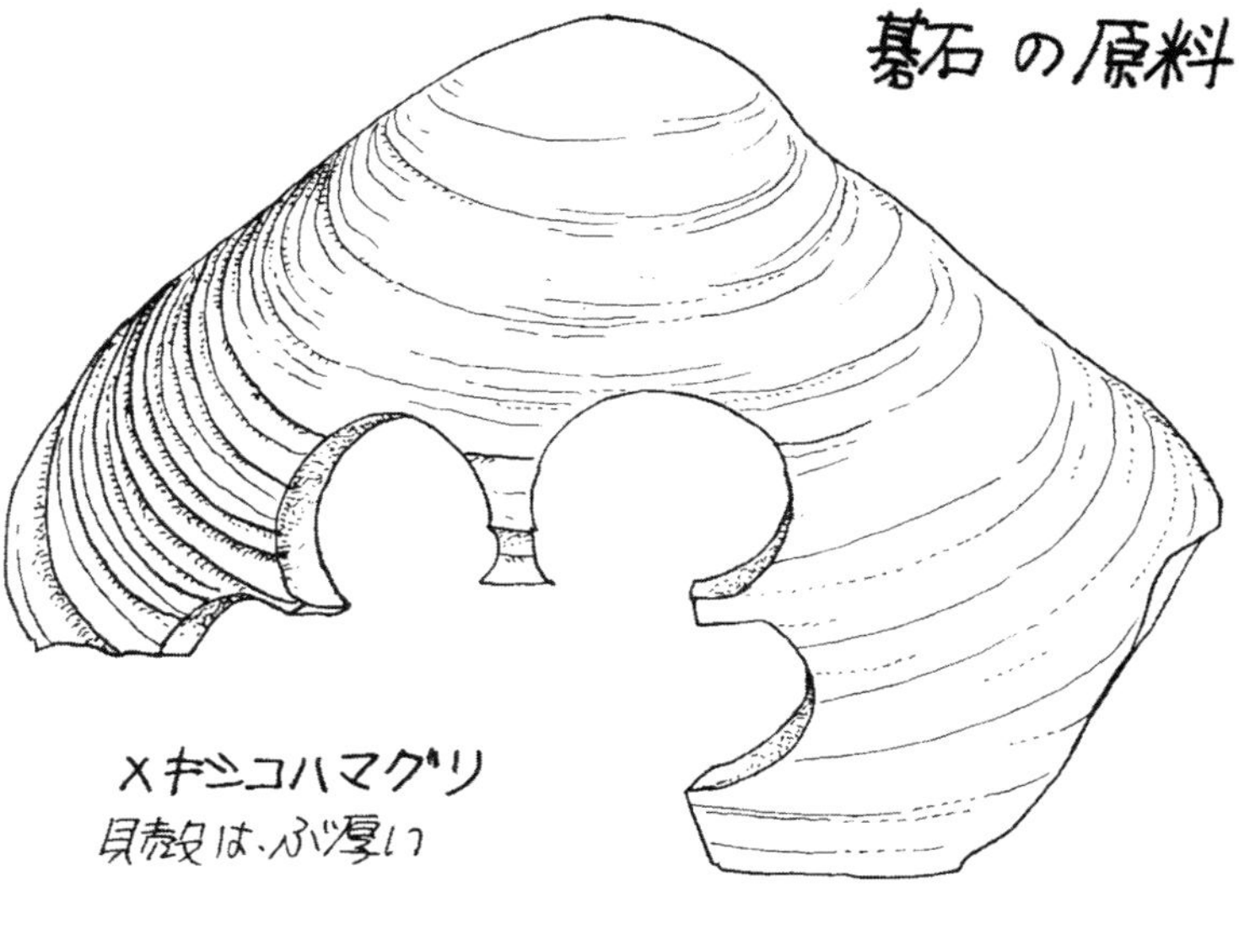

殻の円盤は、過酸化水素水で漂白される。

第2工程は荒摺り。くりぬいた円盤状の貝殻の面をとって割れにくくする工程である。その後、片面削り、もう片面の削り、耳取りと工程が続く。こうした作業工程は、各工程に専門の機械が一つずつあり、手作業で工程がこなされていく。つまり、機械は使用されるものの、碁石は一つずつ、形を整えられていくのである。最後は、樽の中に碁石と研磨剤を入れ回転させ磨く、「樽みがき」という工程となる。

日向産のチョウセンハマグリで作った碁石は、明かりにすかすと、「縞目」が細かく入っているのが特徴であるのだという。が、海底の砂中に埋蔵されていた「枯貝」は掘りつくされてしまったので、今や「伝説のはまぐり碁石」と呼ばれるほどなのだそうだ。なにしろ、大型のチョウセンハマグリの貝殻といえども、その貝殻の中から取れる碁石はせいぜい2個で、そのうち厚みがあって上等なものは1個だけであるのだ。そうしたチョウセンハマグリに比べると、メキシコハマグリは貝殻がとても厚く、一枚の貝殻から、いくつもの円盤が打ち出せる。

外洋性のチョウセンハマグリは、千葉でも健在だ。九十九里の海岸や、館山でも外洋に面した平砂《へいさ》浦《うら》海岸などで、よく貝殻を見る。しかし、日向では、「時」を経たチョウセンハマグリの貝殻のみが碁石にされた。その「時」を経たチョウセンハマグリの貝殻は、今や幻となってしまったわけだ。

## 奇跡の浜

「はまぐり碁石の里」で、「ハマグリ博士」と落ち合う。

元琉球大学教授のヤマグチ先生である。

貝殻を拾い集めるうち、貝殻を介して人にも出会う。

先生は海洋生物の研究者であり、その研究テーマの一つがハマグリなのだ。大学を退官されたのちも、宮崎に移住し、私設の研究所を立ち上げて、ハマグリの研究を続けられている。僕は宮崎在住の友人の手引きで、先生の存在を知るとともに、こうして直接会うことができた。

日本におけるハマグリの現状を、ヤマグチ先生の論文から教わる（「新潟県柏崎市で発見されたハマグリについて―柏崎産ハマグリは、どこからやってきたのか―」佐藤俊男・山口正士『柏崎市立博物館館報』24号）。この中に、「日本人にとって（中略）最もしたしまれてきた本種については、近年日本国内の生息地において、干潟の開発などの人為により、汽水域が消滅し、地域によっては絶滅種となり、かなり危険な状況となっている」と書かれている。より具体的には、「ハマグリは水産庁の発行しているレッドデータでは〝危急種〟、千葉県のレッドデータでは〝減少種〟、WWF発行のレッドリストでは〝絶滅危惧・A類〟……」という状況である、とある。

先生は自ら車を運転してあちこちにでかけて、こうした状況にあるハマグリの生息データや、地域ごとの貝殻の特徴のデータを集積している。その内容については、先生のホームページ（「ひむかのハマグリ」）に詳しい。

先生のマイ・フィールドを案内してもらう。

外洋に面した砂浜だ。

「奇跡の浜ですよ」

先生が言う。

今はもう、殆ど見ることの出来ない、自然海岸なのだ。

今や、日本の海岸はことごとく護岸によって囲い込まれている。埋め立てられた後、わざわざ人工ビーチが造られている場所もある。そうした中にあって、人が「何もしていない」ことは「奇跡」なのだ。

砂浜に下りると海浜性のハンミョウが飛ぶ。生き物の気配の濃い海岸だ。

波打ち際の砂上に、チョウセンハマグリの貝殻が落ちていた。先生によると、昨年、チョウセンハマグリの大量死があったのだという。そのときの名残かもしれないということ。とすると、手の上の貝殻は、1年という「時」をきざんだものとなる。

宮崎に行くまでは、碁石ハマグリの産地なのだから、海岸にごろごろと巨大なチョウセンハマグリの貝殻が転がっているのではないかと思っていたのだけれど、先に書いたように、碁石の素材となるような貝殻はすでに採取されつくしている。海岸に転がっているのは、千葉の海岸でも見られるようなサイズの現生のチョウセンハマグリの貝殻だ。

波打ち際に先生がかがみこんだ。

砂上にポツンと小さな穴が開いている。そこを指でほじくると、ころんと小さなチョウセンハマグリが転がり出てきた。こんな波打ち際に棲んでいるのかと、ちょっと驚く。

「チョウセンハマグリのこどもは、ものすごい密度でいますよ。これは1センチメートルぐらいだから、満2歳くらいです。出入水管が短いので、浅いところに潜っているんですね」

幼貝は波打ち際に見られるが、大きく成長すると深いところに移動するのだという。親となるのは、6センチメートルぐらいのサイズからだそうだ。

「きれいでしょう。個性がある」

掘り出したチョウセンハマグリの幼貝を手に、目を細めるようにして先生が言った。

先生のフィールドの海岸には、チョウセンハマグリの幼貝は普通にいた。しかし護岸されている海岸では、こんなふうに普通には見られなくなっていると先生は言う。

しばらく砂浜を歩くと、それほど大きくはない川が海岸に流れ込んでいた。

「ここを境にして、河口干潟にはハマグリとヤマトシジミがいます」と先生が言う。

「ええっ？」

こんなさほど大きいとは思えない川の河口部に、ハマグリって棲んでいるの？　と驚いてしまう。目を転じると外洋に面した海岸が見える。そうした海岸でチョウセンハマグリの貝殻を拾うのは、これまでも何度か経験があった。しかし外洋に面した海岸でも、川が流れ込んでいたならば、河口周辺はハマグリの棲む世界なのだ。この川にはダムも堰もないのだという。だからハマグリが生息できる。この川もまた、「奇跡の川」なのだ。東京湾周辺から、ハマグリの棲む世界が失われて、すでに久しい。

僕にとって初めての「世界」だ。

川沿いに足を進める。

砂質の干潟が川岸に広がっていた。底はふかふかで足首近くまで長靴が潜る。最初のうちは貝殻が見つからない。干潟の表面はコメツキガニの砂団子でびっしりと覆われている。周囲の森からはツクツクボウシの声。そしてついに足元にハマグリの貝殻が落ちていた。念願の瞬間。先生に案内されなければ、この「世界」には決してたどりつけなかったと思う。

つやつやの貝殻。一つひとつ個性ある色や柄。

おしいただくように、干潟の表面に転がっているハマグリの貝殻を拾い集める。生きたハマグリを掘り出さなくても、僕にはそれで十分だった。

まだ、そんな「世界」が残されていることを知って、僕は幸せになった。

## 貝の海

宮崎から大分へ。

不思議なこともあるもので、大分県・中津の仕事が決まってから、その中津に広大な干潟があることを知る。しかも、僕を講演に呼んでくれた団体のひとつが、その干潟の保護団体であったのだ。貝が招いてくれたのだろうか。

ダンボール箱から次々に出てくる貝の標本に目を丸くする。

「イチョウシラトリ。全国的に珍しい貝だけど、中津では普通です」

「ビョウブガイ。これは浚渫泥から出てきたものです。中津ではまだ、生きた貝はみつけられていません。これはかなりレアです」

「バイ。絶滅した地域もありますが、中津では生きたものが見つかりました」

「ゴマフダマ。これは生きているものがかなりいます」

取り出される貝の標本に、次々にこんな解説がつくので、これまた目が丸くなる。解説をしてくれるのは「中津干潟・水辺に遊ぶ会」の理事長を務めるアシカガさん。僕とほぼ同年代の女性の「生き物屋」である。

中津は瀬戸内海に面した干潟である。イチョウシラトリやゴマフダマは有明海にも棲んでいる貝だった。中津の干潟は、有明海同様、大陸の干潟の影響を強く受けている貝たちが見られるのだ。

白茶けたアゲマキガイの貝殻がプラケースの中に収められている。アゲマキガイは干潟に見られる二枚貝で、かつては有明海に多産したが、１９９２年以降、生産量は皆無に近いほどであるという（「二枚貝類－特に諫早湾について」前掲）。中津でもアゲマキガイは少し前までは生貝が見られたそうだけれど、今や絶滅したようだとのこと。

ヒロクチカノコは千葉県のレッドデータでは絶滅種。僕は花見川の自然貝層で化石を見たことがある。そのヒロクチカノコは、中津では普通種。同じく千葉県では絶滅種とされているオカミミガイも健在。

一つの標本を見て、目が釘付けになる。マルテンスマツムシという小さな巻貝だ。有明海では健在という東京湾では絶滅。湾岸では、時に白くさらされた貝殻が拾えるという貝だ。そのマルテンスマツムシも、中津では「たくさんいます」ということだった。諫早に行ったときは見ることができなかった。そのマルテンスマツムシも、中津では「たくさんいます」ということだった。

中津の干潟は、現地を訪れるまでまったく知らなかったけれど、有明海に匹敵するほど、縄文の海を覗くことのできる「窓」のよう。

ハイガイの標本もある。

「ハイガイは絶滅しているのかなと思います。浚渫泥の中にはよく入っていますけど。でも、ひょっとするとまだ生きているのがいないかなとも思っています。とにかくいろんな生き物が中津にはいて、調査する手が足りないんです」

そう、アシカガさん。これだけ貝に詳しいアシカガさんは、幼少期、貝とは縁が遠かった。なぜなら彼女は長野出身なのである。

「海無し県出身だったので、海の自然の原点は館山の海なんです」

そう言う。これもまた奇妙な縁であった。アシカガさんは、東京の生物系の大学に進学した。その大学の実習所が、館山の僕の家の近所にあったのである。アシカガさんは、その実習所に入り浸って海の生き物と親しんだ。

「海の無脊椎動物の分類を研究していたんですが、館山の海は磯と砂浜しかないでしょう。それがダンナの仕事の関係で中津にきたら、干潟があって、その干潟にこんなに貝がいるんだと感動して……」

少年時代の僕には、磯と砂浜こそ多様な貝殻の拾える海と思っていたが、アシカガさんにとって、干潟のある中津の海こそ「貝の海」であったのだ。

## 豊かな海・危機の海

夕方。潮の引く時間にあわせて干潟にでた。

息を呑む。

海のはるか向こうまで干潟が姿を現していた。

岸辺には、貝殻がたくさん転がっている。シオフキの貝殻が多い。有明海にも棲んでいる、ツメタガイの仲間のサキグロタマツメタの貝殻もよく見つかった。オチバガイ、サビシラトリ、テングニシ、真っ白くさらされた古いハマグリの貝殻も一つ落ちていた。貝殻だけでなく、小型の鯨類であるスナメリの骨も落ちている。

干潟の中へ。

岸寄りの干潟は、どろどろの泥干潟。足首近くまで潜る泥地帯をゆっくり歩いていくと、やがてやや砂質の潜りにくくなる干潟に到達する。

「カブトガニ！」の声。

声のほうに行ってみると、まだ手の平サイズの小さなカブトガニが、干潟の上を這っていた。豊かな貝の海は、古代からの生き残りである、カブトガニもはぐくんでいた。

ツバサゴカイもいる。アナジャコもいる。アナジャコの胸部に寄生する、珍貝、マゴコロガイも生息しているという。

干潟の表面をよく見ると、小さな黒い点々がゴマのように散らばっているのが見える（もちろん、アシカガさんに言われて初めて気がついたわけだが）。これが貝。しかもつい最近、名前のついた巻貝なのだという。その名前はオオシンデンカワザンショウ。オオシンデンというのは、干潟に面している地域の地名で、漢字で書くと大新田となる。つまりは干拓地をあらわしている地名だ。そんな地名を冠しているのが、いかにも干潟の貝である。

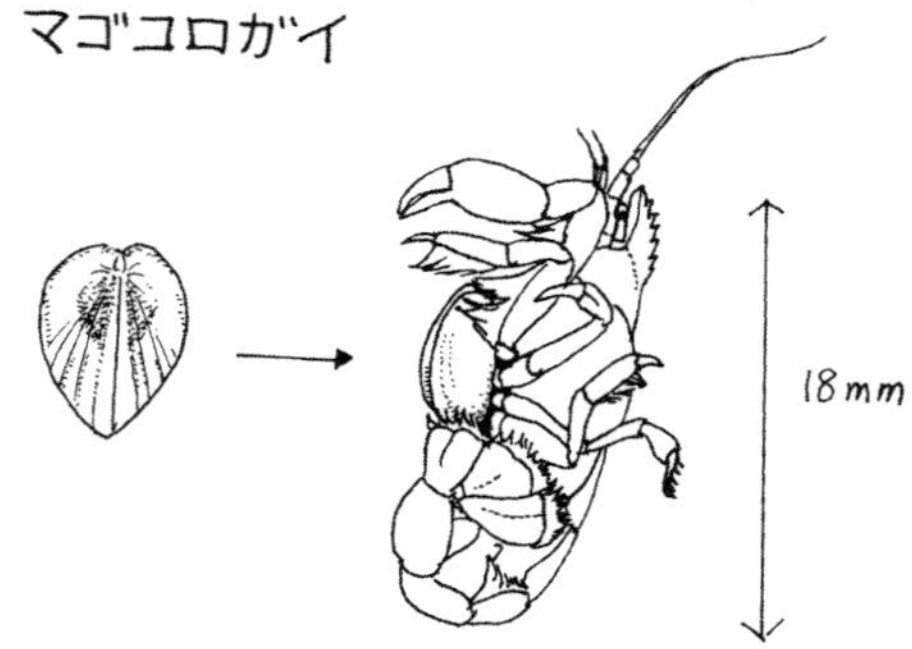
マゴコロガイ
18mm
アナジャコ類の胸部に寄生する二枚貝

オオシンデンカワザンショウは、水面に浮かび、殻に風を受け、まるでウインドサーフィンをしているかのように水面上を移動していく。じつは、普通の巻貝は、水面の表面張力を利用して、水面の裏側を這って歩く（水槽の中のモノアラガイなどを見るとわかる）。そのため、オオシンデンカワザンショウのように、水面上を這う巻貝というのは、これまでの常識を打ち破る存在なのだそうだ。

生きたイチョウシラトリもいる。念願のマルテンスマツムシも見る。

豊饒の海だと思う。
しかし、中津の干潟にも時代の波は、容赦なく押し寄せてきている。なんと言っても、干潟の主役であるはずのアサリ、ハマグリといった二枚貝が激減しているのである。

「中津は昭和60年代、アサリの水揚げは日本一でした。そのころの話を漁師さんに聞くと、砂の中に手を入れると手の先からひじまで全部アサリに触ったたっていう話があったりします。アサリを採りすぎて船が沈んだっていう話もあるくらいです。それが、今は一粒もアサリが採れなくなってしまいました。私が中津に引っ越してきて18年になります。12年前は、まだジョレンでアサリを採っていましたが……」

アサリの不漁には、干潟に流れ込む川の変化が関係しているとアシカガさんは言う。

干潟の中でも、粗い砂の堆積しているところにアサリは多く見られたのだと言う。ところが川の上流にダムと堰ができたため、川から砂が干潟に運ばれなくなってしまった。さらにダムができ、川の水が飲料用水や工業用水に使われると、海に流れ込む淡水が減少してしまう。すると塩分濃度が高くなってしまい、これもアサリの減少傾向に影響を与える。

中津ではヒメガイ（姫貝）と呼ばれるバカガイも、１９９７

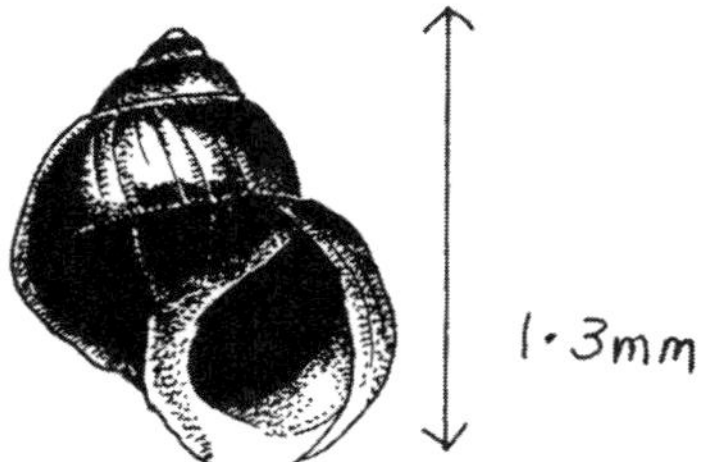


オオシンデンカワザンショウ

年までは漁が成り立っていたそうなのだけれど、そのバカガイも殆どいなくなってしまった。バカガイはサンドポンプで採りすぎたのが原因かもしれないと言われている。

しかし、貝の減少の原因は複雑な要因が絡んでいる。例えば、近年の二枚貝の減少に拍車をかけているのが、ナルトビエイの食害だとのこと。ナルトビエイは貝殻の薄い貝を好み、そのためバカガイ、アサリ、ハマグリと貝殻の薄いものから衰退する二枚貝が出てきた。このトビエイによる被害の増大には、海水温の上昇が関わっているという。

干潟の上に、ぽこん、ぽこんと浅い穴が開いていた。これが、月面のクレーター並みに数が多い。この浅い穴が、ナルトビエイが砂泥の中の貝を食べた跡なのだという。これほど食べ跡があるということは、ほとんど根こそぎ食べられてしまっているということだ。

干潟上には、点々とナルトビエイの食べた貝殻も落ちている。ナルトビエイは丈夫な歯で貝殻を割って中を食べる。そのため食害を受けた貝殻は割られている。ナルトビエイに食べられたハマグリが見つかる。ハマグリはずいぶんと減少してしまっている。干潟を見て歩いても、ごくわずかしかハマグリの貝殻は見つけられなかった。そしてわずかに生き残るハマグリは、こうしてナルトビエイの餌食になっている。貝殻が厚いため、本来はナルトビエイがあまり好まないはずのシオフキの割れた貝殻も見る。ほかの貝が少なくなっているので、シオフキにまで手を伸ばしているということだろう。この海にさえ、ハマグリの姿がほとんどないことに、日本の海の現状を、ひしと感じる。

近年、台風が来ていないことも影響しているという。干潟は台風によって底の泥が撹乱されるほうがいいのだそうだ。台風による撹乱がおこらないため、干潟にはコアマモの生える藻場《もば》が広がっている。藻場にはアサリやハマグリは棲みつかない。藻場はまるで草原のようだった。かつてはアサリがざくざく採れたところだったが、砂泥中に手を差し入れても、アサリもハマグリも見つからなかった。こうなると漁師が来なくなる。漁師が貝を採るために泥をひっくり返さなくなると、ますますその状況は進行していく。こうして貝が減少すると、漁では生計が立たなくなってしまう。すると、そんな「アサリも採れないような海なら埋め立ててしまえ」という声があがりだす……。負の連鎖。

それでも、干潟を歩くうち、足元に、あざやかな模様の残るハマグリの小さな貝殻が落ちているのに気がついた。ナルトビエイに咬み割られていない貝殻だ。

まだこの干潟から、ハマグリがすっかり姿を消してしまったわけではないのだ。

## 貝が生きた「時」を体感する

「ハイガイの貝殻が落ちているところを見てみますか？」

アシカガさんが声をかけてくれる。

ぜひ、とお願いをする。

僕が貝殻拾いの旅にいざなわれたのは、ハイガイの貝殻を拾い上げたことがきっかけだった。

「東京湾では貝塚から見つかる貝殻と、今の海岸で見ることの出来る貝殻にずいぶんとギャップがあります。沖縄島でも貝塚から見つかるキバウミニナやキルンと呼ばれるハマグリの一種が絶滅してます……」

僕はアシカガさんにハイガイの貝殻拾いをきっかけにして、「時」を越える貝殻から見えてきたことをかいつまんで話してみた。

「キバウミニナ！」

アシカガさんは、キバウミニナを見るのが夢なのだそうだ。それはともかく、アシカガさんは「中津では貝塚から出る貝殻と、海岸で見つかる貝殻にほとんど違いがないですよ」と言う。

「貝塚から見つかる貝殻は、9割ぐらいがハマグリで、それに混じってウミニナ、アカニシ、アサリ、バカガイ、シオフキ、それにタニシといったところです」

アシカガさんの答えに「あれっ？」と思う。ハイガイの名前が無い。

「そうなんです。貝塚にはハイガイの貝殻が入っていないんです。このあたりはハマグリが多くて、それでハイガイまで手を出さなかったのかな？　と思っています。ここいらは貝の加工場……貝を剥き身にして、干物をつくっていたんじゃないかと言われていて、それとも関係があるのかもしれません。干物にしたのがハマグリだったんです。アサリもほとんど食べられていませんから」

貝塚の貝殻は、もちろん人間の利用したものの跡だから、こうしたことは考えられると思う。西表島の貝塚からも、キバウミニナよりも、センニンガイの貝殻ばかりが見つかった。

ハイガイは、現在の干潟では生きたものは見つかっていない。よく見つかるのは、浚渫泥の中だというが、干潟の波打ち際の中にも、ハイガイの貝殻が見つかる一角があるのだという。その場所に案内してもらう。

干潟に少しずつ、潮が満ち始めた。遠くに見えた、魚釣りの餌用のアナジャコを掘る人の姿も、いつのまにか護岸上だ。

護岸のすぐ下の干潟は、転石がたくさんあった。その石の間に目をこらすと、白茶けたハイガイの貝殻がいくつも転がっていた。それだけでなく、ビョウブガイも落ちている。ビョウブガイも現在の日本ではなかなかみることのできない二枚貝だ。二枚貝の貝殻の前後を左右にひねったような、ちょっと変わった形の二枚貝だ（二枚貝にしてはかっこいい）。

見つかるビョウブガイの貝殻も、ハイガイのものと同様にかなり古びたものだった。

そうした貝たちが生きてきた「時」が確かにある。

夕暮れに染まり始めた干潟を振り返り、そう思う。

そして、夕暮れに染まる干潟を見ることのできる貴重さをかみしめる。

今や、昔からのままにある自然は、それだけで「奇跡」になってしまった。しかし、人間は「奇跡」を許さない。だから「奇跡」のように残る自然にも、危機が迫る。中津干潟も例外ではない。

しかし、自然の「奇跡」を認識できる力を持っているのも、また人だ。

中津の干潟を守るには、まず、干潟の存在が意味していることを、いろいろな人に知ってもらうことが必要だ。それには、干潟で生きてきた漁師さんと力をあわせることが重要だと、アシカガさんら「水辺に遊ぶ会」のメンバーは考えている。漁師さんと地元のこどもたちをつなげる活動のひとつに、こどもたちの蛸壺漁体験がある。最初は貝塚から出土する蛸壺を真似て、こどもたちに素焼きの蛸壺を作らせたが、次は二枚貝の貝殻を使って蛸壺漁が出来ないかと考え中。大きな二枚貝の貝殻を左右、ペアにしていくつも縄に吊り下げて、これを蛸壺として海中に沈める漁法があるのだ。現在でも有明海では使われていて、僕も柳川の漁港で見た。

「二枚貝の蛸壺、タコの入りが全然、違うんだそうですよ。だから有明海の漁師さんに頼んだんですが、ゆずってもらえませんでした。蛸壺に使うような大きなサルボウの仲間の貝、もう有明海でも採れないんだそうです。それで、誰かが蛸壺を使うのをやめても、ほかの人が譲り受けるらしくって……」

アシカガさんも貝の話を始めるととまらない。大きなサルボウの仲間の貝殻を求めて、韓国の干潟にも出入りするようになったという話にも広がっていった。韓国の干潟はまた、日本の内湾干潟に生きる生き物たちの故郷でもある。

「韓国の市場、おもしろかったですよ。生きたハイガイも売ってましたし。もう貝好きにとっては天国です。アメフラシとかも、干したものを売っているんですよ。半生だったので、買って帰るのはあきらめましたが。いつも変なものを買ったり拾ったりしているんで、〝アシカガさん家はくさい〟っていつもいわれちゃうんです」

アシカガさんはとにかく精力的だ。そして何より明るい。

まだ、ハマグリの棲む「奇跡」の水辺は、すっかり幻になったわけではない。

なにより「幻」にならぬよう、動き回る人々がいる。

## 貝殻を拾うわけ

千葉へ。実家に両親を見舞ったあと、少し時間がとれたので、千葉港の人工ビーチを目指す。少し前、千葉県立中央博物館に勤める「植物屋」の友人から、クロズミさんが人工ビーチで貝殻採集の一般向けのフィールドワークをしたよ、という話を聞いたのだ。

「それがね、おもしろくてね」

友人は言う。

貝殻拾いなら、初めて参加した人でもすぐできる。それに拾った貝殻は持ち帰ることもできる。貝殻拾いは「つい」やってしまうほどお手軽なことなのだ。なにより、その拾った貝殻を怪（貝）人クロズミさんが、カケラといえども片っ端から同定してくれるので、こどもたちが面白がっていたんだ……とのこと。

「それで、拾われた貝殻がけっこう化石だったりするんだよね」

この友人の一言にひきつけられる。なぜ、千葉港の人工ビーチに化石が転がっているのだろう？しばらくうずうずした思いをかかえていたのだけれど、ようやく人工ビーチにむかう機会ができたというわけだった。

ちょうど日曜日。人々の姿も多い。海の見えるところまでやってきてびっくり。埋立地の公園の一角に小さなビーチがある。ちょうど大潮で、砂浜の先には泥干潟も顔を出している。その干潟で水遊びをする家族連れの姿も見えた。潮干狩りをしている人も何人もいる。が、そのビーチに打ち寄せる波の色はいったいどうしたというのか。赤い色をしているのだ。これは赤潮だ。吹き寄せる海風は、猛烈に生臭い。ビーチの一段上は芝生で、テントを張って憩う家族連れもいるのだけれど、いったいみんな平気なのだろうか？　と不思議になる。こんな色の海で。こんなにおいの風で。

とにかく、貝殻拾いをやってみる。

砂浜には貝殻が帯状に打ちあがっていた。腰をおろして見ていく。サルボウの貝殻が多い。白く厚い貝殻のカケラは、ホンビノスガイだ。どうやら潮干狩りのターゲットも、ホンビノスガイのようだ。ホンビノスガイは、こんな真っ赤な海でも死なないのだ。「おやっ？」と思ったのが、イタヤガイのカケラやエゾタマガイの貝殻。こうした貝は、今の東京湾には棲みついていないように思える。すると、「時」を越えた貝殻だ。見て歩くと、ハマグリのカケラも落ちていた。輸入されたシナハマグリのカケラ？　それとも、「時」を越えた東京湾産のハマグリのカケラ？

1時間ほど貝殻を拾っていたら、生臭さで吐き気を催してしまった。

「植物屋」の友人が迎えに来てくれる。一緒に中央博物館へ。

仕事中のクロズミさんに、少しだけ時間をもらって話を聞く。

千葉港の人工ビーチには、どんな貝殻が落ちていますか？　と聞いた。

おおよそ3つの時代区分に分けられると、クロズミさんは答えてくれた。

ひとつは下総層の化石。以前、花見川で拾った化石と同じ時代のものだ。こうした化石が拾えるのは、人工ビーチを造るとき、山砂を使っているから。この山砂の正体が10数万年前の海に堆積した貝殻交じりの砂であるのだ。人工ビーチで拾い上げた貝殻のうち、イタヤガイやウチムラサキなどは

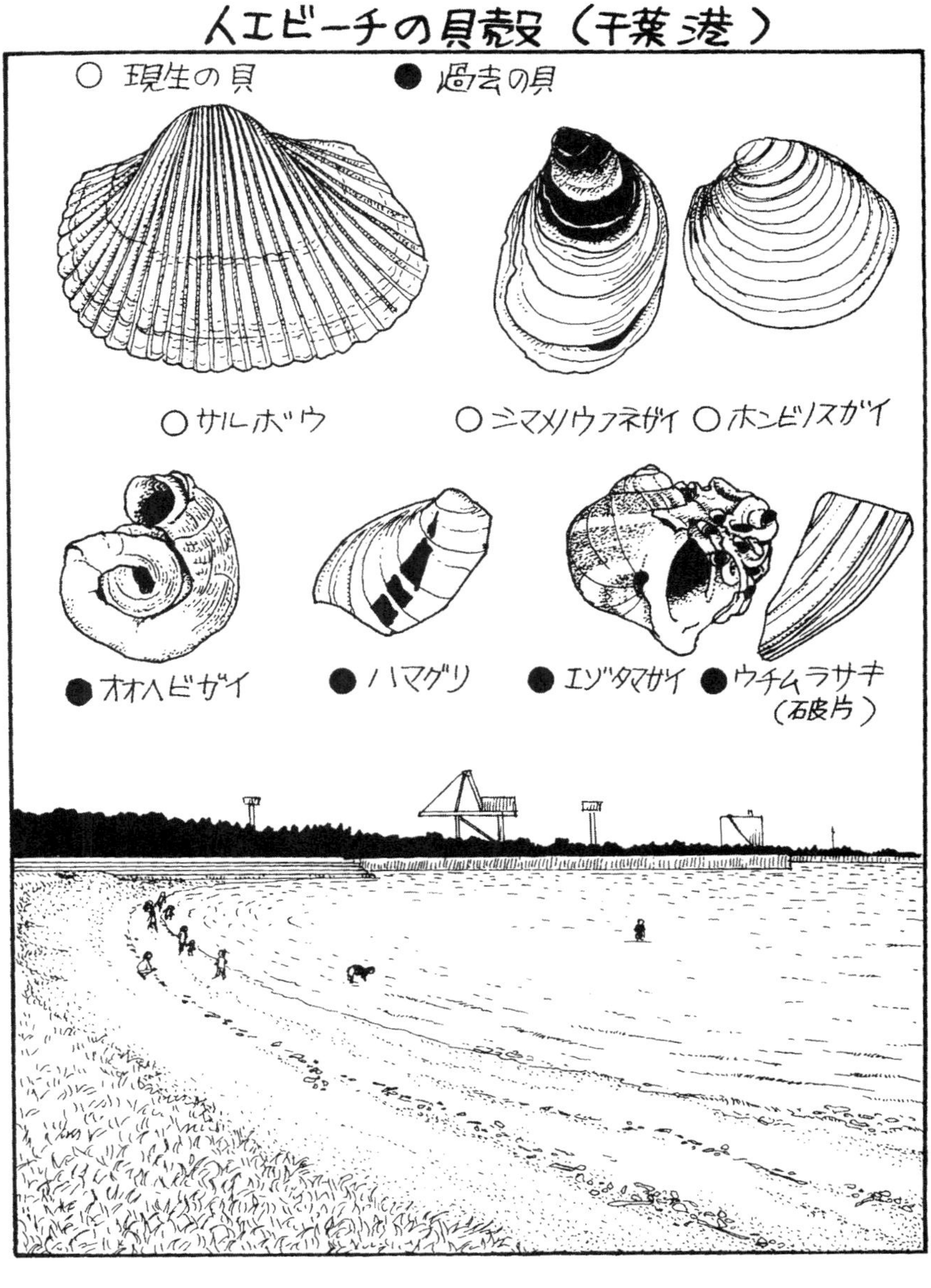
人工ビーチの貝殻（千葉港）
○ 現生の貝
● 過去の貝
○サルボウ
○シマメノウフネガイ
○ホンビノスガイ
●オオヘビガイ
●ハマグリ
●エゾタマガイ
●ウチムラサキ
（破片）

この10数万年という「時」を越えた貝殻であった。

人工ビーチに打ちあがる貝殻の、もうひとつの由来は数千年前から数十年前までの古い時代の東京湾に棲んでいたものたち。僕の拾ったハマグリ類のカケラは、クロズミさんのみたてでは、どうやら本物のハマグリらしく、つまりはかつての東京湾の住人だ。ちなみにエゾタマガイは、下総層のものか、古い東京湾時代のものか、どちらともいえないとのことだった。縄文海進時代の貝たちも、この時代区分に入る。千葉港の人工ビーチではハイガイを見つけることができなかったが、その後、見に行った新検見川の人工ビーチでは、ハイガイを2つ拾った。

最後はもちろん、現生の貝のもの。ホンビノスガイやアサリ、マテガイ、サルボウなどがこれに当たる。

クロズミさんにもらった資料（「湾岸都市千葉市の人工海浜における貝類の定着」岡本正豊・黒住耐二『湾岸都市の生態系と自然保護』沼田眞監修　信山社サイテック）も見てみる。僕は千葉港の人工ビーチで26種、新検見川の人工ビーチで25種、あわせて31種の貝殻を拾い上げた。調べてみると、このうち19種が現在でも人工ビーチ周辺の海に生息している貝のものだった（絶滅種は12種）。クロズミさんは、もっと念入りに調査をしている。その結果、人工ビーチからは196種もの貝殻が見つかっていて、そのうち55種が、周辺に生息している貝と推定でき、また確実に生息している可能性が高いものは、そのうち26種であることが、種名のリストとともに報告されている。逆に言えば、見つかる貝殻のうち、少なくとも4分の3は、現在は生息していない貝のものということだ。

このリストを見ると、例えばイボキサゴという種類一つひとつに、「千葉港の人工ビーチでは色彩・

真珠光沢からみて余り古くない死殻を見つけた」といった、詳細な記載がついている。

なぜ、クロズミさんは何度も赤潮のにおいがただようような人工ビーチに通い、これほど精緻な貝殻のリストを作り上げているのか。

「このままだと、貝の分布域がこじれちゃいます」

クロズミさんは、僕の疑問に対して、そんなことを言った。

人工ビーチは、よそから砂を運んでくる。沖縄の場合は深い海底から砂が運ばれてくる。千葉の場合は「時」を超えた貝殻が混じる山砂が人工ビーチを造り上げる。地域によっては距離的に遠くの海岸から砂が運ばれる場合もある（ワイキキのビーチはアメリカ本土から砂が運ばれていた）。すると、海岸に散らばる貝殻を見たとき、それがもともと周囲の海に棲んでいたものか、どこから運ばれてきたものかわからなくなってしまう。貝殻は丈夫だから、「時」を越えて、その場所の環境の変化を教えてくれるものであるはずなのに。

「僕は海岸に打ちあがる貝殻を、本来の姿に仕分けてあげたいんです。そうすると、その海岸の変遷がきちんと見えてくる。今、何が起こっているのか、貝殻から見えてきます。ただ、それが言えるためには、着実なデータをとりつづけるしかありません。貝をみつけたとき、生きているのかどうかを記録する必要があります。貝殻を拾った場合なら、新鮮なものなのかどうか、記録しておくことが大切です。〇〇という種類の貝を見つけましたというだけでは、記録として不十分なんです」

クロズミさんはいつものように熱っぽく僕に語ってくれた。

貝殻を拾い続ける意味。

それは世界のありようを認識するためなのだ。

僕は、ようやく少年時代にやりのこした宿題の答えを見つけた思いがした。

*

しばらくして。

僕はまた、照間海岸にでかけた。大学の野外実習。学生たちも一緒である。

照間海岸では、100数十万年前の化石が拾える。学生たちに人気があるのは、サメの歯の化石だ。

潮の引いた海岸で、転石の間や下に隠れている、洗い出されたサメの歯化石を探す。

2時間ほどして、潮が満ち始め、腰も痛くなり始めた頃、化石探しに一区切りをつけ、砂浜に移動した。

「みんなに宿題をだすよ」

僕は学生たちを集めて、そう言った。砂浜に転がる貝殻の中で、巻貝を一つ、二枚貝を一つ、好きなものを選んで、拾い上げること。でも、どの貝殻を拾うかは、少しだけ悩んで欲しい……と、付け加えた。

「これはね、僕が小さい頃に拾った貝殻だよ」

僕は砂浜の上に、少年時代に館山の海岸で拾い上げた貝殻のいくつかを置いた。

「この貝殻には、いつ、どこで拾ったか、データが書き込んであるんだ。例えば、このホシキヌタは1977年2月11日に拾ったって、書いてある」

「それって、まだ生まれる前だよ」と、学生たちから笑い声が上がった。

「貝殻は丈夫なんだよ」

僕は話を続けながら、また、あらたな貝殻を一つ手に取った。1975年12月13日に沖ノ島で拾い上げたハイガイの貝殻だ。

「これはね、拾ったときはただの貝殻だと思ったんだけど、じつは6000年前の貝殻だったんだ。海岸に転がる貝殻には、そんな貝殻も混じっていたりするんだよ。じつはさっき、サメの歯の化石を探しながら見つけた貝殻も、今はもう沖縄から絶滅した貝なんだ」

僕が古びたキルンの貝殻を見せると、学生たちからは、「エーッ」という声があがった。

「貝殻は、こうして何十年たっても変わらずにとっておける。だから、今日、拾った貝殻に今日の日付を書き込んで、一生のあいだ、取っておいて欲しい。ひょっとしたら、何十年したら、もう拾えなくなる貝殻もあるかもしれない。そして、いつか、みんなも、自分の出会ったこどもたちに、〝これは何十年前に拾った貝殻だよ〟って、見せてあげて欲しい。それが、みんなに出す、宿題だ」

僕の話を聞いた学生たちが、思い思いに、砂浜に散った。

見ると、いつもになく真剣に、どの貝殻を拾おうか、悩んでいる。

チナツはハナビラダカラを拾い上げていた。

「貝殻に花びらのような模様があるから、ハナビラダカラ。この貝は、沖縄ではもっとも普通なタカラガイだよ」

シンゴはベニエガイを選んでいた。

「ベニエガイは南方系の貝なんだ。縄文時代は暖かかったから、千葉でも化石が出るけれど、今はもう、見られない。そんな貝がここでは普通に落ちているね」

アサミが拾ったのは、ニシキウズだ。

「ニシキウズは、沖縄島の南部ではチビタッチューと呼んで、食用にしていたんだよ。貝殻が黒く染まっているのは、死んでからしばらく海底の泥に埋まっていて、泥の成分で貝殻が染まったんだ」

拾い上げた貝殻は、一つひとつに、そんな物語が付随する。

そのとき、ケンタが手にもっていた貝殻が目に入った。

「おーい、みんな。ケンタが拾った貝殻、見て。これ、900年以上たっている貝殻だよ。センニンガイといって、沖縄島では900年以上前に、絶滅した貝なんだ」

「おーっ」と、どよめきがあがった。

本当は、貝殻たちは、じつにおしゃべりなのだ。

「本ではなく、自然に学べ」。ようやく少しずつ、僕にもそのことがわかってきた。

アガシーゆずりの、モース座右の銘である。

次は、どんな貝殻の話を聞こうか。

# あとがき

寒い。強い季節風に震え上がる。南の島とはいっても、冬場は気温が下がる。それに加えて強い季節風が吹けば、体感気温はさらに低くなる。そんな冬の、さらに夜中。ライトを照らして干潟を歩く。

「ほら」

ガイドをしてくれた知人が、シャベルで掘り起こした泥の中に、うごめく生き物がいた。ミドリシャミセンガイだ。魚屋で売られているものはそれこそ口にしたが、こうして干潟から実際に掘り起こすのは、初めてのことだ。モースがミドリシャミセンガイを手にしたのは江ノ島であったし、僕が口にしたものは柳川のものであった。そして僕が実際に干潟から掘り起こすのを体験できたのは奄美大島の干潟のことだった。なんとも不思議な生き物だ。掘り起こしたばかりのミドリシャミセンガイを手のひらにのせ、そう思う。

奄美大島の干潟にはこうしてミドリシャミセンガイが生息しているが、沖縄島の干潟では、この生き物は見られない。一方、沖縄島の干潟に生息するオキシジミは奄美大島には棲んでいない。

なぜ、そこにいて、なぜ、そこにいないのか。それは、とても複雑な歴史の反映だ。だから、この本の中でも、まだ明らかにできていないことはたくさんある。だからこそ、それぞれの干潟がそれぞれに貴重であるのだ。

最後に、この本を書くにあたって、足利由紀子・黒住耐二・名和 純・山口正士諸氏には特にお世話になった。記して感謝したい。

二〇一一年三月

盛口 満

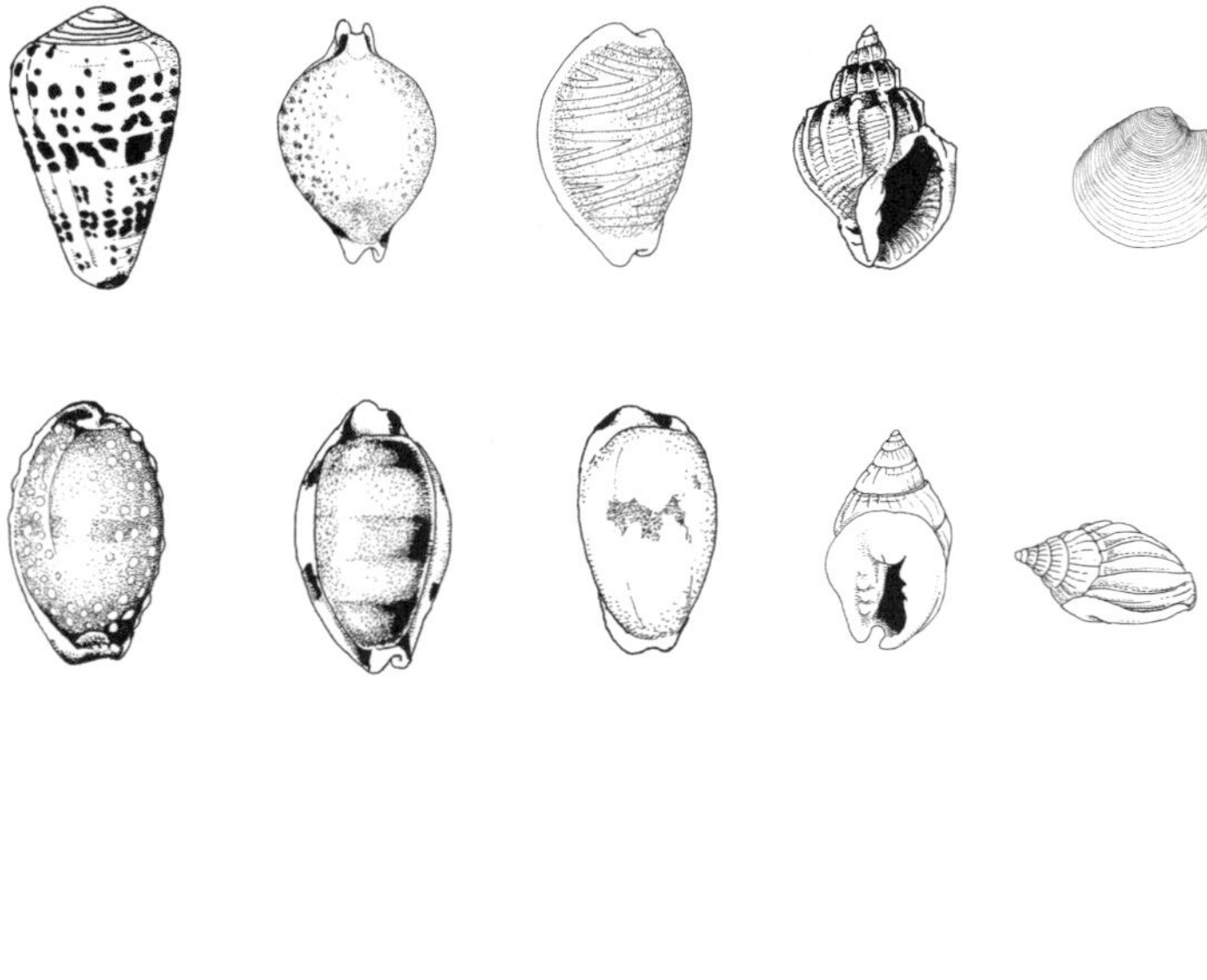

著者紹介

**盛口　満**（もりぐち みつる）

1962年千葉県生まれ。千葉大学理学部生物学科卒業。自由の森学園中・高等学校（埼玉県飯能市）の理科教員を経て、現在、沖縄大学人文学部こども文化学科教授。
専門は植物生態学。

主な著書：
『僕らが死体を拾うわけ』『ドングリの謎』（どうぶつ社→ちくま文庫）
『冬虫夏草の謎』（どうぶつ社→丸善）
『ぼくは貝の夢をみる』（アリス館）
『ゲッチョ先生の卵探検記』（山と渓谷社）
『骨の学校』『ゲッチョ先生の野菜探検記』（木魂社）
『テントウムシの島めぐり』（地人書館）
『身近な自然の観察図鑑』（ちくま新書）
『自然を楽しむ』『生き物の描き方』『昆虫の描き方』『植物の描き方』（東京大学出版会）
『シダの扉』『雨の日は森へ』『となりの地衣類』（八坂書房）
ほか多数。

★本書のイラストレーションはすべて著者によるものです。

**おしゃべりな貝**　拾って学ぶ海辺の環境史　【増補新装版】

2011年 3月25日　初版第1刷発行
2018年 4月10日　増補新装版第1刷発行

著　者　盛口　満
発行者　八坂立人
印刷・製本　シナノ書籍印刷（株）

発行所　（株）八坂書房
〒101-0064　東京都千代田区神田猿楽町1-4-11
TEL.03-3293-7975　FAX.03-3293-7977
URL.：http://www.yasakashobo.co.jp

ISBN 978-4-89694-248-4

[増補]

# 『おしゃべりな貝』その後

1. 貝類の新しい分類について

2. 登場する貝類の解説&索引

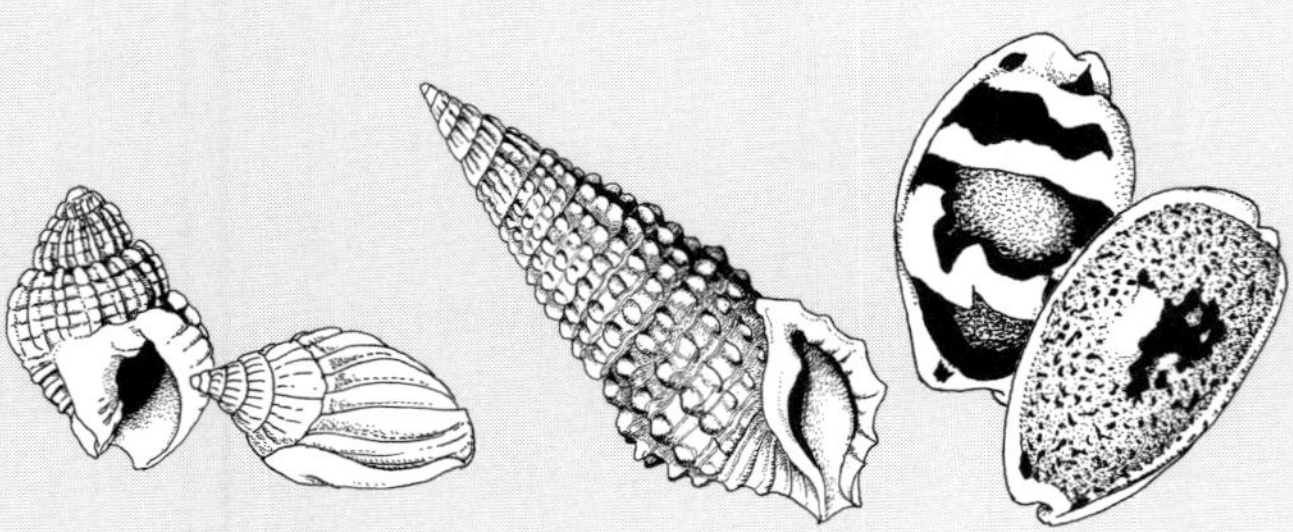

# 1. 貝類の新しい分類について

近年、DNA の解析から、従来の形態を主とした分類体系が、いろいろな生物群であらたに見直されてきている。植物においても、従来、種子植物を単子葉と双子葉に二分する分類体系が採用されていたが、こうした分類体系は大きく見直されることになった。これは貝に関しても同様である。本書の第 3 章を執筆した際に『日本近海産貝類図鑑』（2000 年発行）に採用されている分類体系を参考にしたのだが、その後、2017 年に『日本近海産貝類図鑑』の第 2 版が出版され、そこに採用された分類体系はそれまでの分類体系と大きく変化したものとなった。

この新しい分類体系は、まだ完全に落ち着いたわけではなく、今後も訂正がなされつつ、あらたな分類体系が作られていくことと思う。また、新しい分類体系は、従来の分類体系よりも複雑な点があるため、この変更点をすべて解説するのは難しいと考えている。そこで、第 3 章で紹介した、二枚貝と巻貝の大まかな分類体系が、どのように変更されたかの概略だけ、補足したいと思う。

新しい分類体系においても、二枚貝に関してはそれほど大きな変更点は見られない。第 3 章に紹介したように、従来、二枚貝は 4 つの亜《あ》綱《こう》に分けられていた（原鰓《げんさい》亜綱、翼形《よくけい》亜綱、異歯《いし》亜綱、異靭帯《いじんたい》亜綱）。一方、新しい分類体系では、これまで独自の分類群として亜綱に位置づけられていた異靭帯亜綱が目《もく》という分類の下部単位に変更され、異歯亜綱に含まれるようになっている。なお、異靭帯目には、ハマユウガイやスエモノガイ、オトヒメゴコロガイなど本書には登場しない、どちらかといえばマイナーな二枚貝が多い（全体としての種類も少ない）。その

ため、第3章の二枚貝についての記述は、新分類体系による変更をあまり気にせず読んでいただいてかまわないと思う。

問題は巻貝の分類体系である。第3章では、従来、巻貝は大きく前《ぜん》鰓《さい》亜綱、後鰓《こうさい》亜綱、有肺《ゆうはい》亜綱という3つのグループに分けられているということを紹介している。しかし、新分類体系では、このような大きなグループ分けは見られなくなり、カサガイ目、古腹足《こふくそく》目、ワタゾコシロガサ目等、亜綱より下部の分類体系の目《もく》が並び立つ体系が示されるようになっている。そのため、71ページ冒頭から72ページの中程にかけての記述は、完全に時代遅れの内容となってしまった。

巻貝の分類体系をすべて記述するスペースも知識も無いため、端的な例を紹介したいと思う。69ページから70ページにかけて、奇妙な殻を持つ、「ウミウシ」、ユリヤガイの紹介をしている。これまでの分類体系では、いわゆるウミウシはすべて後鰓亜綱に位置づけられていた。このグループの中には、ウミウシに似た軟体部を持つアメフラシや、浮遊生活を送るカメガイの仲間も含まれている。一方、新分類体系においては、これまで後鰓亜綱としてまとめられていた分類群が解体されることになった。かつての後鰓亜綱に含まれていた貝たちのうち、本書に登場する貝を新分類体系に位置づけると、以下のようになる。

低位《ていい》異鰓《いさい》目……オオシイノミガイなど
裸側《らそく》目…………イボウミウシ、ミノウミウシなど
真後鰓《しんこうさい》目………キセワタガイ、カメガイ、アメフラシなど
汎有肺《はんゆうはい》目………ユリヤガイ、そのほか（旧体系で有肺綱に含まれるオカミミガイなど）

このうち、ユリヤガイが含まれる汎有肺目には、陸棲のカタツムリも含まれている。つまり、従来の分類体系では、ユリヤガイは「ウミ

ウシの仲間」として紹介できたのだが、新分類体系では、「ウミウシとは違った、どちらかというとカタツムリに近い貝の仲間」という表現が必要になるということだ(わかりにくいと思う)。

これまでの分類体系が大きく見直されたということは、貝に関して、形態（かたち）からだけでは系統（れきし）をうまくたどれないことがあるということが、より明らかになったということである。専門家でない人間からすると、貝の分類体系はこれまでより、よりややこしくなってしまったように思えるけれど、それは貝が内に秘めた「複雑さ」が、ようやく少しずつ明らかにされつつあるというふうに、いうこともできると思う。

# 2. 登場する貝類の解説＆索引

本書を読んでいただいた方から、「貝の名前がたくさんでてきたのだけど、どんな貝かイメージできないものがあった」という話を聞く機会があった。なるほどと思う。自分は小さいころから貝拾いをしていたので、例えば本を読んでいて、本の中にたくさん貝の名前がでてくることに抵抗感はない。それどころか、たぶん、うれしくなるはずだ。ところで、このとき僕の中では、「ひどくひかれる貝の名前」と「読み飛ばしている貝の名前」があると思う。それはカタカナを並べた貝の和名だけを見て、だいたい（もちろん、すべてではない）どんな貝であるか、イメージがわくからだ。そして、そのときの自分の興味によって、特に注意をひかれるものと、そうでないものを、無意識でより分けているだろう。ところが、貝にそれほど詳しくない人だったら、出てくる貝の名前は意味のとれないカタカナの単なる羅列に見えるうえ、それぞれの種類の自分の中の位置づけが等価だ。そのため、本に登場する貝の名前にひとつひとつ、どんな貝なのかと、付き合っていったら途中で疲れてしまうだろう。

そこで、以下に本書の索引も兼ね、名前の由来を中心に、この本に登場した貝についての紹介をしてみたいと思う。本書を読む中で、気になる貝の名前があったら、以下の説明を眺めていただけたらと考えている。なお、先に書いたが、貝に特別な興味を持つ人間は、すべての貝に対して等価の位置づけをしていない。だから、以下の解説をすべて読むというよりも、例えばこの本の中に登場する貝の中で、「自分にとって」気になる貝を見いだす補助として、以下の解説を利用し

てもらえればと思う。今回、このような解説を書くことで、自分にとっても、知らないこと(貝の和名の由来など)にあらためて気づくことができた。ただ、この本の中に登場するすべての貝について、十分な資料を調べることができず、なかには名前の漢字表記だけしか紹介できていないものもある。また、この解説を書くにあたって、特に『貝の和名 会報「みたまき」特別号』が参考となったことを最初に記しておきたい。

★口絵、増補と、下線の引いてあるページにはイラストが掲載されている。
また、*腕足貝は軟体動物(貝)とは別の分類群の生き物(本文参照)であるが、この索引には名称とページ数だけ掲載した。

## 【ア 行】

**アオイガイ**(葵貝) 63

カイダコ科のタコの仲間(カイダコ)のメスが作った薄い貝殻で、冬季、日本海沿岸などに大量に漂着することがある。この貝殻を2つあわせたものが、徳川家の紋章である葵の葉の形に似ていることから、この名がある。

**アオヤギ**(バカガイの俗名) 161

**アカガイ**(赤貝) 57, 73, 100, 103, 104, 179

フネガイ科。『貝の博物誌』に、「血液が赤く、足も橙色なのでアカガイの名がある」と書かれている。モースの『大森貝塚』には、「東京の市場で食用として普通にあるものである」とある。

**アカニシ**(赤辛螺) 114, 153, 166, 179, 214

アッキガイ科の巻貝で、殻口の内部が赤く色づいていることからこの名がある。有明海沿岸では魚屋で売られており、甘辛く炊いて食べるという。

**アカミナ**(クボガイの屋久島での方言名) 142, 143

**アゲマキガイ**(揚巻貝) 165, 207

有明海などで漁獲され食用とされるナタマメガイ科の二枚貝。美味な貝として知られる。「揚巻」とは「総角」とも書き、『大辞林』によれば、古代の少年の髪型のこと。「髪を中央から二分し、耳の上で輪の形に束ね、二本の

角のように結ったもの」と説明がある。『貝の和名』によると、この貝の二本に分かれている水管の様子を揚巻に見立てたものという。

**アコヤガイ**（阿古屋貝）　73, 77, 増補（10）

ウグイスガイ科。真珠の生産のために養殖されることで有名な貝だが、自然状態においては房総半島以南に分布し、僕の生まれ故郷の千葉・館山の海岸でも、打ち上げ貝として普通に見ることができた。貝殻の内側は真珠光沢に輝く。『貝の和名』によると、阿古屋とは、愛知県の知多半島の半田市の地名（古称）であるが、はっきりした現在地は不明で、また当時の阿古屋貝が現在のアコヤガイと同種であるとは限らないとある。ただし、『真珠の博物誌』によれば、地名説のほかに、最愛のものに対して「吾《あ》子《こ》や」という呼びかけをするので、そこから来ている（この貝の真珠が最愛のものとして扱われたということ）説もあり、いずれとも言いがたいとしている。

**アサリ**（浅蜊）　口絵4, 口絵6, 18, 22, 57, 58, 61, 64, 73-78, 81, 83, 100, 114, 143, 153, 161, 166, 179, 186, 211-214, 220

マルスダレガイ科に属している、代表的な食用二枚貝。モースの『大森貝塚』には、「貝塚で最も多いものの一つ」「市場においてもごくふつうの食用軟体動物」と書かれている。

**アジロダカラ**（網代宝）　16

網代とは、『大辞林』によれば、「檜のへぎ板・竹・葦などを、斜めまたは縦横に組んだもの。垣・天井などに用いる」とある。本種の殻の表面にある「く」の字を重ねたような模様が、網代を思わせるとしてこの名がつけられた。

**アファクー**（沖縄島におけるオキシジミ？の方言名）　149

**アヤメダカラ**（菖蒲宝）　16

カモンダカラに似ているが、腹面の殻口周辺が薄い紫に染まる、小型のタカラガイ。

**アラスジケマンガイ**（粗筋華鬘貝）　58, 59, 129, 187

奄美諸島以南に分布しているマルスダレガイ科の二枚貝。干潟に棲む殻の厚い貝で、沖縄では潮干狩りの対象として食用とされる。華鬘とは、『ジャポニカ』によれば、生花を糸でつづり、または結び合わせて作った花かずらのこと。もともとはインドの風俗で装身具や供養物であったもので、

中国、日本ではこれが仏前を飾る荘厳具と呼ばれる欄間などにつるす飾りとなった。ただし、アラスジケマンガイを見ても、「装身具」や「荘厳具」といったイメージはわいてはこないが。

**アワビ**（鮑） 57, 142

ミミガイ科のメガイアワ、マダカアワビ、クロアワビ、エゾアワビの総称。高級な食用貝。平たい一枚殻の貝に見えるが、巻貝の仲間。

**アンボイナ** 57, 58

有名なイモガイ科の毒貝。魚を捕食しており、銛《もり》のような形状の歯を獲物に突き立て、毒を注入し、弱ったところを飲み込む。誤って生きた貝を素手でつかむと、人間も刺され、死亡することもある。アンボイナという名は、『貝の和名』によれば、インドネシアの港、アンボンの別名に由来する。かつてアンボンは香辛料貿易で栄えたが、そのためにヨーロッパの諸国の争いもこの地で起こり、その争いに巻き込まれ1623年に日本人が殺される事件があったのだという。このような血なまぐさい事件の起こった土地の名が、江戸時代に、人を殺すこともある貝の名前としてつけられたと紹介されている。

**イガイ**（貽貝） 73, 83

北海道～九州に分布するイガイを指す場合と、イガイ科の総称として使う場合がある。イガイは在来種だが、イガイ科で最もよく目にするのは、都市部の港湾などでも、岸壁やブイなどに付着している、移入種で黒紫色をしたムラサキイガイだろう。ムラサキイガイはまた、ムール貝の名で食用にも供される。イガイの漢字表記となる貽貝の貽の字は見慣れないが、『貝の和名』によると、もともと中国で黒い貝を示した「貽」が由来とある。つまり、「イ」というのが本来の名前であったが、これが日本に伝わったのちに「イノカイ」となり、さらに「イガイ」となったという。ただ、もともと中国で貽と呼ばれていた黒い貝は、現在のイガイ類と同じものであったかどうかはわからないともある。

**イササヒヨク**（いささ比翼） 43

ホタテガイと同じくイタヤガイ科に属している二枚貝。イササとは小さいという意味で、小さいヒヨクガイを意味している。比翼とは、『ジャポニカ』によれば「比翼の鳥」の略。比翼の鳥というのは、雌雄二羽が一翼一目

一体の常に離れない姿をしているという、中国の創造上の鳥のこと。

**イシダタミ**（石畳）　口絵 2, 142, 143

ニシキウズ科の、磯の岩上に付着する巻貝。小さいが、食用になる。

**イシマキガイ**　147

汽水域から中流域にかけての河川の岩の上で見られるアマオブネガイ科の巻貝。

**イソシジミ**（磯蜆）　口絵 2, 口絵 4, 101, 159, 161

北海道以南で見られるシオサザナミ科の二枚貝。食用ともなり、独特の風味があるという。

**イソハマグリ**（磯蛤）　58, 59, 129

房総半島以南に分布するチドリマスオ科の二枚貝で砂地に棲息する。ハマグリと名前についているが、ハマグリよりもずいぶんと小さい。ただし、だしはよく出るので、沖縄では澄まし汁などによく利用される。

**イソモン**（屋久島でのトコブシの方言名）　143

**イタボガキ**（板甫牡蠣）　103, 114

カキ科の二枚貝。モースの『大森貝塚』にも「貝塚からもでている」とあり、『貝類学』にも、「かつては養殖が試みられるほど普通の貝」であったと書かれているが、現在は「多くの地域で消滅している」とつづけられている。『貝の和名』によると、板甫という熟語は存在しないため、語源は不明という。船の帆に布ではなく、板を使用する地方があったため、その板帆に似た牡蠣……というのが語源ではないかという説があるという。

**イタヤガイ**（板屋貝）　107, 117, 218

イタヤガイ科の二枚貝。『貝の和名』によると、板屋とは板葺きの粗末な屋根のことで、それになぞらえてつけられた和名。

**イチョウシラトリ**（銀杏白鳥）　口絵 6, 口絵 7, 118, 119, 157, 176, 177, 207, 210

ニッコウガイ科の二枚貝。本文にあるように、かつては各地で普通に見られる貝であったが、現在は限られた地域でしか見ることができなくなっている。『千葉県レッドリスト（動物編）2006 年 改訂版』でも、イチョウシラトリは消息不明・絶滅生物として、名前があげられている。

**イボウミニナ**（疣海蜷）　口絵 6, 118, 119, 127, 157, 171, 172

干潟などに棲息する細長いウミニナ科の巻貝。かつては普通に見られる貝

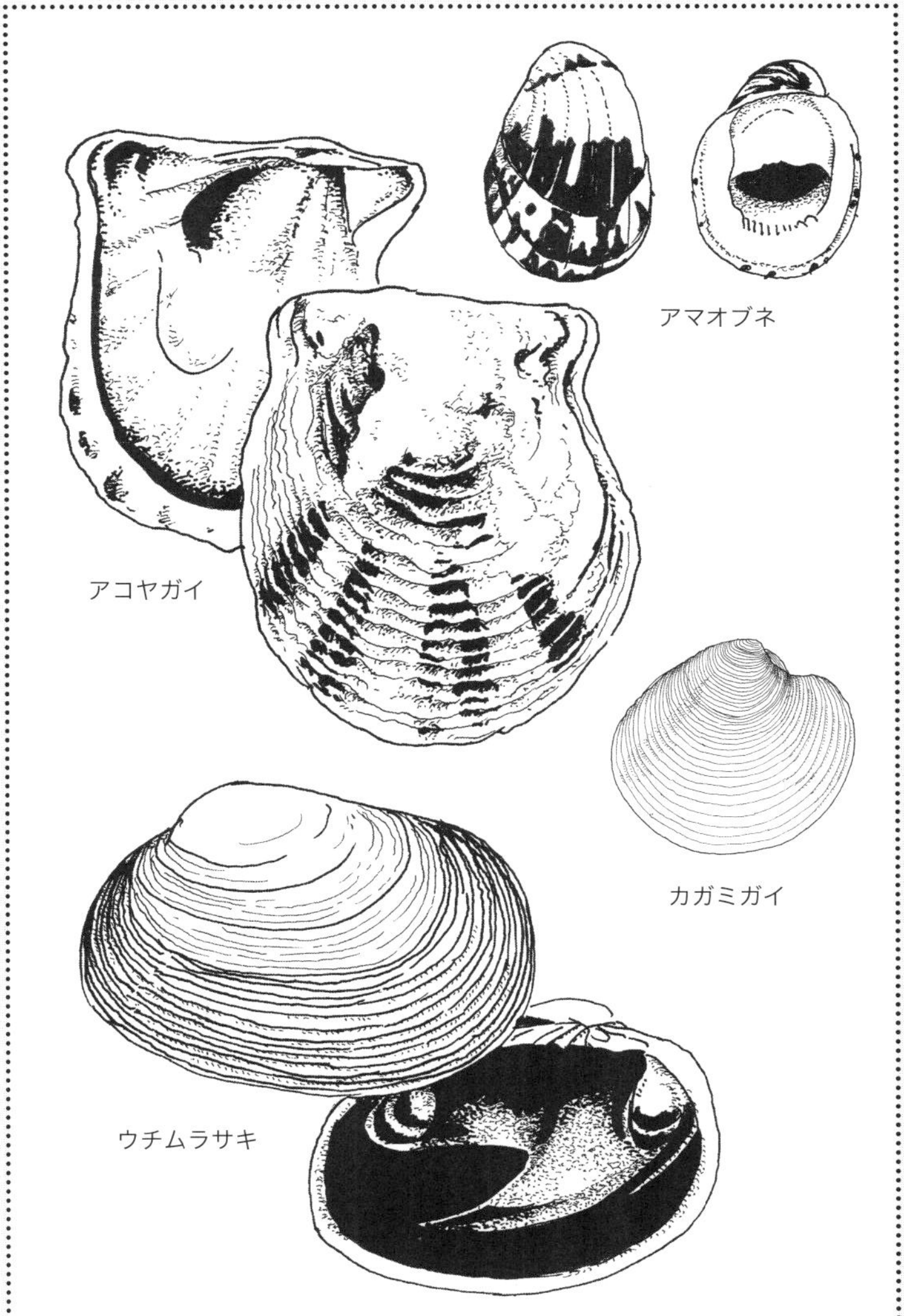


×1

だったが、本文に書いたように現在は減少が著しく、『千葉県レッドリスト（動物編）2006 年改訂版』でも、消息不明・絶滅生物として、その名があげられている。

**イボキサゴ**（疣喜佐古） 220

→キサゴ

**イモガイ**（芋貝） 30, 61, 71, 97, 128

イモガイ科の貝の総称。里芋に似ているところからイモガイの名がある。南方系の仲間で、南に行くほど多くの種類を見ることができる。種類によってさまざまな色や模様があり、タカラガイと並んで専門的なコレクターが存在する貝の仲間。

**ウキダカラ**（浮宝） 口絵 1, 16, 19, 29

タカラガイ科。白い地に、三本の茶色い横縞がおしゃれな小型のタカラガイ。子ども時代、館山の海岸ではめったに拾えないタカラガイだったが、沖縄の渚では、普通に拾うことのできる種類。

**ウキヅツガイ**（浮き筒貝） 20

ウキヅツガイ科。カメガイに近縁で、カメガイ同様、海中で浮遊生活を送る巻貝。

**ウシノツノガイ**（牛の角貝） 64

タケノコガイに属する非常に細長い形をした巻貝。

**ウズラガイ**（鶉貝） 64, 97

ヤツシロガイ科の巻貝。形や模様が、鳥のウズラに似ていることにちなむ。

**ウチムラサキ**（内紫） 口絵 7, 218, 219, 増補（10）

殻の内側が紫色をしていることから、ウチムラサキの名がある。地域によっては食用とする。

**ウマンコ**（屋久島でのタカラガイ類を指す方言名） 142, 143

**ウミニナ**（海蜷） 118, 119, 144, 154, 155, 171, 183

細長い形をしたウミニナ科の巻貝。またはウミニナ科の貝の総称。ウミニナは各地の干潟に普通に見られる貝だったが、現在は本文にあるように、絶滅が心配されるほど減少している。

**ウミマイマイ**（海蝸牛） 125-128, 166, 170-172

カタツムリに似た殻の形から。また、分類自体も、汎有肺《はんゆうはい》類に属していて、

カタツムリに近縁な海の巻貝。有明海の泥干潟に棲息。近縁の絶滅種が、かつて沖縄島沿岸にも棲息していたことが化石からわかっている。『貝類学』の「保全を必要とする貝類」という項では、泥底に棲む巻貝で、保全上、もっとも重要な存在として本種の名をあげている。

**エゾタマガイ**（蝦夷玉貝）　116, 117, 218, 219

タマガイ科。丸っこい形から玉貝の名があるこの貝の仲間は、肉食性で、二枚貝などの殻に穴をあけて捕食する習性がある。その代表がツメタガイ（→）。

**エゾタマキガイ**（蝦夷環貝）　116, 117

北方系のタマキガイの意味。タマキガイの環とは「手巻き」、つまり腕輪のことであると『貝の和名』にある。古代の人々は貝輪と呼ばれる貝製の腕輪を装飾品として用いた。貝輪として利用されたのは、『体験・埋文講座No.1 貝アクセサリーづくり教室』によれば、巻貝のオオツタノハやゴホウラ、マツバガイ、アカニシのほか、二枚貝のサルボウ、アカガイ、サトウガイ、イタボガキ、ベンケイガイなど。このうち南方系の巻貝であるオオツタノハやゴホウラは、産地である南島で採集されたのち、交易によって、各地に運ばれた。また貝輪には時代によって移り変わりがあり、前掲書によれば、縄文早期に関東地方で見つかる貝輪はサルボウガイ、アカガイ製が多いものの、中期になるとサトウガイ、アカニシやイタボガキが加わり、さらに後期になるとイタボガキと入れ替わる形でベンケイガイがあらわれるとともに、出土する貝輪の数も増えるという。なお、実際に貝輪として多用されたのは、上記のようにベンケイガイであるのだが、タマキガイとベンケイガイは同じタマキガイに属している二枚貝なので、タマキガイに環の名がつけられたのかもしれないと、『貝の和名』にある。

**エビスガイ**（戎貝）　口絵3, 107

エビスガイ科の巻貝。珍しい貝として有名なオキナエビスガイは江戸時代、エビスガイが年をとってなるものと考えられていたことから、その名（翁戎貝）がある。しかし、分類学的には、それぞれ、オキナエビスガイ科とエビスガイ科という、異なったグループに所属している貝同士である。

**オウムガイ**（鸚鵡貝）　57, 63, 65

貝殻の形がオウムの嘴を思わせることからその名がある。タコやイカと同

じく、頭足《とうそく》綱に属しているが、その中では独自の分類群(オウムガイ亜綱·オウムガイ目)に属し、また、生きている化石と呼ばれることもある。日本近海には棲息していないが、死んでのち、殻中の気体の浮力によって日本近海まで漂流してきた殻が海岸に打ち上がることがある。

**大アサリ**(ホンビノスガイの商品名) 109

**オオケムシヒザラガイ**(大毛虫膝皿貝) 62

8枚の殻をもつ多板《たばん》綱の貝だが、殻が小さく、軟体部が細長いため、毛虫のような姿に見えることからこの名がある。→ヒザラガイ

**オオシイノミガイ**(大椎の実貝) 口絵2, 72

オオシイノミガイ科の巻貝。なお、オカミミガイ科にも、ハマシイノミガイ(浜椎の実貝)と呼ばれる貝があり、こちらのほうが椎の実には似ている。

**オオシマチグサカニモリ**(大島千草蟹守) 68

オニノツノガイ科。1センチメートルに満たない微小貝の一つ。カニモリというのはヤドカリの入る貝のこと。

**オオシャコガイ**(大硨磲貝) 130, 133-135, 136, 137, 140

→シャコガイ

**オオシャミセンガイ**(*腕足貝の仲間) 90

**オオシンデンカワザンショウ**(大新田川山椒) 210, 211

大新田は大分県の中津干潟に面した地名。中津干潟で見つかり新種記載された小さなカワザンショウガイ科の巻貝。カワザンショウというのは、汽水域で見られる山椒の実のような貝だから。

**オオノガイ**(大野貝) 口絵6, 100

オオノガイ科の大型の二枚貝。モースの『大森貝塚』には「貝塚にも海岸にも多くない貝である。しかし、品川でとれたものが東京の市場でしばしばみられた」とある。

**オオバンヒザラガイ**(大判膝皿貝) 62

→ヒザラガイ

**オオヘビガイ**(大蛇貝) 19, 219

ムカデガイ科。巻貝の仲間であるが、巻きがほぐれて不定形になった殻が岩上に固着する。この様をヘビにたとえた。

**オオモモノハナ**(大桃の花) 口絵3, 107

サクラガイと同じく、ニッコウガイ科の二枚貝。ピンク色をした殻を桃の花弁に見立てたもの。

**オガサワラリソツボ**（小笠原リソ壺） 68

リソツボというのは、少し不思議な和名だが、リソとは、イタリアの貝類学者のリッソに由来すると『貝の和名』にある。リソツボ科。

**オカミミガイ**（陸耳貝） 72, 165-167, 172, 177, 207

オカミミガイという種類の貝と、オカミミガイ科の貝の総称。この貝の仲間は、汽水域近くの水辺で半陸生生活を送るものがあり、マングローブ林などにも特有の種類が見られる。オカミミガイは本文にあるように、近年は棲息環境の変化から減少している。『千葉県レッドリスト（動物編）2006年改訂版』でも消息不明・絶滅生物として記載されている。殻の形を耳に見立て、半陸生であることからオカミミガイと呼ばれる。沖縄のマングローブ林にはこの仲間のウラシマミミガイが樹幹上によく見られる。

**オキアサリ**（沖浅蜊） 189, 190

マルスダレガイ科の二枚貝。

**オキシジミ**（沖蜆） 口絵 4, 口絵 6, 100, 103, 148, 149, 194, 198

マルスダレガイ科の二枚貝で、食用となる。沖縄島では、各地の干潟で見られたが埋め立てなどにより棲息地が減少している。

**オキナエビスガイ**（翁戎貝） 108

オキナエビスガイ科の仲間は深海に棲む大型の巻貝で、貝コレクターの間で高価に取引される貝としても名高い。『貝の和名』によると、江戸時代の 1775 年に発刊された『渚の玉』という本に「無名貝」の名で図示されたのが始まりで、その後の 1843 年に発刊された『目八譜《もくはちふ》』〔目八とは、貝という漢字をふたつにばらしたもの。さまざまな貝を紹介した本で、この本に紹介されている名が和名のもとになっている貝も多い〕には、「形桃実に似たるを以て西王母という、或は戎介の老けたるを以て翁の名あり」とあるという。これをうけて東京帝室博物館の岩川友太郎がオキナエビスという名を与えたとある。また、『原色日本貝類図鑑』には、この貝の次のようなエピソードを紹介している。“明治 8 年、東京大学のお雇い外人教師のヒルゲンドルフが江の島でこの貝が売られているのを見つけ、本国に持ち帰り新種記載を行った。こののち、大英博物館から東大に、オキナエビ

スの採集依頼があり、神奈川の三崎の臨界実験場で当時採集の名手として知られていた青木熊吉がついにこの貝を吊り上げるのに成功した。このとき、熊吉は東大から得た謝礼金が高額であったことから「長者になったようだ」と口にし、一時、この貝はチョウジャガイという名で呼ばれるようになった。ただし、その後、先に述べたように古い本の記述に翁になった戎貝というものがあることがわかったため、オキナエビスという和名に落ち着いた”——このような話である。ただ、ここで紹介されているエピソードの細部については、異論もある。

**オキナガイ**（翁貝）　口絵 2

殻がきわめて薄いオキナガイ科の二枚貝。

**沖縄ハマグリ**（オキシジミの商品名）　149

**オニキバフデ**（鬼牙筆）　64

紀伊半島以南に分布するフデガイ科の巻き貝。

**オチバガイ**（落葉貝）　口絵 6, 209

シオサザナミ科の二枚貝。内湾に見られる。

**オッチョンコミナ**（屋久島におけるヨメガカサの方言名）　142, 143

**オミナエシダカラ**（女郎花宝）　口絵 1, 16, 26, 46, 64, 107

房総の海岸でも、普通に拾うことができる中型のタカラガイ。

## 【カ 行】

**カイコガイ**（蚕貝）　68

ブドウガイ科の巻貝。殻の形を蚕の繭に見立ててその名がある。

**カガミガイ**（鏡貝）　100, 増補(10)

マルスダレガイ科の二枚貝。砂底に棲息。

**カキ**（牡蠣）　57, 73, 76

カキ科の貝の総称。また、一般にはマガキを指していう場合が多い。マガキは養殖もされる重要な食用貝。

**カサガイ**（笠貝）　65, 66, 71, 72, 109, 142

カサガイ目の貝。または、笠型の貝殻をもつ巻貝の総称。ただし、笠型をしている貝といっても、分類学的には単一ではなく、独立に別々の仲間の巻貝が笠型の貝殻をもつ巻貝へと進化している。例えばヨメガカサなど、

多くの笠状の貝殻をもつ貝はカサガイ目に属しているが、古腹足目《こふくそく》・スカシガイ科のオトメガサや汎有肺目《はんゆうはい》・カラマツガイ科のコウダカカラマツガイなども笠型の貝殻をもっている。

**カニノテムシロ**（蟹の手筵）　127, 増補(22)

ムシロガイ科の小さな巻貝。腹面を見ると、殻口周辺の滑らかな部分（滑層）の形が蟹のはさみを思わせる形をしていることからこの名がつけられたと『貝の和名』にある。実際、手に取ってみると、なるほどと思う。

**カバザクラ**（樺桜）　口絵 2

ニッコウガイ科のサクラガイの仲間。殻の色は黄色味を帯びた桃色で、樺色をした桜貝の意味。

**カミスジダカラ**（髪筋宝）　16, 26, 28, 増補(22)

その名のとおり、殻の表面に髪の毛のような細い筋の模様のあるタカラガイ。房総半島以南に棲息するタカラガイだが、子ども時代には、めったに拾ったことのないタカラガイだった。ただし、殻の表面が摩耗した古い貝殻だと、特徴ある髪の毛模様は見えなくなったりするため、それと気づかなかったことがあったのかもしれない。

**カメガイ**（亀貝）　19, 20, 43

カメガイ科に属する小型の巻貝。一般の巻貝とはかなり異なった、名のとおり、亀の甲羅を思わせる形の殻をもっている。カメガイは白色の、ふくれた形をした薄い貝殻をもつが、茶色の色をしたクリイロカメガイや平たい殻のヒラカメガイなどの種類がある。カメガイは生活も変わっていて、一生、海中での浮遊生活を送る。生活場所は外洋なので、内湾よりも外洋に面した砂浜などに打ちあがっているものに出合うことが多い。出合えるかどうかは偶然に左右されるが、時により、大量に打ちあがる。『泳ぐ貝、タコの愛』によると、カメガイは海中に浮くために、翼状の足を羽ばたかせる(このため翼足《よくそく》類の名がある)ほか、殻の隙間から「驚くべき」長さと広さのある膜を広げ、これによって浮力を保っているとある。同時に、この粘液の膜にひっかかった微細な餌をたぐり寄せて暮らしているとも書かれている。

**カモノアシガキ**（鴨の脚牡蠣）　123

水かきのあるカモの脚のような形をしたカキの仲間。

**カモメガイ**（鴎貝）　107

ニオガイ科の二枚貝で、ほかのニオガイ科の貝同様、泥岩などの柔らかい岩に穴を掘り、その中でくらす。よく海岸に穴の開いた石が打ちあがっているが、そうした石の成因となる貝の一つ。

**カモンダカラ**（花紋宝）　口絵 1, 16, 29

南房総の海岸では、わりと出合う機会の多いタカラガイの一つ。

**カワアイ**（川合）　155, 164, 165

棲息地が汽水域《きすいいき》、すなわち川と海が合うところであるから、カワアイ（川合）という名がつけられたと『貝の和名』にある。『千葉県のレッドデータ（動物編）2006 年改訂版』では、最重要保護生物としてその名があげられている。

**カワニナ**（川蜷）　144

川中に棲む淡水生の細長いカワニナ科の巻貝。ゲンジボタルの幼虫の餌となることでも知られる。古い時代に形作られた琵琶湖では、カワニナの仲間が種分化をおこし、多くの種が見られる。

**カワラガイ**（瓦貝）　59

四国以南。浅い干潟などに棲息し、シャコガイと同じく、外套膜に褐虫藻を共生させているザルガイ科の二枚貝。殻から瓦葺の屋根を連想してつけられたもの。食用となる。

**カンギク**　59, 187, 188

サザエ科の丸っこい巻き貝。潮の引いた磯で簡単に採取でき、沖縄などではゆでて身を抜いて、アンダンスー（油味噌）などにして食用とされる。

**キイロダカラ**（黄色宝）　口絵 1, 16, 26, 27, 29

成貝は、殻の表面が鮮やかな黄色。子ども時代、千葉・館山で拾ったタカラガイのうち、種類がわからなかったものがある。それがこのキイロダカラの幼貝だった。南方系のキイロダカラの幼生が黒潮に乗ってやってきて成長をしたものの、成貝に至らず死に、打ちあがったものを拾っていたのだが、成貝のように黄色い色をしておらず、キイロダカラと判別ができなかったのである。タカラガイは、かつて中国で貝貨として利用された歴史がある。著名な民俗学者である柳田國男は、その著、『海上の道』の中で「秦の始皇の世に、銅を通過に鋳るようになったまでは、中国の至宝

は宝貝であり、中でも二種のシプレア・モネタと称する黄に光る子安貝は、一切の利欲願望の中心であった」と書いている。この文の中に、シプレア・モネタとあるが、これは、キイロダカラの学名である。このモネタという種小名《しゅしょうめい》はお金を意味しているというから、まさに貝貨に使われた貝であることを表しているといえる。ちなみに柳田は先の書で、沖縄近海、とくに宮古島の海に棲息しているタカラガイの仲間が中国にわたって貝貨になったのではと考え、またタカラガイを求めた人々が沖縄にわたったことで、稲などの栽培技術も伝わったという説を打ち立てた。ところで、本書にも登場する、千葉県立博物館の黒住耐二さんが中国・殷時代の遺跡から出土したタカラガイの調査をしたところ、出土したタカラガイは確かにキイロダカラが多かったものの、ほかにはナツメダカラやメダカラ、ハツユキダカラといった種類が見られ、こうした種類組成は沖縄近海で見られるタカラガイとは異なっている（メダカラは沖縄近海ではそれほど多くは見られない）ことなどから、おそらく貝貨となったタカラガイの産出地は沖縄近海ではなかったろうという。

**キクザル**（菊猿）　53

『貝の和名』によると、サルノカシラ（猿の頭）の仲間で、殻の表面の鱗片を菊の花に見立てて、「菊猿の頭」とし、それを略してキクザルとなったとある。キクザルガイ科。

**キグヤー**（沖縄島でのアラスジケマンガイの方言名）　187

**キサゴ**（喜佐古）　107

ニシキウズ科の平たく巻いた巻貝。砂底に棲息。または、キサゴの仲間の総称。キサゴに似ていて、小さな疣状の突起を生じる種類にイボキサゴがある、また、この仲間のダンベイキサゴはキサゴよりも大型になり、ナガラミと呼び食用とする。

**キセワタガイ**（被せ綿貝）　口絵 2，34，72

貝の和名には、仏具にちなむ名称（ケマンガイやリンボウガイなど）など、日常では触れ合う機会がない用具を表わす単語に由来するものもあるため、カタカナ表記だけではどんな意味に由来するのかがわからないものも少なくない。「キセワタ」もそうしたカタカナ表記からは意味の取りづらいものの一つ。『貝の和名』によると、「被せ綿」とは重陽の節句に行われてい

た慣習のことで、綿を菊の花にかぶせ、その菊の香りのついた綿で身をぬぐうと、老いが去り長寿を保つといわれていたのだという。本来は「菊の被せ綿」と呼んでいたものが、「きせわた」と略されるようになったもので、ごく薄い半透明の殻をしたこの貝を、菊にかぶせた薄い綿に見立てたものであるという。キセワタガイ科。

**キゾー**（西表島におけるヒルギシジミ類の方言名）　184

**キバウミニナ**（牙海蜷）　口絵 7, 155, 182-185, 213

キバウミニナ科の巻貝で、干潟で見られる。キバウミニナは、ウミニナ類の中では破格に大型になる。八重山諸島のマングローブ林では、ヒルギの仲間の木々の下にいくつも、この巻貝が転がっているのを目にする。キバウミニナは、ヒルギの落葉を食べて生活し、このヒルギの落葉を分解するという、マングローブ林の生態系では重要な位置を占めている。西表島では、チンボーラーと呼んで、かつては食用としていたという話を聞いた。

**キルン**　口絵 7, 195-199, 213, 223

本文にあるように、沖縄島固有のマルスダレガイ科のハマグリの仲間であったが、すでに絶滅してしまっている。沖縄島南部の与《よ》那《な》原《ばる》の海岸は埋め立てられ、往時の姿をとどめていないが、わずかに埋め残された水路脇などから、このキルンの殻が見つかることがある。

**ギンタカハマ**（銀高浜）　142, 143

ニシキウズ科。円錐形をした巻貝。別名広瀬貝と呼び、高瀬貝（サラサバテイ）と同じく、貝ボタンの原料とされる。

**クチグロキヌタ**（口黒砧）　口絵 1, 16, 46

名のとおり、殻口の周囲が真っ黒な中型のタカラガイ。『タカラガイ・ブック』には房総半島以南に分布とあるが、子ども時代、この貝の完全な姿をしたものは、めったに拾えなかった思い出がある。

**クチベニガイ**（口紅貝）　口絵 2, 34

クチベニガイ科の殻の厚い小型の二枚貝。殻を裏返すと、殻の周囲が紅色に染まっていて、まるで口紅をつけたように見える。

**クチムラサキダカラ**（口紫宝）　口絵 1, 16, 19, 109

名のとおり、殻口の周囲が薄い紫色に染まっているタカラガイ。子ども時代は、拾うとうれしくなる種類だった（つまり、そこまで普通には拾えな

かった)。

**クボガイ**(久保貝)　142, 143

バテイラ科。『原色日本貝類図鑑』には「北海道以南の潮線内外の普通種である」とある。確かに、子ども時代に貝拾いに行くと、よく見かけた円錐形をした黒っぽい色の巻貝だった。バテイラ同様、食用となる。

**クマノコガイ**(熊の子貝)　口絵 3, 107, 142

クボガイと同じく、バテイラ科の巻貝。クボガイ同様、黒っぽい円錐形をした貝で、この貝も食用となる。クボガイは殻の表面に細い隆起が何本もあるが、クマノコガイは全体的になめらか。

**クモガイ**(蜘蛛貝)　57

ソデボラ科。サンゴ礁の浅瀬に棲む、殻にクモの脚のような突起がある巻貝。食用となる。より大型になる、同じ仲間のスイジガイは棘上《きょくじょう》の突起が張り出すさまが「水」という字に見えるので、火災よけなどのまじないとして、沖縄では家の門口にかけられていることがある。

**クリイロカメガイ**(栗色亀貝)　20

→カメガイ

**クロウマンコ**(屋久島でのヤクシマダカラの方言名)　142

**クロミナ**(屋久島でのクマノコガイの方言名)　142

**クロダカラ**(黒宝)　口絵 1, 16, 28

小型のタカラガイ。南房総の海岸でも、わりと拾うことができるタカラガイ。

**ケシカニモリ**(芥子蟹守)　68

クリイロケシカニモリ科の微小な巻貝。

**ケハダウミヒモ**(毛肌海紐)　61

無板《むばん》綱と呼ばれる、貝殻をもたない貝のグループの一員。名のとおり、長い紐状をしていて、とても貝の仲間とは思えない。

**コウケ**(テングニシの方言名)　179

**コウシボリチョウジガイ**(纐纈丁子貝)　68

ホソスジチョウジガイ科。コウシボリは、纐纈と書いて、古い時代の絞り染めのこと。殻表面の微小な突起を絞り染めになぞらえたのだろうか。またチョウジガイの丁子とは、香辛料として使われる丁子〔フトモモ科のク

ローブのつぼみを乾燥させたもの〕のこと。

**コウダカカラマツガイ**（甲高落葉松貝） 72

笠型をしたカラマツガイ科の巻貝。放射状に肋《ろく》があるので、これを落葉松の葉に見立てたのだろう。笠型をしているが、汎有肺《はんゆうはい》目の貝で、ヨメガカサなどほかの笠型をした巻貝とはずいぶんと縁遠い。

**コウロエンカワヒバリガイ**（香櫨園川雲雀貝） 口絵 4, 83, 84

移入種のイガイ科の二枚貝。『黒装束の侵入者』によれば、日本に移入されたのは 1970 年代で、原産地はオーストラリア、ニュージーランド。船のバラスト水に混入していたこの貝の幼生が移入源と考えられている。和名は最初に見つかった兵庫県の香櫨園浜にちなむ。

**コエタンゴミナ**（屋久島におけるウミニナ類？の方言名） 143-148

**コケガラス**（苔烏） 165

イガイ科の二枚貝。イガイ科の貝には、他にもホトトギスガイやヒバリガイ、クジャクガイ、ムラサキインコなど、鳥にちなんだ名前のつけられた貝がある。

**コゲチドリダカラ**（焦千鳥宝） 29, 増補(22)

チドリダカラは、丸く膨れたタカラガイの仲間で、コゲチドリダカラはチドリダカラよりも殻の色の茶色味が濃い。『タカラガイ・ブック』によれば、紀伊半島以南に分布。

**コゲツノブエ**（焦角笛） 123, 140, 増補(22)

オニノツノガイ科。『日本近海産貝類図鑑』によれば、紀伊半島以南〜熱帯西太平洋とインド洋北東部に分布とある。こうした貝が縄文時代には関東地方にも棲息していた。

**ゴマフダマ**（胡麻斑玉） 口絵 6, 173, 207

タマガイ科の丸っこい形の巻き貝で、表面に胡麻斑模様がある。一方、学名の種小名《しゅしょうめい》は *tigrina* で、これはタイガー（虎）を意味している。『貝の博物誌』によると、18 世紀ごろまでのヨーロッパでは虎と豹が混同されることがあったので、縞模様ではなく、黒点を散らす本種に虎にちなむ学名が与えられたのだろうとある。また、食用にする地方もあるという。なお、『貝類学』の「保全を必要とする貝類」という項では、ゴマフダマは国内には希少であると書かれている（ただし、東南アジアには広く分布している）。

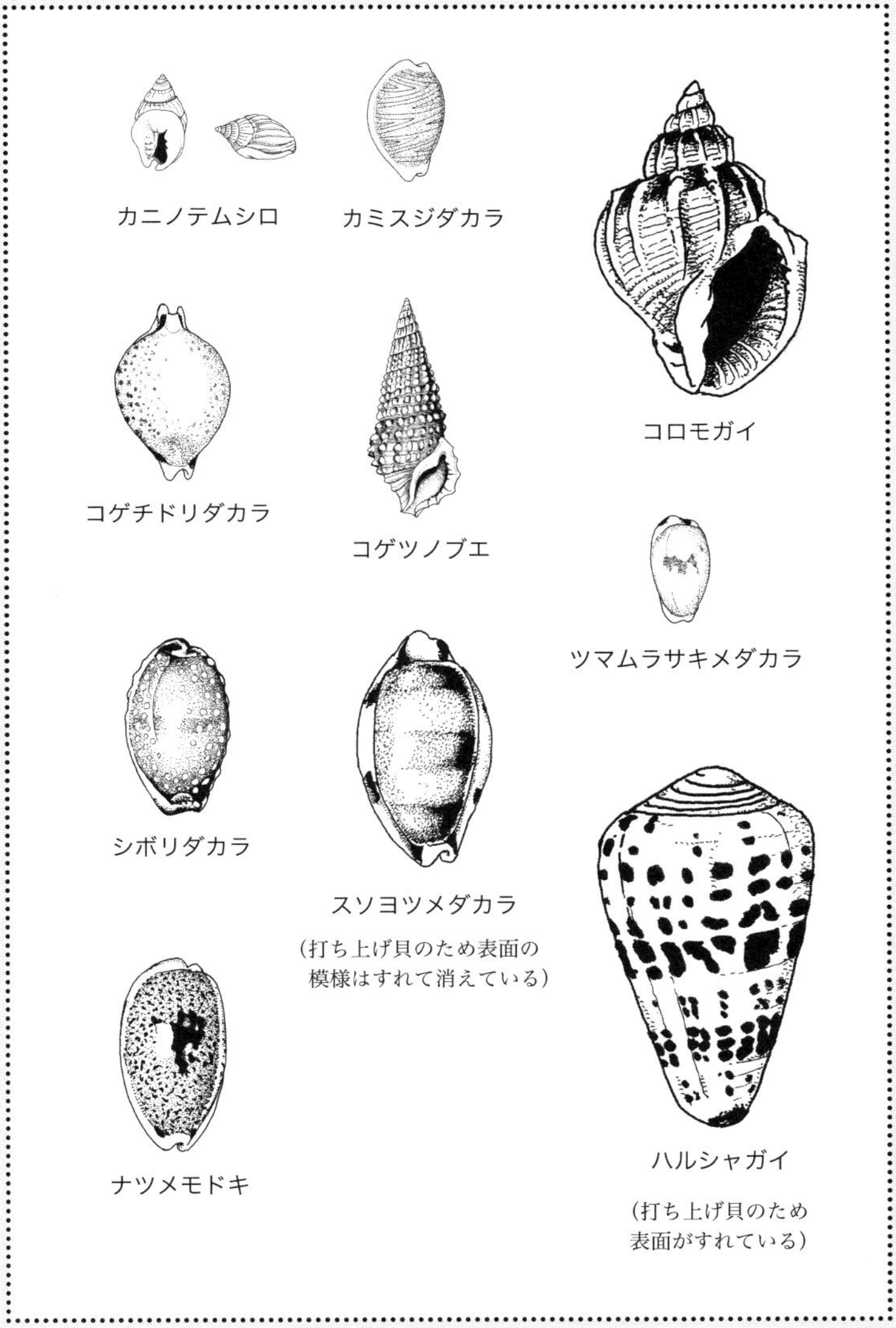
カニノテムシロ
カミスジダカラ
コロモガイ
コゲチドリダカラ
コゲツノブエ
ツマムラサキメダカラ
シボリダカラ
スソヨツメダカラ
(打ち上げ貝のため表面の
模様はすれて消えている)
ナツメモドキ
ハルシャガイ
(打ち上げ貝のため
表面がすれている)

× 1

**コメミナ**（屋久島におけるイシダタミの方言名） 142

**コモンダカラ**（小紋宝） 口絵 1, 口絵 2, 16, 29, 34

中型のタカラガイで、殻の側面に一対の暗色の紋があるのが特徴。子ども時代に通った館山の海辺でごく普通に拾うことのできたタカラガイの一つ。

**コロモガイ**（衣貝） 100, 101, 増補(22)

コロモガイ科の巻き貝。

## 【サ 行】

**サギガイ**（鷺貝） 口絵 2

ニッコウガイ科の二枚貝で､白い殻を､鳥のサギに見立てたもの。仲間には、ゴイサギやアオサギなど、鳥のサギの仲間と同じ和名をもつ種類もある。なお、○○シラトリと名をつけられたものも多い。

**サキグロタマツメタ**（先黒玉津免多） 口絵 6, 165, 209

肉食性のタマガイの仲間。タニシのような形をした殻をもつ。もともと日本では有明海など限られた海域にしか棲息していなかったが、輸入アサリと一緒に大陸から移入され、日本各地で確認されるとともに、アサリへの食害被害が見られるようになったと『海の外来生物』にはある。『貝類学』でも「2004 年以降、もっとも注目を集める移入種のひとつである」としている。

**サクラガイ**（桜貝） 口絵 2, 13, 14, 33, 37, 74, 78, 107, 169

桜の花びらのような色、形をした薄い貝殻のニッコウガイ科の二枚貝。渚に落ちていると、つい拾いたくなってしまう貝の一つ。

**ザクロガイ**（石榴貝） 68

シラタマガイ科。和名は、小粒な貝殻をザクロの種子(赤い食用部)にたとえたのだろう。微小貝の定番の一つ。

**サザエ**（栄螺） 57, 109, 111, 187

つぼ焼きなどで親しまれる食用のサザエ科に属する巻貝。棲む場所によって、棘《とげ》が発達するものと、そうでないものがある。沖縄には、近縁で棘のないチョウセンサザエが分布していて、食用に利用される。国民的漫画の主人公の名ともなっているから、その名を知らない人はいないだろう。そんな有名なサザエという貝の名の語源は、『貝の和名』によれば次のとおり

だ。まず、サザエの「さざ」は、さざ波の「さざ」と同じく小さいことを意味している。そして「え」は家のこと。すなわちサザエとは、小さい家を語源とするという。

**ササノツユ**（笹の露）　20

カメガイ科の浮遊性巻き貝。→カメガイ

**サビシラトリ**（錆白鳥）　口絵 6, 209

ニッコウガイ科の二枚貝。

**サメザラモドキ**（鮫皿擬）　59

アサジガイ科。鮫皿とあるのは、殻の表面に細かな突起があり、ざらざらとしているから。

**サメダカラ**（鮫宝）　口絵 1, 16, 28

タカラガイの多くは、表面がすべすべだが、本種は小さな疣状の突起があり、それが鮫肌を思わせることから。子ども時代、館山の海辺で拾ったなじみのタカラガイの一つ。

**サヤガタイモ**（紗綾形芋）　30

ややずんぐりした、イモガイの仲間。イモガイは南方系の貝だが、本種の分布は『日本近海産貝類図鑑』によれば、太平洋側では福島県以南とあり、イモガイの中ではもっとも北まで分布域が広がっている種類。

**サラサバテイ**（更紗馬蹄）　126

大型の円錐形をしたニシキウズ科の巻貝。高瀬貝とも呼ばれる。肉は食用となり、また貝殻は貝ボタンの材料となる。

**サルボウ**（猿頬）　100, 102-104, 107, 114, 115, 166, 174, 179, 216, 219, 220

フネガイ科の二枚貝。以前からその名前は知っていたが、今回調べてみるまで、サルボウが猿頬と漢字で表記されることを知らなかった。『貝の和名』によれば、サルの頬袋〔口にある、餌を蓄えることのできるふくらみ〕のことを猿頬といい、この貝がよく膨らんでいること〔加えて、殻のすきまから赤い色をした足がでているのを猿の舌に見立てて〕から、猿頬の名がついたとある。モースの『大森貝塚』には、「貝塚では少なからずみられるし、また、江戸湾の海岸にもあちこちに落ちていた」とある。

**サワラビガイ**（早蕨貝）　19

カツラガイ科の巻き貝。殻の形がワラビの新芽の先端部を思わせることか

ら。環形《かんけい》動物のケヤリの棲管《せいかん》に寄生。

**サンゴノフトヒモ**（珊瑚の太紐）　61

ケハダウミヒモ(→)と同じく、無板《むばん》綱という貝殻をもたない貝のグループの一員。ケハダウミヒモの仲間よりも太短い体をしている。

**シオフキ**（潮吹）　口絵 6, 100, 103, 154, 209, 212

バカガイ科。モースの『大森貝塚』には、「この種は貝塚でも湾の海岸でも非常に多くみられるし、東京の市場においても一般にみられる」とあるが、僕は売られているのを見たことも、実際に口にしたこともまだない。

**シオヤガイ**（塩屋貝）　口絵 7, 123, 139, 140, 157, 163, 177, 193

マルスダレガイ科の二枚貝。『千葉県のレッドリスト（動物編）2006 年改訂版』では、消息不明・絶滅生物として、その名があげられている。食用。

**シシガイ**（ハイガイの方言名）　175, 179

**シシビ**（イソシジミの方言名）　161

**シジミ**　57, 73, 132, 142, 143, 161, 179

シジミ科の二枚貝の総称。主に汽水域《きすいいき》に棲息しているヤマトシジミが食用として利用され、ほかに淡水域に棲息するマシジミや、琵琶湖特産のセタシジミなどがある。また近年は海外から、これらとは別種のシジミが輸入、販売されるとともに、そうした海外産のシジミ類が野外からも報告されるようになってきている。

**シチダン**（沖縄島南部のカンギクの方言名）　187, 188

**シナハマグリ**（支那蛤）　口絵 5, 151, 152, 159, 160, 194, 218

→ハマグリ

**シボリダカラ**（絞宝）　16, 増補(22)

千葉県以南で普通に拾うことのできるタカラガイの仲間。

**シマメノウフネガイ**（縞瑪瑙船貝）　口絵 3, 109, 111, 179, 219

帰化種。巻きがほぐれたスリッパ型のカリバガサ科の巻貝で、サザエなど、ほかの貝の殻の上に付着する。現在ごく普通種となっており、『貝類学』の中にも「日本の浅瀬でもっともありふれた貝の一種になっている」とある。もともと日本での帰化が明らかとなった折は、ネコゼフネガイという種類として報告されたが、それとは別の種類の貝であることがわかり、あらたにシマメノウフネガイの和名が与えられた。『貝の和名』によると、本種の

学名の種小名《しゅしょうめい》〔学名は、属名＋種小名の組み合わせであらわされる。ヒトの学名、ホモ･サピエンスではホモが属名、サピエンスが種小名となる〕*onyx* の訳を縞瑪瑙としたもの。ただし、実際のシマメノウフネガイの殻を見ても、縞瑪瑙を思わせる美しい模様は見いだせない。そのため、『貝の和名』では、*onyx* はラテン語で onich（爪）となることから、爪型をした貝という意味ではないかという考えを紹介している（または、*onyx* には黒いという意味もあるので、そちらの意味ではないかともいう）。いずれにせよ、*onyx* を縞瑪瑙と訳したのは、誤訳だろうというわけだ。また、『貝の博物誌』には、アメリカ西岸原産で、1968 年に東京湾で見つかったのが日本での初めての記録とある。

**シャゴウガイ**（車螯貝）　130, 135

シャコガイ科。殻が厚い、大型の二枚貝。ほかのシャコガイ同様、食用として利用される。名は中国語の車螯をそのまま和名としたものと『貝の和名』にはある。車螯とは大型の二枚貝を意味している(中国語の車螯が、シャゴウという種類そのものをさしていたわけではない)。江戸後期の研究書『本草綱目啓蒙《ほんぞうこくもくけいもう》』では「おほはまぐり」という読みをあて、「和産ナシ。琉球産ノ大蛤､大サ一尺余ナル者アリ」と解説を加えている。『沖縄の海の貝･陸の貝』によれば、八重山にはスークワヤーという方言名がある。

**シャコガイ**（硨磲貝）　37, 57, 130, 133, 135, 201

シャコガイ科の二枚貝の総称。その種類にヒメシャコガイ、シラナミガイ、ヒレナシシャコガイなどがある。大型の二枚貝で、外套膜《がいとうまく》に共生している褐虫藻《かっちゅうそう》が光を浴びて光合成をして、その生産物を栄養源としている。岩やサンゴに穿孔《せんこう》して生活するヒメシャコガイはシャコガイの中では小型種であるが、沖縄ではアジケーなどと呼び、味がよいため、刺身や寿司ネタなどにされる。オオジャコガイは世界最大の二枚貝。八重山諸島では、原生のものは見られないが、化石状態の貝殻は海岸に点在しているの見みられ、状態のよいものは、かつて洗い桶や水溜として利用された。『貝の和名』によれば、かつて大型のシャコガイの殻は削って磨かれ、七宝の一つに数えたとある。また、漢字で書くと硨磲であり、これはもともと車輪を意味しており、開いた殻をくっつけてみた姿を車輪に見立てたのではないかと書かれている。これまでシャコガイが、七宝に含まれるという認識が

なかったが、『大辞林』で七宝をひくと、「金、銀、瑠璃、玻璃、硨磲、瑪瑙、珊瑚」と確かに硨磲の名がある。

**シャジクマツムシ**（車軸松虫）　68

フトコロガイ科の小型の巻き貝。フトコロガイ科には、マツムシと名のついた貝がほかにもいる。昆虫のマツムシにちなむのだろうが、大きさや形がとりわけマツムシに似ているとも思えない。

**シャミセンガイ**（*腕足貝のシャミセンガイの仲間の総称）　90-92, 94-96, 177, 178

**ジャンボタニシ**（スクミリンゴガイの俗名）　169

**シュリマイマイ**（首里蝸牛）　64

沖縄島を中心に分布しているナンバンマイマイ科のカタツムリの一種。

**シラオガイ**（白尾貝）　口絵 7, 157

マルスダレガイ科の二枚貝。『千葉県レッドリスト（動物編）2006年改訂版』では、消息不明・絶滅生物として名があげられている。

**シラナミガイ**（白波貝）　135

シャコガイ科。殻の様子を白波に見立てている。

**シロウマンコ**（屋久島におけるハナビラダカラの方言名）　142, 143

**シロカメガイ**（白亀貝）　20

→カメガイ

**白ハマグリ**（ホンビノスガイの商品名）　81, 83, 84

**シンジュガイ**（アコヤガイの俗名）　73

**スイショウガイ**（水晶貝）　197, 198

重厚な殻をもつソデボラ科の巻貝だが、水晶のように透明であるわけではない。そのため、『貝の和名』でも、なぜこの貝に水晶の名をあてたのかは不明であるとしている。

**スガイ**（酢貝）　口絵 4, 100, 103

浅い磯場に見られるサザエ科の巻貝で、ゆでて、針などで身を取り出して食べることができる。また、スガイはそれほど大きな貝ではないが、その蓋は石灰質で厚い（サザエの蓋を小さくしたような形をしている）。スガイの名は、この石灰質の蓋からきている。この石灰質の蓋を酢の中に入れると発泡して溶けるが、そのとき泡が発生することで蓋がくるくると動き回

る。このため、昔の子どもたちの遊び道具とされた。なお、明治期から昭和にかけて活躍した博物学者の南方熊楠はこのスガイのことを「燕石考」という論考の中に書き残している(『南方民俗学』所収)。また、モースの『大森貝塚』には「この貝は大森貝塚に最も多くみられるものの一つである」と書かれており、縄文人は盛んに食用として利用していたらしい。

**スクミリンゴガイ**(竦み林檎貝)　169

リンゴガイ科の淡水生巻貝。ジャンボタニシとも呼ばれる。『日本産淡水貝類図鑑 2』によると、原産地は中南米。日本には、1980 年ごろに台湾を経由して食用種という触れ込みで持ち込まれ養殖が試みられた。のちに逃げ出したり、投棄されたりしたものが野生化し、問題となった。

**スソヨツメダカラ**(裾四眼宝)　28, 増補(22)

タカラガイ科の仲間。『タカラガイ・ブック』には房総半島以南に分布とあるが、子ども時代には拾ったことがなかった。

**スピ**(波照間島におけるタカラガイ類の方言名)　60

**センニンガイ**(仙人貝)　口絵 7, 129, 155, 182, 183, 214, 224

キバウミニナ科。『日本近海産貝類図鑑 第 2 版』には「八重山から古い死殻が採集されることがあるが、棲息は確認されていない。フィリピン、東南アジアには普通」とある。本文にも書いたように、沖縄島の海岸でも古い貝殻が見つかる。

## 【タ 行】

**タイワンシラオガイ**(台湾白尾貝)　197, 198

マルススダレガイ科の二枚貝。

**タイワンシラトリ**(台湾白鳥)　123

ニッコウガイ科の二枚貝。

**タイラギ**(平貝)　166, 167, 174

大型になるハボウギガイ科の二枚貝で、貝柱は高級な寿司ネタ。タイラギはそもそも「たいら貝」が語源で、それが「タイラギー」、さらにはタイラギへと転訛したのではないかと『貝の和名』には書かれている。

**タカジイ**(屋久島におけるギンタカハマの方言名)　142, 143

**タカラガイ**(宝貝)　14-19, 22, 25-29, 34, 37, 46, 57, 60, 71, 98, 107, 109,

128, 130, 142, 223

かつて貝貨として貨幣として使われていた時代がある（→キイロダカラ）。『タカラガイ・ブック』によれば日本産の既知種は88種。光沢のある殻をもち、種類によって模様がさまざまであり、深海性のものなどは得がたいといった特徴もあるため、タカラガイを専門に収集するコレクターも存在している。

**タコブネ**（蛸船） 63, 65

アオイガイと同じくカイダコ科に属するタコ（フネダコ）の雌が作った貝。偶然、漂着した貝を拾い上げることしか出合う機会がないので、見つけると大変に嬉しい。アオイガイが集団での漂着が見られるのに対し、そうした集団漂着の場を本種では見たことがない。その点で、アオイガイより得がたいといえる。

**タテスジホウズキガイ**（*腕足貝の仲間） 91

**タニシ**（田螺） 57, 169, 214

淡水に棲む、タニシ科のオオタニシ、マルタニシなどの総称。琉球列島では1960年代以降、田んぼが急減し、また除草剤の導入もあって、マルタニシが多くの島から姿を消し、沖縄県ではレッドデータブックにその名が掲載されるまでになっている。

**タマガイ**（玉貝） 61

肉食性のタマガイ科の貝のこと。

**タマエガイ**（玉江貝） 口絵2

薄い貝殻のイガイ科の二枚貝。→エガイ

**タマノミドリガイ**（玉野緑貝） 69, 70

ユリヤガイ（→）と同様、二枚貝状の殻をもった巻貝のウミウシの仲間で、タマノミドリガイ科に属する。海藻上で見られ、緑色の体色をしている。和名の玉野は、『貝の和名』によればこの貝が最初に発見された岡山県の玉野市にちなむとある。

**チジミタコブネ**（縮み蛸船） 63

カイダコ科のタコの雌が作る貝。偶然、海岸に漂着することによって得られる。タコブネよりも珍しい。

**チビタッチュー**（沖縄島南部におけるニシキウズの方言名） 187, 188, 224

**チャイロキヌタ**（茶色砧）　口絵 1, 16, 19, 25, 26, 28, 29

1～2センチメートルほどの大きさの小型のタカラガイで、千葉の海岸などでは、メダカラとともに、最も普通に拾うことのできるタカラガイ。ただし、その分布は日本本土～韓国に限られており、世界的に見ると分布範囲が局所的なタカラガイの仲間。沖縄においても、海岸で本種を拾うことはない。

**チョウセンハマグリ**（朝鮮蛤）　口絵 5, 77, 150, 186, 194-197, 199-202, 204, 205

店によっては、単にハマグリの名で供されることもある。ハマグリが内湾や河口部に棲息しているのに対し、本種は外洋に面した砂底に棲息する。本文にもあるように、大型の個体の殻からは、碁石を作った。

**チョウチョウガイ**（オオバンヒザラガイの貝殻の俗名）　62

**チョウチンガイ**（*腕足貝のチョウチンガイ類の総称）　43, 90, 91, 95, 96

**チリボタン**（散り牡丹）　口絵 3, 107

日本海類学会の連絡誌の名称ともなっているイタヤガイ科の二枚貝。チリボタンの名は、砂浜にいくつも打ちあがっている姿が、まるで散り落ちた牡丹の花びらのようであるからつけられたと、『貝の和名』にある。

**チリメンユキガイ**（縮緬雪貝）　123

バカガイ科の二枚貝。

**チンボーラー**（沖縄でさまざまな種類の巻貝のことを指す方言名）　57, 58, 60, 184, 187

**ツキヒガイ**（月日貝）　165

同じイタヤガイ科に属しているホタテガイも右殻と左殻では色や形が異なっている。通常、右殻の膨らみが強く、色も白っぽいのに対して、左殻は右殻に比べ平らで、色も赤っぽい。ツキヒガイの場合は、右殻と左殻では膨らみにはあまり違いが見られないが、右殻が黄白色であるのに対し、左殻が赤く、これを月と日に見立てて名前がつけられている。多産する地域では食用に利用する。

**ツツミガイ**（包み貝）　64

タマガイ科の仲間。

**ツノガイ**（角貝）　61, 65

貝類（軟体動物）は無板綱《むばん》、多板綱《たばん》、腹足綱《ふくそく》（巻貝）、掘足綱《くっそく》、斧足綱《ふそく》（二枚

貝)、頭足綱《とうそく》(タコ、イカ類)に分けられているが、このうち掘足綱の貝はいずれも角状の細長い貝殻をもち、ツノガイと総称される。

**ツマムラサキメダカラ**(褄紫目宝) 28, 増補(22)

『タカラガイ・ブック』には千葉県以南に見られるとあるが、子ども時代はめったに拾ったことがなかった。一方、現在住んでいる沖縄では普通に拾うことができる小型のタカラガイ。

**ツメタガイ**(津免多貝) 口絵3, 口絵4, 100, 105, 107, 153, 170

タマガイ科の肉食巻貝で、二枚貝の殻に穴をあけて捕食する。地域によっては食用として利用する。韓国ではもう少しポピュラーな食用貝らしく、缶詰も市販されている。

**ツメミナ**(屋久島におけるアマオブネ類の方言名) 142, 146, 147, 増補(10)

→アマオブネの図

**テリザクラ** 169

ニッコウガイ科の小型の二枚貝。

**テングニシ**(天狗辛螺) 口絵3, 107, 179, 209

テングニシ科の巻貝。有明海周辺などでは食用とし、刺身にして賞味する。卵のうはウミホウズキとして知られ、かつては子どものおもちゃとして夜店などで売られていたが、今では実際に知る人は限られている。テングニシ自体も、『千葉県レッドリスト(動物編) 2006年度改訂版』では最重要保護生物にランクされるようになっている。

**トコブシ**(常節) 142, 143

アワビを小型にしたようなミミガイ科の貝で、食用として利用される。

**トマヤガイ**(苫屋貝) 53

トマヤガイ科の二枚貝。『貝の和名』によると、苫〔カヤやスゲなどで編んだ菰のようなもの〕で屋根をふいた粗末な家のことで、この貝の貝殻の肋《ろく》を、そうした粗末な家の屋根に見立てたものとある。

**トミガイ**(富貝) 64

肉食性のタマガイ科の巻貝。

**トリガイ**(鳥貝) 口絵3, 107

比較的殻の薄いザルガイ科の二枚貝。名の由来としては、殻の中に足を縮めている様子が、ひよこが脚を折り曲げている様子に似ているためとい

う説や、味が鶏肉に似ているから名づけられたという説などがあることが、『貝の和名』には紹介されている。

## 【ナ 行】

**ナシジダカラ**（梨地宝）　口絵 1, 16, 26, 28, 46

梨地とは、『大辞林』をひくと、「漆の上に金・銀の粉末（梨子地粉）を蒔き、上に透明な漆をかけて平らに研ぎ出し、漆を通して梨子地粉が見えるもの。梨の果実の肌を見るような感じがするのでこの名がある」とある。つまり梨地模様のタカラガイ。南房総の海岸でも、わりと普通に打ち上がっているのを見ることができる。

**ナツメモドキ**（擬棗宝）　28, 増補（22）

ナツメダカラに似ているタカラガイという意味。『タカラガイ・ブック』によれば、ナツメダカラのほうは、「日本では最もまれなタカラガイのひとつ」とある。ナツメモドキのほうは、千葉県以南に普通ともある。ナツメダカラは、ナツメの実に似ているとして、つけられた名だろう。

**ナンヨウクロミナシ**（南洋黒身無し）　64

イモガイ科の中には、ミナシとつけられた種類がいくつかある。これは『貝の和名』によると、殻が厚く、殻の口も細いため、身がほとんどないように見えることから。

**ニッポンダカラ**（日本宝）　109

テラマチダカラ、オトメダカラ、ニッポンダカラの 3 種類のタカラガイは、色、形とも美しいだけでなく、日本では採集される数が少ないことから「日本の三名宝」と呼ばれると、『タカラガイ・ブック』には紹介されている。

**ニーシ**（屋久島におけるレイシガイ類の方言名）　142

**ニシキウズ**（錦渦）　187, 188, 224

ニシキウズ科の円錐形をした巻貝。

**ネオピリナ**　61

カサガイ類と似た笠型の殻をもつ、単板綱《たんばん》の貝。深海性。生きている化石ともいわれる。

**ネコゼフネガイ**（発見当初、シマメノウフネガイが誤同定されたときの名）　111

**ノミカニモリ**（蚤蟹守）　68

オニノツノガイ科の微小巻貝。蟹守とはヤドカリの入る貝のこと。

## 【ハ 行】

**バイ**（蛽）　100, 178, 179, 207

煮つけて食用とするバイ科の巻貝だが、近年は漁獲量が減少している。なお、モースの『大森貝塚』では、「貝塚にごく一般にみられる貝であり、また海岸にもよく落ちている。湾のずっと南までごく普通にみられる」とあり、縄文時代～明治期にかけて東京湾では普通に見られた貝であったことがわかる。子どもの遊び道具のベーゴマも、バイゴマがもとで、バイの貝殻を利用した独楽である。また、『貝の和名』によると、もともと、蛽という漢字は貝の意味であるという。

**ハイガイ**（灰貝）　口絵 2, 口絵 4, 口絵 7, 46, 47, 52, 54, 86, 99, 100, 102-105, 113, 118, 119, 120-127, 137, 140, 148, 149, 157, 163-177, 179, 181, 182, 185, 190, 192-194, 208, 213-215, 220, 223

食用とされるだけでなく、厚い貝殻から灰をつくったためにこの名のある、フネガイ科の二枚貝。貝灰とは、『ジャポニカ』によると、貝殻を焼いて作った消石灰で、壁材料のほかに、歯磨き粉やこんにゃく製造にも用いられたとある。カキ、アサリ、ハマグリなどの生貝の殻を焼いたのちに水をかけることで消石灰としたもので、ハイガイの貝灰は工芸の顔料としたとも書かれている。モースの『大森貝塚』には「貝塚で最も豊富な貝」とあるが、縄文以降の気候変動で関東地方では見られなくなり、本文にあるように、近年、最大の棲息地だった諫早湾の個体群が干拓によって壊滅的な打撃を受けた。

**バカガイ**（馬鹿貝）　口絵 2, 口絵 4, 100, 101, 107, 117, 153, 154, 161, 211, 212, 214

バカガイ科の二枚貝。寿司ネタではアオヤギと呼ばれる。『貝の和名』には、死んで赤い足を殻から出した様を、馬鹿が舌を出した様に見立てている説があると紹介するとともに、容易に大量に収穫できるものの、おいしくはなく、まじめに取り扱う価値がないために馬鹿貝とつけられたという説もあるとしている。

**ハツユキダカラ**（初雪宝）　口絵 1, 15, 16

殻の模様を雪が降る様にたとえている。館山の海岸でもそれほど珍しいタカラガイではなかったが、見つける度に嬉しくなる、どこか上品な風格の漂うタカラガイ。

**バテイラ**（馬蹄螺）　口絵 3, 107

円錐形をしたバテイラ科の巻貝。千葉ではシッタカと呼んで食用とする。『貝の和名』によると、馬の蹄の形（側面から見た全体像）をした巻貝の意味とある。

**ハナビラダカラ**（花弁宝）　口絵 1, 16, 28, 29, 60, 142, 143, 223

沖縄では、最も普通に見かけるタカラガイ。食用とすることもできる。

**ハナマルユキ**（花丸雪）　口絵 1, 16, 26, 28

ハナビラダカラと同じく、沖縄ではごく普通に拾うことのできるタカラガイ。ただし、打ち上げられたものの多くは表面がすれ、光沢が失われたり、模様が消えかかっていたりしている。

**ハハジマノミニナ**（母島蚤蜷）　68

フトコロガイ科の微小貝。

**ハマグリ**（蛤）　口絵 4, 口絵 5, 18, 57, 73, 77, 78, 81, 100, 103, 105, 114, 117-121, 143, 148-154, 156-164, 166, 167, 176, 177, 179-181, 185-189, 194-197, 199-205, 209, 211-214, 216, 218, 219, 220

いわずと知れた、食用貝の代表。マルスダレガイ科。ただし、本文にあるように、近年は産地が減少し、代用として中国産のシナハマグリが使われることも多い。『千葉県レッドリスト（動物編）2006 年改訂版』では消息不明・絶滅生物にランクしている。ハマグリは食用貝として有名なために、和名に○○ハマグリとつけられている貝も多い。また、俗名として○○ハマグリと称して店頭に並べられている貝を見ることもある。『貝の和名』によると、ハマグリとはその名のとおり、形が栗に似ているからという説とともに、「くり」とは小石のことを指していて、砂浜の中にある小石のようなものだからという説もあるのだという。モースの『大森貝塚』には「貝塚で主だった貝殻の一つ」と紹介されている。

**ハルシャガイ**（波斯貝）　30, 増補（22）

イモガイ科。殻の表面に、朱色などの細かな点の模様が入る。『貝の和名』

によると、ハルシャとはペルシャ、すなわち今のイランのことで、この貝の模様がペルシャの織物の模様に似ていることからつけられたとある。

**ヒザラガイ**（膝皿貝）　61, 62

貝の大まかなグループ分けの一つ、多板《たばん》綱の仲間の総称。身近に見られるものとしては、海岸の磯の上に固着しているものがある。沖縄の島によっては、こうした磯のヒザラガイの仲間をクジメと呼び、内臓や殻を取り去ったのち、炒めて食用としたりする。ヒザラガイの名は、『貝の和名』によると、この貝の仲間を岩からはがすと内側に体を折り曲げるため、それを曲がった膝の骨（膝の皿）に見立てたものであるようだ。

**ビノスガイ**（美之主貝）　106, 116, 117

生き物につけられた万国共通の名称である学名は、属名＋種小名《しゅしょうめい》という組み合わせとなっている。例えばヒトは学名ではホモ・サピエンスとなり、このホモが属名（ヒト属）となっていて、ネアンデルタール人なら、ホモ・ネアンデルターレンシスが学名となる。この学名は、時代とともに変更がなされる場合がある。二枚貝の属名として *Venus* 属が立てられ、かつては多くの二枚貝がこの属に分類されたが、その後、それぞれがほかの属に分けられている。「ビーナスの誕生」という名画にあるように、二枚貝と女神には結びつきがある。なお、日本貝類学会の会誌も、『Venus』である。さて、ビノスガイの名の由来は、この *Venus* という属名をそのまま取り入れたものであると『貝の和名』にある。現在はほかの属（*Securella*）に移されているが、ビノスガイは、和名がつけられた当時、*Venus* 属だったからである（現在もマルスダレガイやビノスガイモドキは *Venus* 属に属している）。なお、和名をつけた加藤延年は、*Venus* の音と意味をとって、美之主の漢字をあてたとある（この訳は秀逸とも思う一方で、おやじギャグのような気がしないでもない）。

**ヒメアサリ**（姫浅蜊）　57

沖縄島にはアサリが分布しておらず、かわりにヒメアサリが見られる。ただし、潮干狩りの対象となるのは、アラスジケマンガイなどのほかの二枚貝である。

**ヒメガイ**（バカガイの方言名）　211

**ヒメシャコガイ**（姫硨磲貝）　130, 135

→シャコガイ

**ヒメホシダカラ**（姫星宝）　29, 109

『タカラガイ・ブック』によれば、房総半島では成貝まで成長することはまれとあって、本来の棲息地は、もっと南方。沖縄では打ち上げ貝として、普通に拾うことができる。

**ヒメモモイロフタナシシャジク**（姫桃色無蓋車軸）　68

その名のとおり、ピンク色をしたかわいらしいヌノメシャジク科の微小貝。名前のうち、車軸は、もちろん車のシャフトのこと。ただしここでいう車とは昔の牛車などを指し、がっしりとした丈夫なものであると『貝の和名』にはある。

**ヒメヤカタ**（姫屋形）　口絵2

ミスガイ科の、ごく殻の薄い巻貝。殻の大きさに比べ軟体部が大きい。

**ヒメヨウラク**（姫瓔珞）　53

アッキガイ科。名前は小さなヨウラクガイの意味。瓔珞とは、『ジャポニカ』によれば、もともとインドの貴族の装身具で、それが転じて仏教に取り入れられ、仏や諸天の像や堂内の装飾とされるようになったもの。また、浄土では木の上から瓔珞が垂れ下がっているともされるとある。ヨウラクガイの場合は肋《ろく》が発達しており、これを装飾品の瓔珞と結びつけて名がつけられたが、ヒメヨウラクの場合は、それほど極端に肋は発達していないため、瓔珞と結びつけるのは難しい。

**ビョウブガイ**（屏風貝）　口絵6, 207, 215

フネガイ科の二枚貝で、左右の殻がねじれたような位置関係で合わさっている。『貝類学』の保全を必要とする貝類の項には「生貝がほとんど採れない状態にあり希少である」と書かれている。

**ヒラカメガイ**（平亀貝）　20

→カメガイ

**ヒラタヌマコダキガイ**（平沼子抱き貝）　165, 171

クチベニガイ科のコダキガイの仲間。子抱き貝というのは、『貝の和名』によると、この二枚貝は左右の殻の大きさが異なり、大きな右殻が小さな左殻を抱いているように見える様を、親が子どもを抱いている様に見立てたものだという。有明海に見られる中国原産の移入種で、『貝類学』によると、

シジミ類の輸入にともなって移入されたと考えられている。

**ヒラフネガイ**（平舟貝）　口絵3，107

カリバガサ科。ヤドカリの背負った巻貝の殻の内部に付着している傘型の巻貝。僕の生まれ故郷の館山の海岸では、ツメタガイの殻に付着しているものをよく見かける。

**ヒルギシジミ**（干る木蜆）　130，184

ヒルギというのは、沖縄で、マングローブ林に生える木につけた名。現在は、オヒルギ、メヒルギ等、和名にも取り入れられている。『日本の渚』によれば、ヒルギは奄美の言葉、「干る木」に由来するという（干満にあわせ、植物体が水没、干出を繰り返すことから）。もともと沖縄には、いわゆる味噌汁に入れるヤマトシジミやマシジミは分布していない（近年、移入種が見られるようになっているが）が、同じシジミ科の巨大種であるヒルギシジミをマングローブ林の泥底で見ることができる。ヒルギシジミには、リュウキュウヒルギシジミとヤエヤマヒルギシジミの2種があり、例えば僕の持っているヤエヤマヒルギシジミでは、殻長が12センチメートルに及ぶ。西表島では、ヒルギシジミをキゾーと呼んで食用にしてきた。残念ながら加熱すると、身はずいぶんと縮んでしまうが、味は悪くない。

**ヒレシャコガイ**（鰭硨磲貝）　135

肋《ろく》の上に、鰭状の突起が発達しているシャコガイの一種。

**ヒレナシシャコガイ**（鰭無硨磲貝）　133，135

上記種と反対に、肋の上には、突起が発達しない大型になるシャコガイの一種。『沖縄の海の貝・陸の貝』によると、方言名はマーギーラ。産出はかなり稀とある。一方、西表島の貝塚などでは多産する場所があり、かつては数多く見られた時代があったらしい。

**ヒロオビヨフバイ**（広帯餘賦蜆）　170，173

ムシロガイ科の巻貝。『貝の和名』でも、この貝も仲間となっているヨフバイの語源については疑問が多いと紹介されている。中国から漢名の貝が紹介されたのち、日本である貝にその名をあて、その後さらに漢字表記が誤記されたものに「ヨフバイ」の読みをあて、今に伝わっているものらしい。

**ヒロクチカノコ**（広口鹿子）　118，119，207

アマオブネガイ科の巻貝。『千葉県レッドリスト（動物編）2006年改訂版』

には、消息不明・絶滅生物として名があげられている。

**フクレウミマイマイ**（膨れ海蝸牛）　126

フタマイマイ科の海外産の種類。

**フースピ**（波照間島におけるハナマルユキの方言名）　60

**ブドウガイ**（葡萄貝）　68

ブドウガイ科の薄い貝殻の巻貝。丸っこい形からブドウの実になぞらえたのだろうが、1センチメートルほどの貝なので、ブドウとしては小ぶりかもしれない。

**フトヘナタリ**（太甲香）　口絵6, 155

→ヘナタリ

**フネガイ**（船貝）　53

フネガイ科の二枚貝。上から見た殻の形が長方形っぽく、これを船に見立てたということだろう。

**フレヌラソデガイ**（*腕足貝の仲間）　91

**ベッコウイモ**（鼈甲芋）　30, 増補(39)

房総半島でも打ち上げ貝として見ることのできる数少ないイモガイのうちの一つ。

**ヘナタリ**（甲香）　154, 155, 164, 183

干潟に見られるキバウミニナ科の細長い巻貝。意外にも、ヘナタリの名は香道に関連がある。香道とは『ジャポニカ』によれば、香木を焚き、その匂いを鑑賞することにより人間形成をはかる芸道のひとつとしてあるもので、茶道とともに、禅の精神に通じるものであるのだという。この香道で使う練り香〔数種の香を練り合わせたもの〕に入れる巻貝の蓋のことを「へなたり（甲香）」というのだという。昔の文献に登場する甲香は必ずしも今のヘナタリを指したものではなく、フトヘナタリやカワアイを指す場合もあったと『貝の和名』にはある。『貝の博物誌』によれば、『徒然草』の第三十四段に、「甲香は武蔵国の金沢の浦にある細長い貝のふた」という内容の記述があるという。『千葉県のレッドデータ（動物編）2006年改訂版』には最重要保護生物のひとつとして、その名があげられている。

**ベニエガイ**（紅江貝）　53, 120, 181, 182, 185, 223, 224

赤茶色をした、フネガイ科の二枚貝のエガイの仲間。エガイとは、『貝の

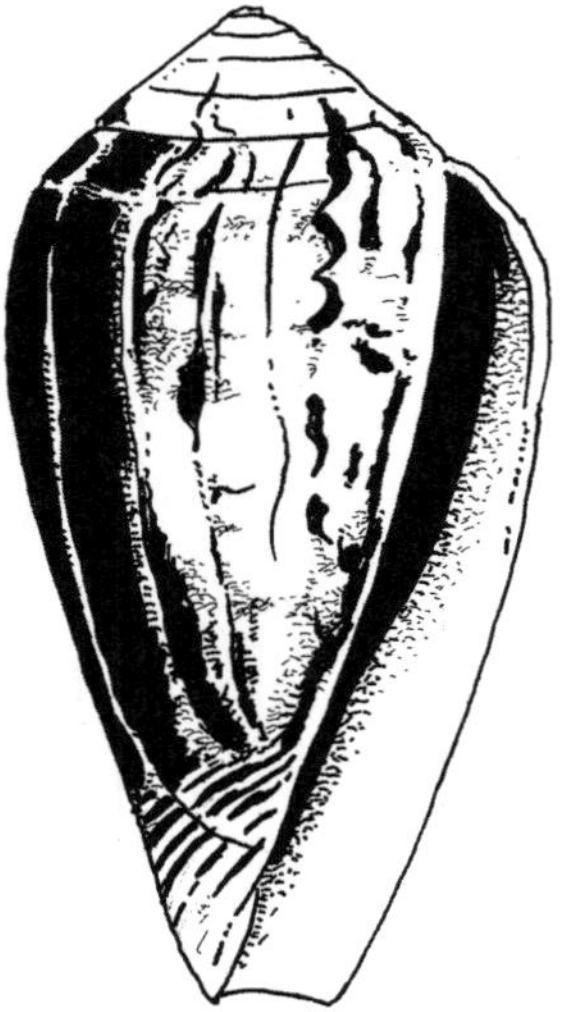

ベッコウイモ

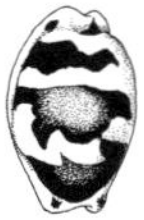

ホンサバダカラ

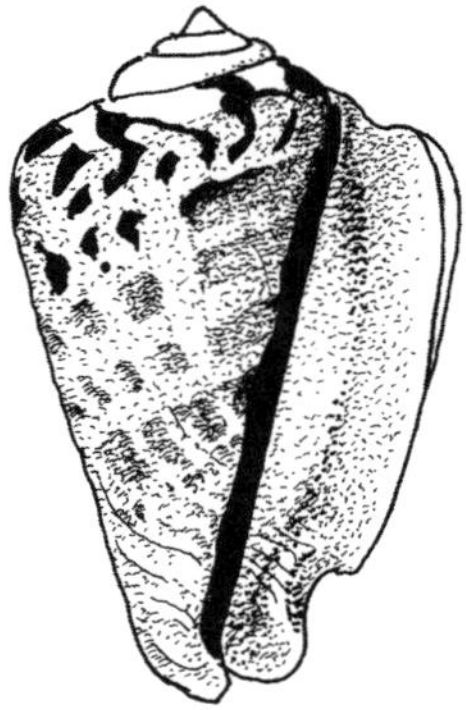

マガキガイ

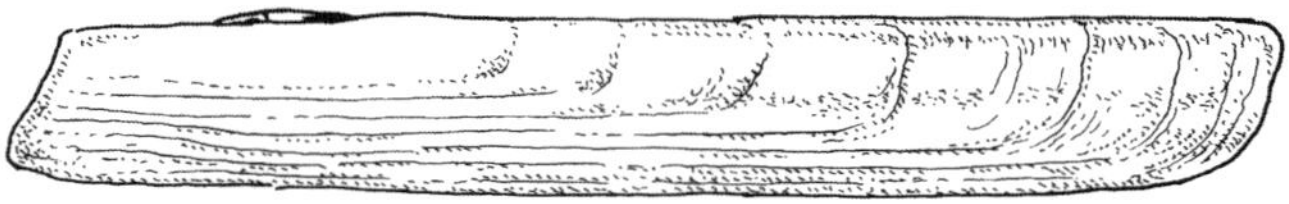

マテガイ

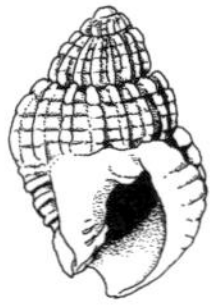

ムシロガイ

× 1

和名』によると、「江」すなわち、入江（湾）内に棲んでいる貝のことだが、もともと古書にある江貝は淡水貝の一種で、今のエガイのことではなかったとある。『日本近海産貝類図鑑』によれば、現在の分布は紀伊半島以南とあるが、縄文時代にあたる千葉・館山の沼の珊瑚層からは出土する。ベニエガイは特に人とのかかわりはないが、石に固着しているほかのエガイの仲間は、食用として利用されることもある。

**ベニオキナエビス**（紅翁戎）　109

4円切手のデザインとして使われていたオキナエビスガイの仲間。→オキナエビスガイ

**ホシキヌタ**（星砧）　口絵1, 15, 16, 22, 26, 222

千葉・館山の海辺で拾えるタカラガイでは、最も大型になる。砧とは『大辞林』によれば、「布や絹を槌で打って柔らかくし、つやを出すのに用いる木または石の台」とあり、この砧に形が似ていることからか、タカラガイには○○キヌタとつけられた種類がいくつもある。

**ホシダカラ**（星宝）　129, 130

大型になるタカラガイで、『タカラガイ・ブック』には、ムラクモダカラについで、日本では二番目に大型になる種類としている。海辺の貝殻を売る土産物屋などで、よく見かける。

**ホソウミニナ**（細海蜷）　154, 155, 171

干潟に棲息するウミニナ科の細長い巻貝。同様の環境で見られるウミニナやイボウミニナは近年減少が著しいが、ホソウミニナはそれほど減少を見せていない。→ウミニナ

**ホタテガイ**（帆立貝）　42, 73, 76, 78, 182, 185

イタヤガイ科のよく知られた食用二枚貝。

**ホタルガイ**（蛍貝）　68

ホタルガイは、貝の大きさがゲンジボタルぐらいの大きさで、殻の白い部分を蛍の発光器に見立てたものと『貝の和名』にはある。

**ホトトギスガイ**（郭公貝）　口絵2

イガイ科の小型の二枚貝で、殻の模様を鳥のホトトギスに見立てた。漢字表記は郭公だがホトトギスと読む。

**ホネガイ**（骨貝）　37, 47, 71, 197, 198

アッキガイ科 鋭い棘状の突起が殻の上に並んだ姿を、骨に見立てている。

**ホラガイ**（法螺貝） 57

イボボラ科の大型になる巻貝。法螺として利用された。

**ホンサバダカラ**（本鯖宝） 28, 増補(39)

『貝の和名』には、「本当のサバダカラ」の意味ではなく、「本鯖」すなわち、マサバに似た模様をもつタカラガイの意味であると書かれている。

**ホンビノスガイ**（本美之主貝） 口絵 4, 84, 85, 106, 109, 116, 218, 219, 220

マルスダレガイの移入種。本文にあるように、アメリカ原産。近年、食用貝としての販売も見られるようになっている。→ビノスガイ

## 【マ 行】

**マガキ**（真牡蠣） 34, 107, 118, 119, 166

→カキ

**マガキガイ**（籬貝） 53, 120, 増補(39)

沖縄島ではティラジャーと呼び、ゆでたものは食用貝の代表の一つとなっているソデボラ科の巻貝。とがった蓋を海底に突き立て、飛び跳ねるようにして移動することから、奄美大島ではトビンニャ（飛ぶ蜷《にな》）と呼んでいる。マガキガイという名はマガキ(真牡蠣)と紛らわしいが、漢字で書くと籬貝となる。『貝の和名』によれば、籬とは竹や芝などを粗く編んで作った垣根のことで、この貝の殻の模様がこれに似ていることからつけられたという。

**マゴコロガイ**（真心貝） 210

カワホトトギス科の二枚貝で、トンネルを掘って居住するアナジャコの体表に寄生する。ハート型の形をしていることと、胸の辺りに寄生することから、マゴコロガイの名前がつけられた。

**マサコカメガイ**（政子亀貝） 20

浮遊性の巻貝、カメガイの仲間。この貝につけられたマサコは誰の名前だろうと気になった。調べたところ、貝類学者の平瀬信太朗の娘の名であった。平瀬信太朗の父、平瀬與一郎は民間人ながら、日本の貝類学の端緒を開いた一人と、『ニッポン貝人列伝』にある。日本各地に採集人を派遣し貝のコレクションを集めるとともに、與一郎が海外の研究者に標本を送ったことで、多数の新種が記載されることになった。また、明治 40 年には日

本初の貝類研究専門誌を発行、さらに大正２年には平瀬貝類博物館も開設した。その息子の信太朗は大正から昭和初期にかけての日本を代表する貝類学者であった。

**マツヤマワスレ**（松山忘れ） 口絵２

マルスダレガイ科の二枚貝。この貝の仲間にワスレガイがある。万葉集の中に「暇あらば拾いに行かむ住吉の岸に寄るとう恋い忘れ貝（読人知らず）」といった歌があるが、『貝の博物誌』では、万葉集に歌われる「恋い忘れ貝」は特定の貝を指したものではないだろうという。

**マテガイ**（馬刀貝） 153，220，増補(39)

マテガイ科の二枚貝。『貝の和名』によれば、マテとはこの類の貝を指す、中国語が転訛したものとある。ただし、もともと中国で馬刀貝と呼ばれていた貝は、現在のマテガイではなく、淡水の貝を指していたらしいともある。江戸後期の本草書『本草綱目啓蒙《ほんぞうこうもくけいもう》』を見ると、「馬刀」の項に、ササノハガヒの名を当てており、「湖水中ニ生ズ」とし、またドブガイに似ているが、形が細長いとある。また、殻の外は黒で、裏面はドブガイと同じともある。これからすると、淡水貝のササノハガイのような貝を指しているように思える。

**マルオミナエシ**（丸女郎花） 53

マルスダレガイ科の二枚貝。殻の表面には複雑なジグザク模様があるが、これから、オミナエシの花を連想したのだろうか？

**マルカメガイ**（丸亀貝） 20

→カメガイ

**マルゲー**（アカニシの方言名） 179

**マルテンスマツムシ**（マルテンス松虫） 口絵６，208，210

フトコロガイ科の小型の巻貝。『貝の和名』によれば、マルテンスとはドイツのベルリン博物館の貝の研究者。

**ミゾガイ**（溝貝） 口絵３，107

ユキノアシタ科の、細長く、薄い殻の二枚貝。

**ミドリイガイ**（緑貽貝） 口絵３，107-109，111

本文にあるように、緑色をした、移入種のイガイの仲間。

**ミノガイ**（簑貝） 53

二枚貝のミノガイ科の総称。殻の形から、簑を連想したもの。

**ミミズガイ**（蚯蚓貝）　43

ミミズガイ科の貝、および、その仲間の総称。巻きがほぐれ、細長い殻がゆるく螺旋を描くように巻いた姿が、ミミズを連想させて、この名がある。カイメンなどの体内に埋没して生活する。

**ミナ**（屋久島の方言で、小型の巻貝の総称のこと）　142

**ムシロガイ**（筵貝）　116, 増補(39)

ムシロガイ科の巻貝で、殻の表面の細かな網目状の突起から、筵を連想したのだろう。

**ムラサキイガイ**（紫貽貝）　口絵 3, 108

『海の外来生物』には、ムラサキイガイは「日本で見つかった海の外来貝類の中で最初に見つかった種」とあり、1932 年（昭和 7 年）神戸港で見つかった記録が有ると書かれている。もともとは地中海原産の貝であり、ムール貝の名で食用にも供される。→イガイ

**ムールガイ**（ムラサキイガイの俗名）　57, 83

**メダカラ**（目宝）　口絵 1, 16, 25, 26, 28, 29, 107

殻の背側中央に、暗色斑があり、これを黒目に見立てている。房総半島では、チャイロキヌタと並んで、最も普通に拾える小型のタカラガイ。一方、沖縄では珍しい。

**メカジャ**（*腕足貝のミドリシャミセンガイの方言名）　177

## 【ヤ 行】

**ヤエヤマスダレ**（八重山簾）　59

マルスダレガイ科の二枚貝。スダレというのは、殻表面が太い同心円状の肋《ろく》でおおわれていることから、これを簾に見立てたもの。

**ヤエヤマヒルギシジミ**（八重山干る木蜆）　133

→ヒルギシジミ

**ヤクシマダカラ**（屋久島宝）　28, 109, 142

やや大型のタカラガイ。同じように南の島の名前をもつタカラガイに、ハチジョウダカラがある。

**ヤコウガイ**（夜光貝）　130, 131, 142

サザエ科の大型巻貝。身は刺身となる。また、殻には真珠光沢があり、螺鈿《らでん》細工として利用された。もともとは、屋久島産のものが世に知られ、屋久貝と呼ばれていたものが、真珠光沢があることから夜光貝といわれるようになったという。

**ヤマトシジミ**（大和蜆）　58

→シジミ

**ユウカゲハマグリ**（夕影蛤）　59

マルスダレガイ科の二枚貝。殻の後部が茶色に色づくことを、夕影に見立てたものだろうか。

**ユウシオガイ**（夕汐貝）　口絵6

ニッコウガイ科の二枚貝。

**ユリヤガイ**（Julia 貝）

二枚の貝殻があるため、二枚貝の仲間と思われていたこともある、ユリヤガイ科の巻貝の仲間。『貝の和名』によると、この貝の学名のうち、属名の *Julia*（ヨーロッパの女性の名前に由来）をそのまま和名にあてたものとある。

## 【ラ 行】

**ラクダガイ**（駱駝貝）　130

クモガイやスイジガイと同じくソデボラ科に属する巻貝だが、もっとずっと大型になる。また、クモガイなどよりも、深い場所に棲息する。食用となり、沖縄の離島では、食用とされた後の貝殻が、石垣に積まれていたりする。

**リュウキュウアサリ**（琉球浅蜊）　59

マルスダレガイ科の二枚貝で、アサリよりずっと大型になる。食用。

**リュウキュウザル**（琉球笊）　59

殻を笊に見立てて、その名のあるザルガイ科の二枚貝。食用となる。

**リュウキュウシラトリ**（琉球白鳥）　59

ニッコウガイ科の二枚貝。

**リュウキュウヒルギシジミ**（琉球干る木蜆）　129, 133

→ヒルギシジミ

**リンボウガイ**(輪宝貝)　23, 24, 38, 39

『ジャポニカ』によれば、輪宝とはインドの理想的な王である転輪聖王が持っている七宝の一つで、もとは古代のインドの武器で車輪型をしたもの。これが転じて密教の仏具に取り入れられ、日本には最澄や空海らの僧が持ち込んだとある。この車輪の形に放射状にやり先がついているような輪宝に似た形をしていることから、輪宝貝の名がつけられた。本文中に書いたように、この貝は深い海に棲むため、打ち上げ貝として見ることはなく、僕にとりあこがれの貝の一つだった。なお、日本海類学会の紋章ともなっている。サザエ科の巻貝。

**レイシガイ**(茘枝貝)　口絵 3, 53, 120, 142

アッキガイ科の巻貝。レイシガイのレイシとはツルレイシ(ゴーヤー)のことで、殻の表面に疣状の突起が並んでいる様を、ゴーヤーの実になぞらえたものと『貝の和名』には書かれている。

# 参考文献（増補分）


『海の外来生物　人間によって攪乱された地球の海』日本プランクトン学会・日本ベントス学会編　2009　東海大学出版会
『大森貝塚』E.S. モース　1983　岩波文庫
『沖縄の海の貝・陸の貝』久保弘文・黒住耐二　1995　沖縄出版
『泳ぐ貝、タコの愛』奥谷喬司　1991　晶文社
『貝の博物誌』波部忠重　1975　保育社
『貝の和名：会報「みたまき」特別号』岡本正豊・奥谷喬司　1997　相模貝類同好会
『貝類学』佐々木猛智　2010　東京大学出版会
『黒装束の侵入者』梶原武・奥谷喬司監修　2001　恒星社厚生閣
『原色日本貝類図鑑』吉良哲明　1954　保育社
『真珠の博物誌』松月清郎　2002　研成社
『ニッポン貝人列伝』奥谷喬司監修　2017　LIXIL 出版
『日本近海産貝類図鑑　第 2 版』奥谷喬司編　2017　東海大学出版部
『日本産淡水貝類図鑑 2　汽水域を含む全国の淡水貝類』増田修・内山りゅう　2004　ピーシーズ
『体験・埋文講座 No.1　貝アクセサリーづくり教室』2012　市原市埋蔵文化財調査センター
『大辞林』松村明・三省堂編集所編　1995　三省堂
『大日本百科事典　ジャポニカ』1969　小学館
『タカラガイ・ブック』池田等・淤見慶宏　2007　東京書籍
『千葉県レッドリスト（動物編）2006 年改訂版』2006　千葉県環境生活部自然保護課
『本草綱目啓蒙』小野蘭山　1991　平凡社・東洋文庫
『南方民俗学』中沢新一責任編集・解題　1991　河出文庫
『柳田國男全集 1』柳田國男　1989　ちくま文庫